中国李杏

种质资源

图书在版编目（CIP）数据

中国李杏种质资源 / 任士福，汪民主编. -- 北京 :
中国林业出版社，2014.11
（中国林木种质资源丛书）
ISBN 978-7-5038-7729-2

Ⅰ. ①中… Ⅱ. ①任… ②汪… Ⅲ. ①李－种质资源
－中国②杏－种质资源－中国 Ⅳ. ①S662.024

中国版本图书馆CIP数据核字(2014)第265529号

中国林业出版社·生态保护出版中心
策划、责任编辑：刘家玲

出版发行：中国林业出版社
（100009 北京西城区德内大街刘海胡同7号）
网 址：http://lycb.forestry.gov.cn
电 话：（010）83225836
印 刷：北京卡乐富印刷有限公司
版 次：2014年11月第1版
印 次：2014年11月第1次
开 本：889mm×1194mm 1/16
印 张：13.75
印 数：3000
字 数：400千字
定 价：128.00元

中国林木种质资源丛书

国家林业局国有林场和林木种苗工作总站／主持

中国李杏种质资源

Germplasm Resources of Chinese Plum and Apricot

任士福　汪　民　主编

Ren Shifu and Wang Min

中 国 林 业 出 版 社

China Forestry Publishing House

《中国李杏种质资源》

编委会

主　编　任士福（河北农业大学，教授）
汪　民（河北省林木种苗管理站，教授级高工）

编　者（按姓氏汉语拼音排序）

李　锋（吉林省农科院果树研究所，研究员）
李彦慧（河北农业大学，教授）
刘　宁（辽宁省农科院果树研究所，研究员）
刘威生（辽宁省农科院果树研究所，研究员）
孟庆瑞（河北农业大学，副教授）
任士福（河北农业大学，教授）
汪　民（河北省林木种苗管理站，教授级高工）
王印肖（河北省林木种苗管理站，教授级高工）
徐秀琴（河北省林木种苗管理站，教授级高工）
杨建民（河北农业大学，教授）
张晓曼（河北农业大学，副教授）
赵习平（河北省农林科学院石家庄果树研究所，研究员）

序 PREFACE

林木种质资源是林木遗传多样性的载体，是生物多样性的重要组成部分，是开展林木育种的基础材料。有了种类繁多、各具特色的林木种质资源，就可以不断地选育出满足经济社会发展多元化需求的林木良种和新品种，对于发展现代林业，提高我国森林生态系统的稳定性和森林的生产力，都有着不可估量的积极作用。切实搞好林木种质资源的调查、保护和利用是我国林业一项十分紧迫的任务。

我国幅员辽阔，地形复杂多样，造就了自然条件的多样性，使得各种不同生态要求的树种以及不同历史背景的外来树种都能各得其所，生长繁育。据统计，中国木本植物大约有 9000 多种，其中乔木树种约 2000 多种，灌木树种约 6000 多种，乔木树种中优良用材树种和特用经济树种达 1000 多种，另外还有引种成功的国外优良树种 100 多种。这些丰富的树种资源为我国林业生产发展提供了巨大的物质基础和育种材料，保护好如此丰富的林木种质资源是各级林业部门的历史使命，更是林木种苗管理部门义不容辞的责任。

国家林业局国有林场和林木种苗工作总站组织编撰的“中国林木种质资源丛书”，是贯彻落实《中华人民共和国种子法》和《林木种质资源管理办法》的重大举措。“中国林木种质资源丛书”的出版集中展现了我国在林木种质资源调查、保护和利用方面的研究成果，同时也是对多年来我国林业科技工作者辛勤劳动的充分肯定，更重要的是为林木育种工作者和广大林农提供了一部实用的参考书。

“中国林木种质资源丛书”是以树种为基本单元，一本书介绍一个树种，这些树种都是多年来各省在林木种质资源调查中了解比较全面的树种，其中有调查中发现天然分布的优良群体和类型，

也有性状独特、表现优异的单株，更多的是通过人工选育出的优良家系、无性系和品种。特别是书中介绍的林木良种都是依据国家标准《林木良种审定规范》的要求，由国家林业局林木品种审定委员会或各省林木品种审定委员会审定的，在适生区域内产量和质量以及其他主要性状方面具有明显优势，是具有良好生产价值的繁殖材料和种植材料。

“中国林木种质资源丛书”有以下5个特点：一是详细介绍每类种质资源的自然分布区域、生物学特性和生态学特性、主要经济性状和适生区域，为确定该树种的推广范围和正确选择造林地提供可靠的依据；二是介绍的优良类型多、品种全、多数优良类型和单株都有具体的地理位置以及详细的形态描述，为林木育种工作者搜集育种材料大开方便之门；三是详细介绍这些优良种质资源的特性、区域试验情况和主要栽培技术要求，对于生产者正确选择品种和科学培育苗木有着很强的指导作用；四是严格按照种子区划和适地适树原则，对每个类型的林木种质资源都规定了适宜的种植范围，避免因盲目推广给林业生产带来不必要的损失；五是图文并茂，阐述通俗易懂，特别是那些优良单株优美的树形和形状奇异的果实，令人赏心悦目，可以大大提高读者的阅读兴趣，是一部集学术性、科普性和实用性于一体的专著，对从事林木种质资源管理、研究和利用的工作者都具有很好的参考价值。

2008年8月18日

前言
FOREWORD

李、杏同属于蔷薇科李亚科，分别为李属与杏属植物。李、杏原产于中国，是栽培历史悠久的经济林树种。

李果实饱满圆润，玲珑剔透，形态美艳，是人们最喜欢的水果之一。李果味酸，能促进胃酸和胃消化酶的分泌，并能促进胃肠蠕动，因而有改善食欲，促进消化的作用，尤其对胃酸缺乏、食后饱胀、大便秘结者有效。新鲜李肉中的丝氨酸、甘氨酸、脯氨酸、谷酰胺等氨基酸，有利尿消肿的作用，对肝硬化有辅助治疗效果。李果中抗氧化剂含量高得惊人，堪称是抗衰老、防疾病的“超级水果”。李对气候的适应性强，只要土层较深，有一定的肥力，不论何种土质都可以栽种。对空气和土壤湿度要求较高，极不耐积水，果园排水不良，常致使烂根，生长不良或易发生各种病害。因此，宜选择土质疏松、土壤透气和排水良好，土层深和地下水位较低的地方建园。李在中国各地及世界各地均有栽培，为重要温带果树之一。我国主要产于陕西、甘肃、四川、云南、贵州、湖南、湖北、江苏、浙江、江西、福建、广东、广西和台湾。常生于山坡灌丛中、山谷疏林中或水边、沟底、路旁等处，海拔400～2600m。

杏果外观美丽，风味佳，成熟早，是广大消费者最喜爱的时令水果之一，在初夏水果市场上占有重要的位置。杏果实成熟后呈金黄色，果肉艳黄或橙黄色，其果肉、果仁均可食用。杏果实和杏仁中含有丰富的营养物质，是一种营养价值较高的水果，除含糖、氨基酸、Vc外，其蛋白质、胡萝卜素、B族维生素、维生素P等含量极为丰富。杏果中含有较多的胡萝卜素，能有效地阻止肿瘤的形成，可明显延缓细胞机体衰老，属于低热量、多维生素的长寿型果品，多食杏果，可降低血液黏稠度，有利于脑血管疾病的恢复。杏果不但可以鲜食，还可以加工成罐头、杏脯、浓缩杏酱、杏汁、杏干、杏梅；杏仁含有丰富的维生素B17，能抑制某些种类的癌症或杀死癌细胞，有预防癌症的作用。可以加工成杏仁粉、杏仁露、杏仁茶、杏仁油等；杏核还可以加工成活性炭。杏树适应性强，抗寒、抗旱、耐盐碱、耐瘠薄，可在平原沃土发展，还适宜在山地、丘陵和沙荒地种植，是防风治沙、绿化荒山的先锋树种。杏在中国分布范围很广，除南部沿海及台湾省外，大部分地区皆有，其中以河北、山东、山西、河南、陕西、甘肃、青海、新疆、辽宁、吉林、黑龙江、内蒙古、江苏、安徽等地较多，其集中栽培区为东北南部、华北、西北等黄河流域各地。为了推广杏新品种、发展杏商品基地，先后建成了河北巨鹿、广宗的串枝红杏基地，张家口、承德大扁杏商品基地，山东招远的红金榛杏商品基地，北京的水晶杏基地，山东崂山关爷脸杏基地，历城红荷苞杏基地，河南渑池仰韶红杏基地，陕西华县大接杏基地，甘肃敦煌李广杏基地和新疆英吉沙杏基地等。在这些基地的建设过程中，积极采用科学的栽培管理技术，使中国杏生产水平跃上了一个新的台阶。

本书以中国李杏主产区的李杏种质资源为基础，广泛搜集我国李杏主产省科研和生产单位的李杏栽培品种、主要农家类型、优良单株以及特异种质资源，将中国李杏优良种质资源共享，为科学研究以及产业现代化提供基础素材。全书共分总论和主要种质资源两篇（上篇、下篇）。上篇分三章，第一章为概论，主要介绍李杏的栽培历史、经济意义与主要用途，李杏种质资源及分类；第二章概述李杏种质资源调查、收集与保存；第三章李杏种质资源评价、创新与利用，主要介绍李杏种质资源评价的意义、原则与方法，评价内容与标准，创新与利用。下篇分两章，第四章李主要种质资源，主要包括鲜食加工、观赏李、特异李种质资源，一一介绍李各个品种的产地及分布、经济学性状、植物学性状、综合评价。其中介绍了鲜食加工李品种 37 个，观赏李品种 5 个，特异李品种 7 个。第五章杏主要种质资源，分肉用杏、仁用杏、观赏杏、特异杏种质资源，一一介绍杏各个品种的产地及分布、经济学性状、植物学性状、综合评价。其中介绍了肉用杏品种 156 个，仁用杏品种 15 个，观赏杏品种 7 个，特异杏品种 2 个。

《中国李杏种质资源》一书是在国家种质资源保护专项经费、国家林业局林业公益性行业科研专项经费（项目编号：200704046，201004048）的资助，以及国家林业局国有林场和林木种苗工作总站的支持下，由河北农业大学、河北省林木种苗管理站主持，辽宁省果树研究所、吉林省农业科学院果树研究所、河北省农林科学院石家庄果树研究所等（以上单位按首字笔画排序）从事杏李种质资源研究的一线中青年专家，以 20 多年积累的自主研究成果，并参考国内外有关资料编写而成。在本书的编写过程中，先后 4 次召开编委会议，研究讨论编写提纲、编写格式、编写标准，明确责任分工；初稿出来后，又审议讨论，提出修改意见，反馈作者修改，几易其稿，最终成书。本书共分上下两篇。其中上篇第一章由杨建民、赵习平编写整理，第二章由任士福、李彦慧、孟庆瑞编写整理，第三章由张晓曼、李锋编写整理，下篇由任士福、汪民、刘威生、赵习平、李彦慧、孟庆瑞、王印肖、徐秀琴、刘宁编写整理。最后由任士福、汪民、孟庆瑞、李彦慧统稿。

本书最初由河北农业大学园林与旅游学院院长、博士生导师、中国园艺学会李杏分会副理事长杨建民教授，河北省林木种苗管理站站长、教授级高工汪民主持编写，后因杨建民先生英年早逝，本书的编写进度受到了一定影响，在编委们的共同努力下，本书终于要出版了。杨先生多年从事果树栽培研究工作，特别是在李杏品种及栽培生理研究方面十分擅长，建树颇丰，积累了丰硕的成果，已经成为全国行业内有一定影响力的专家。本书的正式出版，也是对杨先生在天之灵的告慰。

在本书的编写过程中，辽宁省果树研究所、国家果树种质熊岳李杏资源圃、北京农林科学院林业果树研究所、吉林省农业科学院果树研究所、甘肃省农业科学院林果花卉研究所、河北省农林科学院石家庄果树研究所、河北农业大学、河北省林木种苗管理站等单位曾给予多方面的大力支持，在此一并表示诚挚的谢意！

本书旨在全面、准确地反映我国李杏种质资源的历史成就和最新研究进展。在编写过程中，力求内容系统全面、资料新颖翔实、图文并茂、论述简明、分析准确，以期为进一步开展李杏种质资源研究和育种提供有益的借鉴和指导，为从事李杏科研、教学、生产和经营管理等工作的相关单位和人员提供有价值的参考，为李杏产业的健康持续发展提供基础支撑。但由于作者水平有限，时间仓促，搜集的资源不全面，书中错误和不当之处在所难免，敬请同行和读者批评指正。

编著者

2014 年 4 月

目录

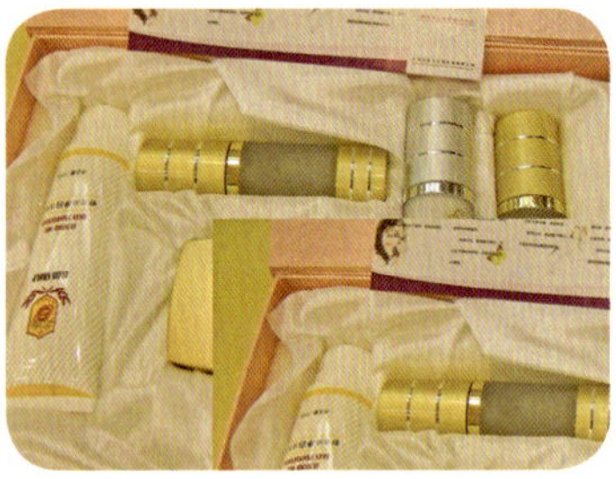

月李子酒
白杏酒

上篇　总论

- 概论
- 李杏种质资源调查、收集与保存
- 李杏种质资源评价、创新与利用

第一章
概论

第一节 栽培历史、经济意义与主要用途

一、栽培历史

（一）李的栽培历史

1．李的起源

李原产于我国长江流域，是中国栽培历史最久的古老果树之一。反映中国人民早期生活的诗歌总集《诗经》（公元前11世纪至公元前6世纪）中，就有不少歌颂李的诗句，如在《王风·丘中有麻》中有“丘中有李，彼留之子”；另有“华为桃李”、“投我以桃，报之以李”。《管子》记载：“五沃之土，其木宜梅李。”经长期栽培形成了许多传统名果，《尔雅》中载有“无实李”、“接虑李”和“赤李”三品种；据《西京杂记》记载，汉代修上林苑，收集到李品种15个之多，宋代仅洛阳一带栽培的李品种就达27个，到明代已有近百个。古籍中著录的不少李品种名至今仍在沿用，如御皇李、青李、黄李、紫李、牛心李、蜜李、胭脂李、三华李等，关于李的生物学特征、繁殖及栽培技术方面，在《农谚考略》、《农桑辑要》、《齐民要术》中也有详细论述。

1949年以后，考古事业蓬勃发展，在近代考古发掘出新石器时代或战国时代的李核遗物，证明远在5000～6000年前，中国人的祖先已经采食李的果实，其栽培历史至少3000年以上。据考证已有2500年栽培历史的槜李，曾是历代封建王朝的贡品，现保存于浙江桐乡。种种文献资料和出土实物足以说明，李不仅是中国古老的栽培果树，而且远在公元前就被人们视为珍贵的果品。这反映古人对李的喜爱，也说明远在《诗经》产生的周代前，李树就已经被驯化栽培了。

欧洲李（*Prunus domestica* L.）的争论已久，直至1983年，林培钧、廖明康等人在中国新疆新源县和巩留县首次发现四处大片野生欧洲李的自然群落，从而证明欧洲李原产中国。近百年来，由外国传教士和果树工作者先后引入了一些欧洲李品种，最初多栽培在山东烟台、威海，后引入河北昌黎、辽西等地。中国李和欧洲李是李属中人类栽培利用最广泛的。

2．李的传播与分布

李在中国分布很广，在《山海经》的《北海经》、《东山经》、《中山经》中都有记载。综观历代典籍的记载，北起吉林，南至广东，都有李的栽培。

西汉时期（公元前206年至公元25年间），中国李随桃、杏传播到日本和伊朗。近百年内，中国李才传至欧洲和美洲。1627年传至法国，1880年前后传入美国，特别是传入美国后，与美洲李杂交，培育出许多种间杂交种，在李的品种改良方面贡献极大。中国李传入欧洲和美洲后，以其果实较大、色泽艳丽、香气浓郁、风味佳美、适应性强的特点，迅速在当地推广，很快成为全世界最主要的李栽培种。

（二）杏的栽培历史

1．杏的起源

杏是原产于我国的果树之一，栽培历史悠久。人们采食杏果的历史可以追溯到5000～6000年之遥，有据可查的栽培历史也有3500年之久。殷墟出土的甲骨卜辞中就有“杏”字（见《殷契粹编》472片及571片），远在公元前2000年左右，我国已有关于杏树栽培的记载。古代最早指导农业生产的历书《夏小正》（夏王朝，公元前2100～前1600年）中记：“正月，梅杏椭桃则华；四月，囿有见杏。”“囿有见杏”是指杏树种在院内。指出当时在黄河流域已有杏的栽培。公元前7世纪《管子》中说：“五沃之土，其木宜杏。”稍后的《山海经》（战国末期，公元前3世纪）也有“灵山之下，其木多杏”的记述，指出在秦岭一带，当时已有大量栽培。

汉代以来杏树栽培有很大的发展。《嵩高山记》记有，“东北有牛山，其山多杏。至五月烂然黄茂。自中原丧乱，百姓饥饿，皆资此为命，人人充饱”。说明当时中原地区杏树的面积大，分布广。中原很多地方满山遍野都长满了杏树，在荒年人们以杏果充饥。《全唐诗话》中记载江苏徐州古丰县种植的杏园方圆达120里。汉朝《氾胜之书》中记有“杏始荣，则耕轻土、弱土……望杏花落复耕……”。表明古人当时已知用杏的开花期作为物候标志来指导农事活动，也

足见其栽培之普遍。诗人钱起在《酬长孙绎蓝溪寄杏》诗中说："爱君蓝水上，种杏近成田。"表明当时杏树已是重要的经济果树，如种田一样大面积种植了。

2．杏的传播与分布

我国大致上以秦岭、淮河为界，形成了南梅北杏的分布格局，从淮河向北，杏树渐多，黄河流域各省为杏树的集中产地；淮河以南，杏树的栽培较少。但从古籍中的记载看，并没有这样明显的界限。

《山海经》(战国末期，公元前3世纪)中记有："灵山，其木多桃、李、梅、杏"，不仅在同一个地方梅、杏并存，其所记述的地域范围约在今湖北省的中部至西北部，也就是在秦岭、淮河一线以南。传说《神仙传》(4世纪前期)中写有"货杏得谷，以谷赈贫济乏"，说明三国时吴国的所辖境内也有杏的栽培，而吴国的势力范围恰恰也在秦岭、淮河一线以南。根据《嵩高山记》"东北有牛山，其山多杏……。"和《名医别录》(6世纪前期)杏"生晋山"的记载，似乎又说明杏主要产于中国中原一带，但也不足以因此而说明秦岭、淮河一线以南没有杏树栽培。古代关于杏分布的记述还有很多，总之可见，除福建等少数省区杏树比较少见外，全国大部分地区都有杏树分布；秦岭、淮河以南大都不适宜种植杏树，古书中记载"杏，北地所产多，种至此不生，生亦不蕃，不久随绝，……"(《兴化县志》，明代弘治16年，1503年)，"闽地最饶花，独杏花绝产"(《闽部疏》，1585年)，"杏花江南虽多，实味大不如北"(《学圃杂疏》，1587年)。

二、经济意义与主要用途

(一) 李的经济意义与主要用途

1．食用价值

李果实营养丰富，含总糖7.9%～9.0%、总酸0.8%～1.0%、单宁0.8%～1.5%、蛋白质0.5%～0.8%。每100g果肉中含脂肪0.2～0.6g、碳水化合物9.0～12.9g、Vc含量2.0～11.0mg、磷12.6～18.2mg、钙7.5～17.1mg、钾8.5～142.5mg、镁3.8～8.2mg、铁0.48～0.53mg，含有17种人体所需要的氨基酸786.2～885.6mg，这些营养成分都是人体健康不可缺少的。李果不仅营养丰富，香甜可口，深受人们喜爱，而且，市场占位好。其早熟品种成熟期早，正好在樱桃、草莓过后，而晚熟品种则耐贮性好，通过贮藏，可供应到春节，可占据整个冬季水果淡季市场。因而，对于调节和改善鲜果市场供应状况，满足人们对水果多样化的需求，丰富人们的物质生活具有重要作用。

李既是鲜食果品，还适宜加工成许多美味食品，如罐头、果脯、果干、果酒、果酱、蜜饯、果汁、话李等。其中以福州和永泰蜜饯厂加工的水仙牌"化核嘉应子"、"蜜李片"最佳，不仅中国人喜食，而且畅销于五大洲30余个国家，成为中国出口的拳头产品，深受国外消费者喜欢，在国际市场具有很强的竞争实力。

2．药用价值

李树的各器官都有医药功能。据《本草纲目》、《医林纂要》、《本草求真》等经典中医古籍记载，中国李的果实味甘、酸、性寒，能清热、利水、消食积，有养肝、泻肝、治肝肿硬和肝腹水、去痼热、破瘀的功能。李的核仁味苦、性平，有活血利水、滑肠的功能。内用治消化不良、牙龈出血、慢性咽喉炎、肝硬化、便秘；外用可消疮疖肿毒、湿疹、瘙痒、瘀血和虫蝎蜇伤，并有止痛的功效。李花可消除面部粉滓，使之光泽。李叶主治小儿干热、惊痫。李根皮煎水，含漱治齿痛。李的树胶能治目翳，有止痛、消肿的功能。李汁饮料可预防中暑。李干为醒酒和解渴镇呕的佳物。国外亦采用李干作为缓泻剂。

苦李味酸、涩，性平，能健脾、调经，有收敛、止血的功能，治消化不良、月经过多、慢性子宫出血、外伤出血及各种体癣、手癣、足癣。

3．其他经济价值

李的树姿优美，春时繁花似锦，夏时硕果累累，是净化空气和美化环境的良好树种。李树木材坚韧，色泽红，有花纹，具光泽，适宜雕刻和加工。李品种繁多，成熟期各异，采收供应期长达6个月之久，果实色泽有红、黄、绿、紫、黑5种颜色可供选择。李的花和叶富有观赏价值，能与梅和杏相互授粉杂交，是绿化环境和培育良种不可缺少的树种。

(二) 杏的经济意义与主要用途

1．食用价值

杏是我国北方的主要栽培果树之一，也是中国传统的五果之一。以果实早熟、色泽鲜艳、果肉多汁、风味甜美、酸甜适口为特色，在春夏之交的果品市场上占有重要位置，深受人们的喜爱。

杏果实营养丰富，含有多种有机成分和人体所必需的维生素及无机盐类，是一种营养价值较高的水果。相关研究分析表明，每100g杏肉含糖10.0g、蛋白质0.90g、胡萝卜素1.8g、核黄素0.03g、硫胺素0.02g、尼克酸(维生素P) 0.60mg、抗坏血酸(Vc) 7.0mg、钙26.0mg、磷24.0mg、铁0.8mg。杏仁中含有大量的有机物和无机盐类，每100g含蛋白质27.7g、脂肪51.0g、糖类9.0g、磷385.0mg、铁7.0mg、钙111.0mg，还含有大量的胡萝卜素、硫胺素、尼克酸和抗坏血酸等维生素类物质。甜杏仁还是一种高级食品和食品原料。

2．医疗保健效能

杏具有健身祛病的医疗效能。杏仁能治风寒肺病，惊痫头痛，止泻润燥，润肺解饥，止咳祛痰。解狗毒、解蝎毒。杀虫除疥，消肿去风，是传统的中药材。杏金丹可延年益寿，杏酥法可去除百病。杏花、叶、枝、根均可入药，民间常用苦杏仁治疗慢性气管炎、神经衰弱、小儿佝偻病等。

杏仁还富含多种生理活性物质，具有明显的医疗保健作用，其中苦杏仁含有丰富的维生素B_{17}(苦杏仁甙)，能抑制或杀死癌细胞，缓解癌痛。我国民间早已有用杏仁薏米粥或杏茶治疗肠癌、肺癌和食道癌的方法。多食杏干的南太平洋岛国斐济和喜马拉雅山南麓洪扎族居民，很少有人患癌症，也从侧面证实了杏的防癌作用。

杏果实所含的多种维生素和氨基酸，具有抗衰老作用；鲜杏(184.2kJ/100g果肉)和杏干都属于低热量、多维生素的长寿型膳食果品。因此，杏是人体保健的佳品。杏仁中含的粗脂肪中，大多为不饱和脂肪酸，食用杏仁可有效防治心血管病，杏仁油是优质的食用油。

3．重要的工业原料

杏果除鲜食外，还特别适宜深加工，可以加工成杏脯(图1-1)、杏酱(图1-2)、糖水杏罐头、杏干、杏话梅、青红丝、杏冻、杏茶、杏汁、果酒(图1-3)等。在欧洲和美洲，杏的产量中有80.0%用于加工，主要是制干和制脯。杏仁可加工成杏仁罐头、杏仁霜、杏仁露、杏仁茶、杏仁酪、杏仁油、杏仁乳、各种杏仁点心等，还是制作五香杏仁和八宝酱菜的原料。

杏仁油是重要的油脂化工原料。杏仁油的凝固点低，是高级的润滑油，用于航空和精密仪器的润滑或防锈，也是高级塑料的溶剂，还是化妆品及香皂的原料(图1-4至图1-6)。由苦杏仁提取的苦杏仁甙可供药用和提取香精。

杏的核壳是制活性炭的高级原料，活性炭是印染、纺织等工业不可缺少的原料。杏核壳磨碎后还可以作为钻井泥浆的添加剂。

杏树木材坚硬、纹理细致、色泽乌红，是雕刻艺术品和制作名贵家具的原料。也可加工成木炭和绘画用的炭条、炭黑等。树皮可提取单宁和杏胶。

图1-1 杏脯

图1-2 杏酱

图1-3 杏酒

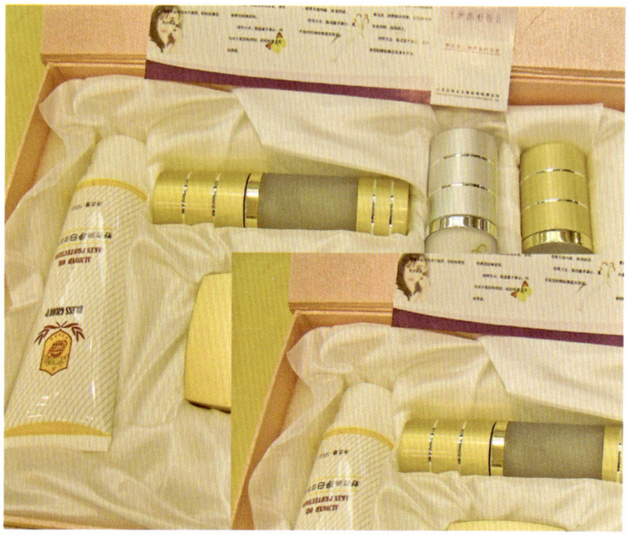
图 1-4 杏仁油化妆品

图 1-5 杏仁油

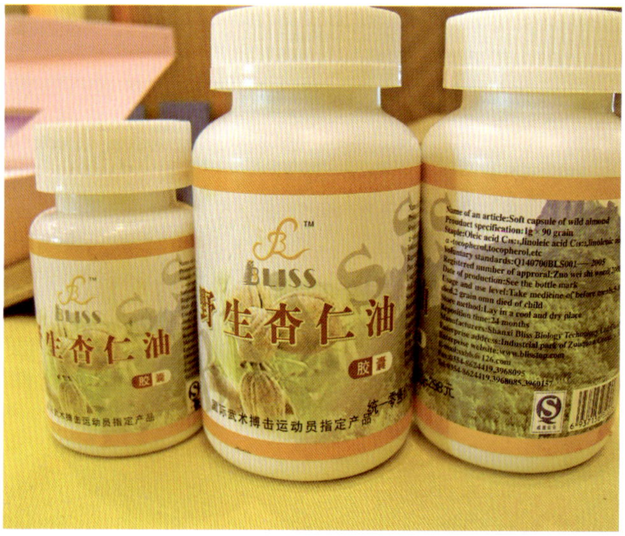

图 1-6 野生杏仁油

杏叶中含有蛋白质 12.1%、粗脂肪 8.7%、粗纤维 11.44%，鲜叶或叶粉是猪、羊的好饲料。杏树开花早、花量大，是养蜂的早期蜜源。

4. 加工制品、杏仁是中国传统出口创汇产品

杏的加工制品及杏仁，不但深受国人的喜爱，也是中国传统的出口创汇产品，产品价格一直居高不下。北京、河北、山东和山西等地加工的杏脯，畅销于亚太地区，被誉为“小金柿”，销售吨价 3500 美元。目前，世界市场上要求低糖或无糖杏脯。据业内人士介绍，国际杏干（脯）市场极大，有多少要多少。糖水杏罐头虽受世界市场欢迎，但因受其包装物马口铁质量影响，因而转为出口大量的速冻杏瓣。我国出口的杏浆（酱）在欧美等市场上备受欢迎，仅新疆的浓缩杏浆（酱）的出口量就占世界市场的 30%～35%，因此，我国是世界杏浆（酱）的第一大生产与出口国。据业内人士对果浆市场价格介绍，2005 年杏浆为 800～900 美元 /1000kg，而苹果浆仅为 600 美元左右。我国生产的话杏及甘草杏大量出口到东南亚和日本等地。

苦杏仁及其加工制品是我国的大宗传统出口商品之一，数十年来市场一直供不应求，价格持续走高。我国苦杏仁年产量约为 2.0×10^7kg，而国内外市场的需求量在 5.0×10^7kg 以上，供求矛盾突出，杏仁及其制品市场空间非常大。据深圳丰达贸易公司资料，我国杏仁出口 2000 年为 1.5×10^6kg，2002 年上升至 2.0×10^6kg，2003 又升至 2.5×10^6kg，2004 年达 3.0×10^6kg，苦杏仁吨价是 1.5 万元左右，甜杏仁吨价为 3.6 万元左右，其创汇率高于其他干果。我国出口的苦杏仁主销日本、韩国、德国、英国、荷兰、瑞士、丹麦、瑞典、挪威和芬兰等国；甜杏仁主销东南亚和我国的港澳地区。

5. 增加果农收入，促进农业产业发展

杏不但果实早熟，在春夏之交的果品市场上占有重要位置，而且结果早，栽培管理容易，一般定植后 2～3 年结果，4～5 年即可丰产，其产品一经加工，价值倍增。因此，发展杏生产是一条富民强县的好门路。如河北省巨鹿县上町村农民段忠义，1986 年嫁接坐地苗串枝红杏 667m^2，1988 年产杏 750kg，1989 年产杏 1800kg，收入 2000 元。河北省蔚县常宁乡安庄村农民夏正时，1982 年种植大扁杏 2001m^2，1985 年开始结果，1987 年平均每 667m^2 产杏仁 58.0kg，以后产量逐年上升，1991 年平均每 667m^2 产杏仁达 172.5kg，仅杏仁每 667m^2 产值就达 5000 余元。该乡仁用杏示范园面积 400 hm^2，2005 年杏仁总产量为 8986.0kg，到 2008 年增加到 151500.0kg，杏仁单产由 2005 年的 14.8kg 上升为 25.3kg，经济效益明显。类似以上早期丰产

的实例和典型各地均有。因此，早在20世纪80年代，河北省巨鹿县和山西省阳高县人民政府把发展杏生产定为本县脱贫致富的首选项目，并把杏树定为“县树”。当地群众称杏树是“不吃草的羊，不占地的粮”或“铁杆庄稼”、“金豆豆”、“小银行”，并有“家有一亩京杏树，不愁柴米油盐醋”和“栽个花果山，胜似米粮川”等顺口溜。

杏业的发展有力地促进了食品加工业的发展和壮大，大大提高了产品的附加值，同时增加了城乡就业人口。食品加工业的壮大，不仅会带动当地的经济发展，又是杏业健康发展的有力保证。

新疆是我国杏的原产地，由于有得天独厚的优势和良好的基础，当地杏生产发展如火如潮。至2005年年底，喀什地区的杏生产面积9.5万 hm^2，结果面积3.1万 hm^2，总产量 4.0×10^7kg，产值4.0亿元，总净收入4亿元。杏主产区集中在英吉沙、疏附、疏勒、莎车、伽师和叶城县。2002年春，中粮新疆屯河果业公司在喀什地区疏勒县建成了全国最大的杏浆生产线，总投资9800万元，日处理鲜果 3.5×10^5kg，在近一个月的试生产阶段，该生产线已消耗原料 8.5×10^6kg，生产出浓缩杏浆 2.5×10^6kg，一般年销售量达 8.0×10^6kg，创汇800万美元。新疆南疆生产的杏浆，可转化南疆60%以上的鲜杏产量。屯河林果项目的实施为南疆果农带来了明显的经济效益，屯河林果项目喀什、和田两座果品加工厂年可消耗鲜杏 4.0×10^7kg，占喀什、和田两地区杏产量的35%，其中屯河喀什果业，2001年为喀什地区230万果农人均增收6元，2002年人均增收将达到10元，2007年产值近1亿元，可使南疆地区30万果农人均增收100元，杏果的产业化加快了当地果农脱贫致富的步伐。2007年10月30日，中粮屯河乌什果业项目开工奠基仪式在新疆阿克苏地区乌什县隆重举行。总投资1.2亿元，建设一座年加工杏子 6.0×10^5kg、番茄 1.5×10^6kg 的生产线，以解决杏子等农作物产销难的问题，带动当地的经济发展。

河北省涿鹿县年仁用杏总面积超过2.80万 hm^2，出口杏仁220万kg，占全国杏仁出口量一半以上，产品远销德国、丹麦、瑞典、新加坡等欧洲和东南亚市场，创汇60多万元，年产值8000多万元，为国家林业局和中国经济林协会命名的全国唯一的“中国名特优经济林仁用杏之乡”。2007年以来，该县引进了先进的破核机、风选机，以提高脱皮杏仁、脱苦杏仁、开口杏核的质量，还建起杏脯加工厂3个、杏壳加工活性炭厂1个，年实现经济效益1000多万元。

6．开发沙荒地，改善生态环境

杏是深根性树种，其根系发达，分布范围深广，垂直根伸展力较强，可深入土壤的深层。生长在干旱地区，土层深厚地块的多年生杏树，垂直根可深入7～8m深的土层中。杏的水平根伸展力极强，其长度可达树冠的2～5倍。因为杏有发达的根系，又由于其根组织的细胞体积较小，细胞排列紧密，厚壁细胞的胞壁较厚，组织不易失水。因此，杏树具有很强的抗旱能力。

杏树不但抗旱，且抗寒、耐盐碱、耐瘠薄，适应性强。不仅可在平原沃土地发展，还适宜在山地、丘陵和沙荒地种植，是防风治沙、绿化荒山的先锋树种。大面积发展杏树，在增加经济效益的同时，还可起到防止水土流失、减少风沙危害、改善生态环境、美化家园的作用。

第二节 李杏种质资源及分类

一、李杏种质资源概述

（一）李种质资源概述

李为蔷薇科（Rosaceae）李亚科（Prunoideae）李属（*Prunus*）植物，包括不常见种全世界约有30余种，原产中国和引进中国栽培多年的，中国现有李属植物资源8个种5个变种800余个品种和类型。8个种分别为中国李（*P. salicina* Lindl.）、杏李（*P. simonii* Carr.）、乌苏里李（*P. ussuriensis* Kov.et Kost.）、欧洲李（*P. domestica* L.）、樱桃李（*P. cerasifera* Ehrhart.）、美洲李（*P. americana* Marsh.）、加拿大李（*P. nigra* Ait.）和黑刺李（*P. spinosa* L.）。中国李是世界上鲜食和栽培最广泛的种。

李属（*Prunus*）分种检索表

1. 叶片在芽中呈席卷状，核表面常具皱皮；花序常1或2朵，稀3朵。
 2. 嫩枝无毛或微具毛，花柄无毛，稀具短柔毛。
  3. 花1～3，簇生。
   4. 小枝及叶片光滑无毛，或在叶片下边脉腋间具髯毛。
    5. 果实卵圆形或近球形；花常3朵，簇生；叶片长圆倒卵形，侧脉与主脉成45°。
     6. 果实大，直径5～7cm，核小，常具皱纹；叶片光滑无毛 ……1 中国李 *P. salicina*
     6. 果实小，直径1.5～2.5cm，核表面近光滑；叶片下面多少被柔毛 ……2 乌苏里李 *P. ussuriensis*
    5. 果实扁圆形，果柄很短，核常具微沟；花1～3朵；叶长圆披针形，侧脉与主脉成锐角 ……3 杏李 *P. simonii*
   4. 小枝及叶片下面被短柔毛；果实长圆形，核表面多皱 ……4 欧洲李 *P. domestica*
  3. 花单生，叶片下面无毛或在主脉上有短柔毛，果实球形，红色、黑色或黄色；核表面光滑或粗糙 ……5 樱桃李 *P. cerasifera*
 2. 嫩枝密被绒毛或短柔毛，花柄常具短柔毛，果实近球形。
  7. 花单生，果直立，核外稍具浅纹 ……6 黑刺李 *P. spinosa*
1. 叶片在芽中呈对折状，稀席卷状，核表面常光滑；花序常3朵或多朵，稀单生。
 8. 幼枝无毛；叶片具尖锐锯齿，叶背或仅主动脉上有短柔毛；果常圆锥形或椭圆形 ……7 美洲李 *P. americana*
 8. 幼枝无毛或有毛；叶片具圆钝锯齿，下面具短柔毛；果实椭圆形 ……8 加拿大李 *P. nigra*

（二）杏种质资源概述

杏为蔷薇科（Rosaceae）李亚科（Prunoideae）杏属（*Armeniaca* Mill.）植物，全世界杏属共有 10 个种，中国有 9 个种，分别为：普通杏（*A. vulgaris* Lam.）、西伯利亚杏 [*A. sibirica* (L.) Lam.]、辽杏 [*A. mandshurica* (Maxim.) Skv.]、藏杏 [*A. holosericea* (Batal.) Kost.]、紫杏 [*A. dasycarpa* (Ehrh.) Borkh]、志丹杏（*A. zhidanensis* Qiao C.Z.）、梅（*A. mume* Sieb.）、政和杏（*A. zhengheensis* Zhang J. Y. et Lu M. N.）与李梅杏（*A. limeixing* Zhang J. Y. et Wang Z. M.）。普通杏、西伯利亚杏、辽杏和梅内有 17 个变种和类型。普通杏是世界上栽培最广泛的一个种。

杏属（*Armeniaca* Mill.）分种检索表

1. 花多单生；萼片与萼筒紫红色或红褐色，开花后萼片反折。
 2. 1 年生枝灰褐或红褐色；核表面平滑或粗糙，无孔穴。
  3. 果实表面有短茸毛，无果粉（唯普通杏的变种李杏果皮无茸毛亦无果粉）。
   4. 叶片圆形至卵圆形，叶缘具细小圆钝单锯齿；几无果柄。
    5. 叶片背面绿色，光滑或具疏毛；叶基圆形或心形。
     6. 1 年生枝光滑无毛（嫩枝有毛）；叶片和叶柄幼时具短柔毛，成熟叶片及叶柄毛较稀疏……………………1 藏杏 *A. holosericea*
      7. 乔木；叶尖急尖至短渐尖；果实大而多汁；肉质松软，味酸甜，芳香，成熟时不沿缝合线开裂；核棱锐利，核基对称……………………2 普通杏 *A. vulgaris*
      7. 灌木或小乔木；叶尖长渐尖至长尾尖；果实小而干燥，果肉薄，味苦涩，成熟时沿缝合线开裂；核棱锐利，核基不对称核基对称……………………3 西伯利亚杏 *A. sibirica*
     6. 1 年生枝、叶柄和叶脉上具灰白色茸毛；嫩叶背面脉上有毛，成熟叶片无茸毛……………………4 志丹杏 *A. zhidanensis*
    5. 叶片背面银白色，厚被白色茸毛；叶片长椭圆形，叶缘锯齿细微，叶基截形；核棱圆钝，不具龙骨状侧棱……………………5 政和杏 *A. zhengheensis*
   4. 叶缘具不整齐细长尖锐重锯齿；果柄长 7 ~ 10mm；1 年生枝黄褐色；老树主干皮层木栓质……………………6 辽杏 *A. mandshurica*
  3. 花双生，萼片与萼筒黄绿色；果实表面同具疏茸毛和浅果粉；果实暗紫红色或黑紫色；核侧棱稍凸，腹棱锐利……………………7 紫杏 *A. dasycarpa*
 2. 1 年生枝绿色；核表面具孔穴；果实味酸……………………8 梅 *A. mume*
1. 花双生或簇生；萼片与萼筒绿色，开花后不反折；1 年生枝绿色、黄褐色或褐色；叶片披针形，叶缘具重锯齿……………………9 李梅杏 *A. limeixing*

二、李杏种质资源分类描述

（一）李属种质资源分种描述

1. 中国李 *Prunus salicina* Lindl.

别名李（《诗经》）、山李子（河南）、嘉庆子、嘉应子（南京）、玉皇李（北京）、日本李（美国等）。原产中国长江流域。包括原变种中国李，变种毛梗李和棕李。约有800余个品种或类型。

(1) 中国李 *P. salicina* Lindl. var. *salicina*

乔木，高5.0～12.0m。树冠开心形或半圆形，树姿较开张。老皮灰褐色，块状或条状裂。多年生枝灰褐色或紫红色，无毛。新梢初为黄绿色或淡红色，后转为黄褐色或红褐色。冬芽卵圆形，红紫色，有数枚覆瓦状排列的鳞片，通常无毛，稀鳞片边缘有极稀疏毛。

叶片长圆倒卵形、长椭圆形、稀长圆卵形，长6.0～8.0(12.0) cm，宽3.0～5.0cm。先端渐尖、急尖或短尾尖。基部楔形。边缘有圆钝重锯齿，常混有单锯齿，幼齿尖部带腺。叶面深绿色，有光泽。侧脉6～10对，不达叶缘，与主脉成45°。叶两面均无毛，有时叶背沿主脉有稀疏柔毛或叶脉有髯毛。托叶膜质，线形，先端渐尖，边缘有腺，早落。叶柄长1.0～2.0cm，通常无毛，近叶片处有2个腺体或无，有时在叶片基部边缘有腺体。

花通常2～3朵并生，花冠直径1.5～2.2cm，花梗1.0～2.0cm，无毛。萼筒钟状，萼片长圆卵形，长约5.0mm，先端急尖或圆钝，边有疏齿，与萼筒近等长，萼筒和萼片外部均无毛，内侧在萼筒基部被短疏柔毛。花瓣白色，长圆倒卵形先端啮蚀状，基部楔形，有明显带紫色脉纹，具短爪，着生在萼筒边缘，比萼筒长2倍或3倍。雄蕊25～35枚，花丝长短不齐，排成不规则2轮，比花瓣短。雌蕊1枚，柱头盘状，花柱比雄蕊稍长。

果实球形、椭圆形或心脏形。果顶平、凹或微尖。果梗短粗，1.0～2.0cm，梗洼陷入。缝合线明显或不明显，两侧果肉对称或不对称。单果重10.0～180.0g，果实直径2.0～5.0 (7.0) cm。果皮多为黄色或红色，有时为绿色、紫色或黑色，表面有蜡质果粉。果肉黄色或紫红色，具有李的特殊香味，多汁、味酸甜。粘核或离核。核卵圆形或长圆形，稀圆球形，表面有皱纹。核仁饱满或退化，圆锥形，味苦。

花期较欧洲李、加拿大李、黑刺李等种明显早，在南方为2～3月，北方为4～5月，花先于叶或与叶同时开放。果期南方为5～8月，北方为6～9月。落叶期10～11月。

中国李果实大，外观美，多汁，香味浓，品质优良，是鲜食良种，其中也有许多品种亦是鲜食兼加工良种。中国李适应性较广，中国各地均有栽培，但其抗寒力不如乌苏里李、美洲李、加拿大李和樱桃李，与欧洲李相差不多，其花期早，在春季寒冷地区，易遭冻害。能与各种李或杏杂交。2n=2x=16，稀24，32。

(2) 毛梗李 *P. salicina* L. var. *pubipes*

原产中国甘肃和云南。

本变种与原变种的区别在于：毛梗李的小枝、叶片下面和叶柄，以及花梗和萼筒基部均密被短柔毛。

(3) 棕李 *P. salicina* L. var. *cordata* Y. He

原产中国福建，为一栽培变种。

棕李与原变种的主要区别在于：棕李叶片为长倒卵形或长椭圆状披针形；花2朵或4朵并生；果实心脏形，表面有或无油泡，核尖与果肉间有明显空腔；核大而粗糙。

2. 杏李 *P. simonii* Carr.

别名红李（《河北习见树木图说》）、秋根李（河北昌黎）。原产中国华北和西北的东部，为一栽培种。

小乔木，树高5.0～8.0m，树形直立，老枝紫红色，树皮起伏不平，常有裂痕。小枝浅红色，粗壮，直立节间短，无毛。冬芽卵圆形，紫红色，有数枚覆瓦状排列鳞片，边缘有细齿，通常无毛，极稀鳞片边缘有睫毛。

叶片长圆倒卵形或长圆披针形，稀长椭圆形，长7.0～10.0cm，宽3.0～5.0cm，先端渐尖或急尖，基部楔形或宽楔形，边缘有细密圆钝锯齿，有时呈不明显重锯齿，幼叶齿尖带腺。叶面深绿色，叶背淡绿色，主脉明显下陷，中脉和侧脉膜质，线形，先端长渐尖，边缘有腺，早落。叶柄长1.0～1.3cm，无毛，通常在顶端两侧各有1个或2个腺体。

簇生花2朵至3朵。花梗长2.0～5.0mm，无毛。花直径1.50～2.0cm，花瓣白色，长圆形，先端圆钝，基部楔形，有短爪，着生在萼筒边缘。雄蕊20～30枚，花丝长短不等，排列成紧密2轮，长花丝比花瓣稍短或近等长。萼筒钟状，萼片长圆形，先端圆钝，边有带腺细齿，萼片与萼筒外面均无毛，内面在萼筒基部被短柔毛。

果实扁圆形或圆形，单果重40.0～180.0g，果实直径3.0～5.0cm，最大6.0cm。果梗短粗，长0.5cm。果皮红色或黄色，表面果粉薄或无，无绒毛。缝合线较浅，两侧果肉对称。果肉淡黄或橘黄色，质地紧密，香味浓、味甜酸。粘核。核小，扁圆形，表面粗糙，有纵沟。

花期4月，果期6～7月，落叶期11月。

杏李果实较大，肉质紧密，可供鲜食或加工用，果实较耐贮藏和运输。易与中国李杂交，并且可以获得品质优良的后代。抗寒力和抗烂皮病［*Xanthomonas pruni*（Smith）Dowson］能力较差。丰产性不强。2n=2x=16。

3．乌苏里李 *P.ussuriensis* Kov.et Kost.

别名东北李（《中国植物志》第38卷），原产中国东北各省，为一栽培种。

小乔木，树高2.5～5.0m，树冠紧凑矮小，有时呈灌木状。老枝灰黑色，粗壮，树皮起伏不平。小枝稠密，节间短，淡红褐色，新梢光滑无毛。冬芽卵圆形，红褐色，有数枚覆瓦状排列鳞片，通常无毛。

叶片长圆形、倒卵长圆形，稀椭圆形，长4.0～9.0cm，宽2.0～4.0cm。先端尾尖、渐尖或急尖。基部楔形，稀宽楔形。边缘有单锯齿或重锯齿，齿尖常带腺。叶正面深绿色，无毛，中脉和侧脉均微下陷；叶背面深绿色，在下半部沿着中脉和侧脉两边微带柔毛，中脉和侧脉明显突起，有时在基部混有侧脉，与主脉成锐角。叶柄短，长度小于1.0cm，被柔毛，叶柄无蜜腺，在叶片基部边缘两侧各有1个腺体。托叶披针形，先端渐尖，边缘有带腺锯齿，早落。

花2朵或3朵簇生，有时单朵。花梗长7.0～13.0mm，无毛。花冠直径1.0～1.2cm。花瓣白色，长圆形，先端波状，基部楔形，有短爪。雄蕊多数，花丝长短不等，排列紧密2轮，着生在萼筒上，长花丝与花瓣近等长或稍长。雌蕊1枚，心皮无毛，柱头盘状，花柱与雄蕊近等长。萼筒钟状，萼片长圆形，先端圆钝，边缘有细齿，齿尖常带腺，比萼筒稍短，萼筒与萼片内外两面均无毛。

果实扁圆形、近圆形或长圆形，果实较小，单果重7.0～30.0g，直径1.5～2.5cm。果皮紫红色或黄色。缝合线不明显，两侧果肉对称。果肉黄色，味甜，多汁，具浓香。果皮苦涩。粘核，核扁圆或长圆形，有明显侧沟，表面有不明显蜂窝状突起。种仁圆形，饱满，味苦。

花期4～5月，果期6～9月，落叶期10～11月。乌苏里李抗寒力极强，可耐－55.6℃低温。能同中国李、樱桃李、美洲李和黑刺李杂交，与欧洲李杂交不育。果实可食，但成熟前落果重。实生苗是李的良好砧木。2n=2x=16。

4．欧洲李 *P. domestica* L.

别名西洋李、洋李、脯李（美国）、酸梅（中国新疆）。原产中国新疆伊犁、西亚和欧洲。栽培品种有2000余个。

乔木，高6.0～15.0m，树冠圆锥形，树干深灰褐色，开裂，枝条无刺或稍有刺。老枝红褐色，无毛，树皮起伏不平，当年生小枝淡红色或灰绿色，有纵棱条，幼时微被短柔毛，以后脱落近无毛。冬芽卵圆形，红褐色，有数枚覆瓦状排列鳞片，通常无毛。

叶片椭圆形或倒卵形，长4.0～10.0cm，宽2.5～5.0cm，先端急尖或圆钝，稀短渐尖，基部楔形，偶有宽楔形，边缘有稀疏圆钝锯齿，叶面暗绿色，无毛或在脉上散生柔毛，叶背淡绿色，密被柔毛，通常在叶片基部边缘的两侧各有一个腺体。托叶线形，先端渐尖，幼时边缘常有叶腺，早落。

花2朵，簇生于短枝顶端。花冠直径1.0～1.5cm，花瓣白色，有时带绿晕。萼筒钟状，萼片卵形，萼筒和萼片内外两侧均被短柔毛。花梗长1.0～1.2cm，无毛或具短柔毛。

果实通常卵圆形或长圆形，稀近圆形，果实中大，直径1.0～5.0cm。缝合线明显，两侧果肉常不对称，与果柄连接处常有短颈。果皮有红色、绿色、黄色、紫色、蓝色等，果粉蓝灰色。果肉黄色，肉质硬，果汁中多，味甜酸，无香味。离核或粘核。核椭圆形，扁，有尖或有颈，侧棱圆钝，表面粗糙或平滑。

花期4月底至5月上旬，果期为8～9月，落叶期为10～11月。

欧洲李的果实除供鲜食外，宜做蜜饯、果酱、果酒、李脯、李干等。欧洲李喜欢温暖湿润的环境，其根系浅，水平根发达，不耐干旱，适宜栽培在地下水位不深的肥沃而黏重的土壤上。抗寒力不强。在深休眠期只能忍耐短暂时间的－35～－30℃的低温。本种各品种的染色体均为2n=6x=48。与其他种进行杂交，其杂种一代孕性很低，只有经过自交之后，才能获得有价值的可孕类型。

欧洲李的花期明显晚于中国李、杏李、乌苏里李、樱桃李、加拿大李、美洲李等。因此可避开晚霜与春寒的危害。

5．樱桃李 *P. cerasifera* Ehrhart.

别名樱李。原产中国新疆、中亚、天山至亚得里亚海岸、小亚细亚和中亚西亚、巴尔干半岛、高加索、外高加索、北高加索、土库曼山地，以及哈萨克斯坦的保斯坦德克区和中塔什克斯坦山区、阿塞拜疆的南部地区、格鲁吉亚西部等广大地区，伊朗亦有分布。

由于长期栽培，品种变型颇多，有垂直、花叶、紫叶、狭叶、黑叶等栽培变型。

灌木或乔木，最高达12.0～15.0m。多分枝，枝条细长，开张，暗灰色，有针刺，新梢淡红色或淡红褐色，无毛。冬芽卵圆形，先端急尖，有数枚覆瓦状排列鳞片，紫红色，有时鳞片边缘有稀疏绒毛。

叶片椭圆形、卵形或倒卵形，极稀椭圆状披针形，长

(2.0) 3.0 ～ 4.0 (6.0)cm，先端急尖，基部楔形或近圆形。边缘有圆钝锯齿，有时混有重锯齿。叶面绿色，无毛，中脉微下陷，叶背面淡绿色，除沿中脉有柔毛或幼时被短柔毛，无腺。托叶膜质，披针形，先端渐尖，边有带腺细锯齿，早落。

花1朵，稀2朵。花梗长1.0～2.2cm，无毛或微被短柔毛。花冠直径2.0 ～ 2.5cm。花瓣白色，长圆形或匙形，边缘波状，基部楔形，着生在萼筒边缘。雄蕊25 ～ 30枚，花丝长短不等，紧密地排成不规则2轮，比花瓣稍短。雌蕊1枚，心皮被长柔毛，柱头盘状，花柱比雄蕊稍长，基部被稀长柔毛。萼筒钟状，萼片长卵形，先端圆钝，边有疏浅锯齿，与萼片近等长，萼筒和萼片外面无毛，萼筒内面有疏生短柔毛。

果实近圆形或椭圆形，直径2.0 ～ 3.0 (4.3) cm，果皮黄色，红色或黑色，果粉薄，缝合线浅，两侧果肉对称。果肉黄色，味淡甜，无香味，果汁较少。粘核。核椭圆形或卵圆形，先端急尖，浅褐带白色，表面平滑或粗糙或有时呈蜂窝状，背缝具沟，腹缝有时扩大具2侧沟。

花期4月，果期8 ～ 9月，落叶期11月。

樱桃李抗寒力弱，而抗旱力强，喜光，抗真菌性病害，适于生长在富含有机质的冲积泥土或河边。其休眠期很短，开花早，花期延续较长，花先于叶开放。果实成熟后不易脱落，耐贮运。果实中果胶含量很高(可达15.0%)，所以除可供鲜食和干制以外，是制作果酱、果泥、果冻的好原料，也可用来制作糖水罐头。樱桃李的种子可做李和桃的砧木资源。樱桃李可与中国李、黑刺李、加拿大李等种杂交，但与杏李、欧洲李、杏杂交，不仅成功率很低，而且后代往往是高度不孕类型。2n=2x=16，17，24。

樱桃李常见栽培变型：

(1) 垂枝李 f. *pendula* Bailey. 枝条下垂。

(2) 紫叶李 f. *atropurpurea* Jacg. 叶片大，紫红色，花粉色，果实暗红色。

(3) 黑叶李 f. *nigra* Bailey. 叶深紫色。

(4) 花叶李 f. *purpusii* Bailey. 叶深暗红色并有黄红斑点。

(5) 狭叶李 f. *elagans* Bean. 叶片狭小，边缘白色。

这些变型多用作庭院绿化的观赏树种。

6．美洲李 *P. americana* Marsh.

别名美国李。原产北美洲，为北美所产李属植物中栽培利用最多者。

小乔木，树高4.0 ～ 5.0m，有时可达7.0 ～ 9.0m。树冠呈极开张的披散形或伞形，无中心干，枝条多水平或下垂。树干皮为红褐色，纵裂，常有大块鳞片状剥落。皮孔黄白色，凸起，梭形，横裂。大枝上着生许多呈钝角的针刺状短枝，长3.0 ～ 5.0 (17.0)cm，短枝基部粗，向上渐细，顶端为细尖叶芽。新梢黄绿色，有毛，1年生枝红褐色，无毛。

叶片大，长6.0 ～ 10.0cm，宽4.0 ～ 5.0cm，倒卵圆形或长圆倒卵形。先端突渐尖，基部楔形，边缘有尖锐重锯齿，叶正面深绿色，背面浅绿色，叶背有毛或仅在主脉上有短柔毛。托叶2个，披针形，长1.0 ～ 1.2cm，先端渐尖，一侧有深裂，边缘有红色腺体，两面密被绒毛。叶柄长1.0 ～ 1.5cm，有2个红色腺体。

花芽着生在针刺状短枝和1年生枝上，后叶开放。每个花芽有2 ～ 5朵花，簇生。花冠直径2.0 ～ 3.0cm，花瓣白色，花丝白色。萼片红色，萼筒钟状，上部黄红色，靠近花柄处为黄绿色，有稀疏绒毛。花柄长1.5 ～ 1.8cm，有绒毛。

果实圆锥形或椭圆形，直径2.0 ～ 4.0cm。果皮多为红色、橙黄色或红黄色，纯黄色较少。有果粉。果皮厚、柔韧。果肉黄色，柔软多汁，纤维多，味甜或酸，香味少，皮及近核处味涩，粘核或离核，核扁圆形，核面光滑。

花期比中国李明显迟，但比欧洲李早，4月末或5月初盛花，果期7 ～ 9月，落叶期10 ～ 11月。

美洲李的果实可鲜食亦可加工，其果皮坚韧，较耐运输。美洲李花期较晚，花量很大，但坐果率低，主要是有30.0% ～ 40.0%花的雌蕊发育不健全。本种对土壤适应性强，抗旱和抗寒力均强，植株和花芽能忍耐－40.0℃的低温，可在中国最北部地区栽培。

7．加拿大李 *P. nigra* Ait.

原产于加拿大和美国，喜生于高原上的开阔林和河谷两岸，生长地为石灰质土壤。

小乔木，树高5.0 ～ 9.0m。树冠卵圆形，紧凑，老皮紫褐色。皮孔白色，横生。枝条多弯曲向上生长，多年生枝有针刺，刺长3.0 ～ 5.0cm，基部粗，向上渐细，顶端细而尖，刺的顶芽和侧芽多不萌发。1年生枝灰褐色，无毛，有光泽。新梢绿色，有绒毛。

叶片椭圆形或倒卵形，先端渐尖或长渐尖，基部宽楔形或心脏形，叶长7.0 ～ 8.0cm，宽4.0 ～ 5.0cm。边缘具复钝圆锯齿，齿尖幼时有褐色腺体，后即消失。幼时褐绿色，成对折状展开。叶片正面黑绿色，无毛，背面绿色，有绒毛，有2个绿色腺体。

花3 ～ 4朵，簇生。花瓣白色，开后转为粉红色，花冠直径2.0 ～ 3.0cm。花丝、萼片、萼筒及花柄均为红色。

萼筒钟状。花柄长 1.0 ~ 1.5cm，无毛。

果实小，椭圆形，长 2.0 ~ 3.0cm。果皮红色、黄红色，有果粉，果皮厚韧，味涩。果肉黄色，多汁，有纤维，味酸甜，近核处酸涩，无香味。粘核。核广椭圆形，扁平，翼明显，核面光滑。

花期 4 月下旬，果期 8 月下旬，落叶期 10 ~ 11 月。

加拿大李花期比中国李、乌苏里李、杏李、樱桃李均晚。抗寒力仅次于乌苏里李，能长期忍耐 − 45.0 ~ − 40.0℃低温，可在中国东北地区生长。抗旱性超过乌苏里李，抗烂皮病。枝条硬度大，抗风力强。先花后叶，丰产，果实耐贮运，采后能后熟。是抗寒育种的良好材料。2n=2x=16。

8．黑刺李 *P. spinosa* L．

别名刺李。原产于欧洲、西亚和北非等地。

灌木，高 1.0 ~ 3.0m，极少乔木，高 4.0 ~ 8.0m。树皮深灰褐色。枝条稠密，树姿张开，枝条上生有大量针刺。老枝粗壮，红褐色，无毛。小枝红褐色，密被短柔毛。新梢绿色，具绒毛。冬芽卵圆形，先端圆钝，紫红色，有数枚覆瓦状排列的鳞片，鳞片外面有短柔毛。

叶片长圆倒卵形或椭圆状卵形，稀长圆形，长 2.0 ~ 4.0cm，宽 0.8 ~ 1.8cm。先端圆钝，基部宽楔形，边缘有细钝锯齿，有时具重锯齿，叶正面暗绿色，粗糙，有稀疏贴生短柔毛，背面黄绿色，侧脉 4 ~ 5（8）对，被柔毛，逐渐脱落。叶柄长 5.0 ~ 7.0mm，被柔毛，无腺体。托叶膜质，披针形，先端渐尖，早落。

花多单生，先于叶开放。花梗长 1.0 ~ 1.5cm，直立，无毛或微被柔毛。花小，花冠直径 1.0 ~ 1.5cm，花瓣白色，长圆形，先端圆钝，基部楔形，有时带浅紫色脉纹，着生在萼筒周围。雄蕊 20 ~ 25 枚，排列紧密不规则 2 轮，着生在花盘边缘，花盘圆盘形，雄蕊与花瓣近等长。雌蕊 1 枚，心皮无毛，柱头头状，花柱比雄蕊稍长或接近等长。果实圆球形、广椭圆形或圆锥形，先端急尖，直径 1.0 ~ 1.5cm，紫黑色，具浅蓝色果粉，果肉绿色，酸甜，极涩，无香味，果汁少。粘核，小核、斜扁圆形，核面粗糙，背缝开裂，腹缝厚而圆钝。仁苦。

花期 4 月下旬，果期 8 月下旬，落叶 10 ~ 11 月。

黑刺李的果实刚采收时不能食用，经过冰冻以后，果肉的单重和含酸量均减低，味变甜，可食。果实可做酒、果冻和果干等。黑刺李的根蘖分生能力很强，有很强的适应能力。可与樱桃李及其他李属种杂交，也可用做李和桃的矮化砧木或用做盆栽的砧木，还可利用其多刺与根蘖多的特点，作为绿篱栽植，其叶可代茶。2n=4x=32。

（二）杏种质资源分种描述

1．普通杏 *Armeniaca vulgaris* Lam.

别名：杏（《山海经》）、杏树（《救荒本草》）、杏花（《花镜》）、甜梅（《本草纲目》）、归勒斯（蒙语）。

普通杏有 7 个变种 2000 余个品种或类型，是全世界杏属植物的主要栽培种。

各变种分别是：

（1）普通杏（原变种）*A. vulgaris* var. *vulgaris*

乔木，高 5.0 ~ 8.0（12.0）m。树冠圆形、扁圆形或长圆形。树皮灰褐色，纵状裂。多年生枝浅褐色，皮孔大而横生。1 年生枝浅红褐色，有光泽，无毛，稀有毛，有皮孔。

叶片宽卵形或圆卵形，长 5.0 ~ 9.0cm，宽 4.0 ~ 8.0cm，先端急尖至短渐尖，基部圆形至近心形，叶边有圆锯齿，两面无毛或仅下面脉腋间具柔毛。叶柄长 2.0 ~ 3.5cm，无毛或上面有毛，基部常具 1 ~ 6 个蜜腺。

花单生，直径 2.0 ~ 3.0cm，先于叶开放。花梗短，长 1.0 ~ 3.0mm，被短柔毛。花萼紫绿色。萼筒圆筒形，外面基部被短柔毛。萼片卵形至卵状长圆形，先端急尖或圆钝，花开后萼片反折。花瓣 5（6 ~ 8），圆形至倒卵形，白色或粉红色，少数红色，具短爪。雄蕊 20 ~ 45 枚，稍短于花瓣。子房被短柔毛，花柱稍长或几与雄蕊等长，也有短于雄蕊和退化至花托之内现象，下部具柔毛。

果实球形，稍倒卵形、扁圆形或长椭圆形。直径约 2.5cm 以上，最大达 6.0cm 左右。果皮为白色、黄色至橙黄色，常有红晕或红斑，微被短柔毛，成熟时如遇雨或土壤水分过多，会造成果皮开裂。果肉酸甜、多汁、有香气。离核或粘核，核卵形或椭圆形，两侧扁平，顶端圆钝，基部对称，稀不对称，核表面稍粗糙，核面有纹或平滑，腹棱较圆、钝，背棱较直立，腹面具龙骨状侧棱，种仁味苦或甜。

花期 2 ~ 4 月，果期 6 ~ 8 月，稀 10 月。2n=2x=16，稀 24。

普通杏的果实除可供鲜食外，还可加工成杏脯、杏干、杏罐头、杏酱、杏汁、杏酒等食品和饮料。种仁可生食或加工成杏仁茶、杏仁露、杏仁霜、杏仁粉等饮料或杏仁油，还可做加工食物的配料，种仁也可入药。核壳可加工活性炭。

（2）野杏 *A.vulgaris* var. *ansu* (Maxim.)

别名：山杏（《河北习见树木图说》）、合格仁−归勒斯（蒙语）、日本栽培杏（《中国温带果树分类学》）。

与原变种的区别是：叶片基部楔形或宽楔形；花常 2 朵，

淡红色；果实近球形，红色；离核；核卵球形，表面粗糙或有网纹，腹棱常锐利。

本变种的抗旱与抗寒能力较低，适宜在湿润而温暖的地区栽培，在中国多为野生或半野生状。果实小，可食，可做杏的砧木。

(3) 李光杏 *A. vulgaris* var. *glabra* Sun S.X.

与原变种的区别是果实表面光滑无毛。

该变种自花结实率强，抗旱性强，果实小，含糖量高，适宜加工杏干。

(4) 垂枝杏 *A. vulgaris* var. *pendula* (Jager) Rend.

与原变种的区别是枝条下垂，核大而粗糙，核背侧基部突出较大。

本变种易与普通杏、辽杏、西伯利亚杏杂交，是抗寒育种的重要材料。

(5) 花叶杏 *A. vulgaris* var. *variegata* (West.) Zabel

别名：斑叶杏。特征是叶片具白斑。

(6) 陕梅杏 *A. vulgaris* var. *meixianensis* Zhang J. Y. *et al.*

别名：陕梅、光叶重瓣花杏、重瓣花杏。

与原变种的区别是花冠直径 4.5.0 ～ 5.0cm；花瓣多达 70 ～ 120 枚；雄蕊 100 余枚，其中约有半数倒卷在子房周围；雌蕊 1 ～ 7 枚，在花瓣露红时即伸出，花柱明显长于花瓣；萼片大；花期迟；很少结实，果实可食，仁甜。树冠直立高大，可在－36.0℃低温下越冬。室内鉴定枝条木质部组织低温放热范围在－44.0 ～ －33.5℃，其木质部冻害发生在－40.0℃。

本变种在杏属中花朵最大、花瓣最多、开花期最迟，适宜观赏。

(7) 熊岳大扁杏 *A. vulgaris* var. *xiongyueensis* Li T. Z. et al.

与原变种区别在于叶柄较短，叶色深绿；叶两面及叶柄上密被褐色茸毛；核面无孔纹，核基圆唇形。

本变种抗盐能力强，在土壤氯化钙含量达 0.3% 时能正常生长，可作为育种试材或砧木。

2. 西伯利亚杏 *A. sibirica* (L.) Lam.

别名：山杏（《东北木本植物图志》）、蒙古杏（《中国温带果树分类学》）、西伯日–归勒斯（蒙语）。

西伯利亚杏在中国有 4 个变种和许多类型，分别是：

(1) 西伯利亚杏（原变种）*A. sibirica* var. *sibirica*

灌木或小乔木，树高 1.5 ～ 5.0m，树冠开张。树皮暗灰色。小枝无毛，稀幼时具疏生短柔毛，灰褐色或淡红褐色。

叶卵形或近圆形，长 (3.0) 5.0 ～ 10.0cm，宽 (2.5) 4.0 ～ 8.0cm，先端长渐尖至尾尖，基部圆形、截形或心形，叶边缘有细钝锯齿，两面无毛，稀下面脉腋间具短柔毛。叶柄长 2.0 ～ 3.5cm 无毛，有或无小蜜腺。

花单生，直径 1.5 ～ 2.7 (3.2)cm，先于叶开放。花梗长 1.0 ～ 2.0mm。花萼紫红色，稀黄绿色。萼筒钟形，基部微被短柔毛或无毛。萼片长椭圆形，先端尖，花后反折。花瓣近圆形或倒卵形，白色或粉红色。雄蕊与花瓣近等长。子房被短柔毛。

果实扁圆形，直径 1.4 ～ 2.9cm，黄色或橘红色，有时具红晕，被短柔毛。果肉干燥，肉厚 0.4 ～ 0.6cm。成熟时沿缝合线开裂，味酸涩，微苦，不可食。离核，核扁球形或扁椭圆形，两侧扁，顶端圆形，基部向一侧偏斜，不对称，表面平滑，腹棱宽而锐利，种仁味苦，稀甜。

花期 3 ～ 4 月，果期 6 ～ 7 月。2n=2x=16。

本变种为纯原生种，有大果 (2.2cm×2.1cm×1.7cm) 和小果 (1.9cm×1.8cm×1.4cm)、苦仁和甜仁，以及不同形状的叶基等类型。抗寒性强，冬季可耐－50.0℃的低温，抗旱，怕涝。树冠矮小，与杏嫁接亲合力强，是杏的优良砧木资源。杏仁可入药，也可榨油或加工成食品与饮料。是中国传统的出口物资之一。

(2) 毛杏 *A. sibirica* var. *pubescens* Kost.

本变种小枝、花梗和叶片下面被稀疏短毛，叶片老化时柔毛逐渐脱落，仅下面脉腋间或沿叶脉具疏毛。有大苦果、小苦果、果实不苦等类型。

(3) 辽梅杏 *A. sibirica* var. *pleniflora* Zhang J. Y. *et al.*

辽梅杏与原变种的区别是：叶片正反两面密被茸毛，老叶茸毛不脱落；花重瓣，每花 30 余瓣，蕾期红色，花期粉红色；雄蕊 20 ～ 30 枚，双子房花达 17.0% ～ 50.0%，多为一柄双果；果肉干燥味苦，成熟时沿缝合线开裂。离核，较原变种大，核面粗糙；仁苦。多年生枝干为红褐色，有光泽，酷似山桃（京桃）。

辽梅杏可作为早春观赏新树种，花朵美丽，酷似梅花，可耐－38.4℃的冬季低温，室内鉴定其枝条的低温放热范围在－48.0 ～ －42.5℃，其冻害发生的温度在－45.0℃。根系可耐－18.0 ～ －12.0℃低温。可在中国北方栽培。辽梅杏与梅花杂交亲和性好，在杂交后代中，辽梅杏的遗传力强，因此，是抗寒梅花育种的优良资源。辽梅杏是西伯利亚杏的野生自然新变种，与杏嫁接亲合力强，易于繁殖。

(4) 重瓣山杏 *A. sibirica* var. *multipetala* Liug. S. *et al.*

与原变种的区别在于花朵大，直径 3.0 ～ 3.5cm；花瓣 15 ～ 25 片，3 ～ 5 层，内层花瓣较小并常与雄蕊联合，雄蕊 0 ～ 13 枚，子房 1 ～ 2 枚，偶见 3 枚，常并生；果熟时，沿缝合线开裂。与辽梅杏的区别在于后者叶片两面及叶柄密被短茸毛，雄蕊花瓣数量明显多于前者。

重瓣山杏与辽梅杏具同样观赏价值。

3．辽杏 *A. mandshurica* (Maxim.) Skv.

别名：东北杏（《东北木本植物图志》）。

辽杏有两个变种。

（1）辽杏（原变种）*A. mandshurica* var. *mandshurica*

乔木，高 5.0 ~ 15.0m。老干树皮木栓层发达，深裂，暗灰色，有弹性。嫩枝无毛，淡红色、褐色或黄绿色。

叶片宽卵圆形至宽椭圆形，叶长 5.0 ~ 12.0 (15.0)cm，宽 3.0 ~ 6.0 (8.0)cm，先端渐尖至尾尖，基部宽楔形至圆形，有时心形，叶边具不整齐的细长尖锐重锯齿，幼叶两面有疏毛，逐渐脱落，老叶仅下面脉腋间具稀疏柔毛。叶柄长 1.5 ~ 3.0cm，常有 2 个蜜腺。

花单生，直径 2.0 ~ 3.0cm。先于叶开放，花梗长 7.0 ~ 10.0mm。无毛或幼时有疏生短柔毛。花萼带红褐色，常无毛。萼筒钟形。萼片长圆形或椭圆状长圆形，先端圆钝或急尖，边缘常具不明显细小重锯齿。花瓣宽倒卵形或近圆形，粉红色或白色。雄蕊 30 余枚，与花瓣等长或稍长。子房密被柔毛。

果实近球形，直径 1.5 ~ 2.6cm，黄色，阳面有红晕或红点，被短柔毛。果肉多汁或干燥，味酸或稍苦涩，大果类型可食，且有香味。核近球形或宽椭圆形，长 13.0 ~ 18.0mm，宽 11.0 ~ 18.0mm，两侧扁，顶端圆钝或微尖，基部近对称，表面光滑或微具皱纹，腹棱钝，侧棱不发育，具浅纵沟，背棱近圆形。离核。种仁味苦，稀甜。

花期 4 月下旬，果期 7 ~ 8 月。2n=2x=16。

本种耐寒力强，可做栽培杏的砧木，是培育抗寒品种的优良原始材料。木材坚实，纹理美观，可做各种家具。花可供观赏。种仁供药用或食品加工业用。

（2）光叶辽杏 *A. mandshurica* var. *glabra* (Nakai) Yu et Lu

与原变种区别为叶片两面均无毛，有光泽。

4．藏杏 *A. holosericea* (Batal.) Kost.

别名：毛叶杏。

乔木，树高 4.0 ~ 5.0 (7.0)m，树姿直立或开张。主干红褐色，皮爆裂。多年生枝有刺。小枝细密，红褐色或淡绿褐色，有时被短柔毛，老时逐渐脱落，1 年生枝无毛。

叶片卵圆或长椭圆形，叶长 3.7 ~ 6.0cm，宽 2.0 ~ 5.0cm，先端渐尖或长突尖，基部圆形或浅心形，叶片具细小单锯齿，锯齿上具黑色排水孔，幼叶两面被柔毛，尤以背面茸毛浓密，叶脉处有红色细毛，逐渐脱落，老时毛较稀疏。叶柄长 1.5 ~ 2.0cm，被疏柔毛，常有腺体。

花蕾椭圆形，粉红色，无中孔。花单生，直径 2.4 ~ 2.6cm，全花微向内扣，先于叶开放。花梗长 0.2 ~ 0.3cm，密被白色短柔毛。花萼淡绛紫色，几无毛。萼筒钟形至粗筒形，萼片阔椭圆形，顶圆钝，淡绛紫色，被白色柔毛，花开后强裂反折。花瓣近圆形，有小爪，瓣间有空隙，淡水红色，近瓣顶端处红色略深。雄蕊约 30 枚，花丝白色，花药土黄色。雌蕊 1 枚，花柱、子房及柱头均为淡黄绿色，花柱中下部有长毛。花无香味。

果实卵球形或椭圆形，两侧稍扁，果顶圆钝或稍尖，直径 2.0 ~ 3.0cm，黄绿色，阳面有红晕，密被短柔毛。果梗长 4.0 ~ 7.0mm。成熟时果肉不开裂，果肉多汁，稍肉质，味酸，微涩，离核，核圆球形、卵状椭圆形或椭圆形，两侧微扁，顶端急尖，基部近对称或稍不对称，表面光滑或微具皱纹，腹棱微钝。仁苦。

在辽宁熊岳地区 4 月 19 ~ 20 日开花，7 月中旬果实成熟，2n=2x=16。

本种果实较小，鲜食品质不佳，果肉可加工，仁可入药。抗旱与抗寒性强，可作为杏的砧木。在低海拔栽培生长不良，结果很少。

5．紫杏 *A. dasycarpa* (Ehrh.) Borkh.

别名：黑杏（《落叶果树种类学》）。

乔木，高 5.0 ~ 7.0m。主干褐色，树皮纵状裂。多年生枝灰褐色或红褐色，光滑。

叶片卵形至椭圆状卵形，长 4.0 ~ 7.0cm，宽 2.5 ~ 5.0cm，先端短渐尖，基部楔形至近圆形，表面微有皱纹，叶缘锯齿密而不齐，小而钝。叶片上面无毛，暗绿色，下面沿叶脉或脉腋间具柔毛。叶柄细瘦，短小，有或无蜜腺。

花单生或双生，稀 3 生，直径 2.3cm，先于叶开放。花萼黄绿色，无毛，萼筒钟形，橘黄色，萼片近圆形或短长圆形，先端圆钝，无茸毛，花开后反折，花瓣宽倒卵形或匙形，5 (10) 瓣，长 0.9cm，宽 0.8cm，白色或微具粉红色斑点。雄蕊 26 ~ 30 枚，与花瓣近等长，雄蕊长于雌蕊，花柱及子房无柔毛。花开后具浓芳香。

果实近圆球形或长圆形，直径约 3.0cm，全面着暗紫红色或黑紫色，底色橙黄，具粉霜并有短柔毛。果柄长 4.0 ~ 7.0mm。果肉橘黄色，味甜酸，多汁，纤维粗而多，有香气。粘核或离核。核卵形或椭圆形，顶端圆平或微尖，基部近对称，两侧扁，腹棱圆钝，侧棱稍钝，背棱宽而锐利，基部具纵沟，表面稍粗糙。仁扁圆形，味苦。

花期 4 ~ 5 月，果期 6 ~ 8 月。2n=2x=16。

本种可能是杏和樱桃李（*Prunus cerasifera* Ehrn.）的自然杂交种，花期比普通杏迟 5 ~ 7d，抗寒力强，抗旱、抗真菌病害。果实可鲜食或制作果酱及糖水罐头。

6．志丹杏 *A. zhidanensis* Qiao C. Z.

乔木，高 5.0 ~ 10.0m。树皮暗褐色，纵裂，当年生枝绿色或砖红色，当年生枝和 1 年生枝密被灰白色柔毛。

叶片圆形或卵形，长 2.5 ~ 6.5cm，宽 2.0 ~ 5.5cm，顶端急尖或短渐尖，基部圆形或近心形，边缘具圆钝锯齿；叶面主脉和侧脉具灰白色短柔毛，嫩叶背面脉上有稀疏的柔毛，脉腋处有毛丛；叶柄遍生灰白色的短柔毛，柄长 0.8 ~ 2.5cm，基部具有 1 ~ 3 个蜜腺。

花双生，直径 2.0 ~ 3.0cm；花梗长 2.0 ~ 3.0mm，具柔毛，花萼杯状，基部外侧有柔毛，萼片卵形或卵状长圆形，先端急尖或圆钝，花后反折；花瓣圆形或倒卵形，白色或带红色，具短爪，雄蕊约 50 枚；子房被短柔毛。

果实近扁球形，黄色有红晕，被短柔毛，直径 1.5 ~ 2.0cm，果实成熟时不开裂；核卵形，略扁，直径 1.4cm，顶端圆钝或稍尖，基部不对称，表面平滑，腹棱稍圆，背棱龙骨状。

本种与野杏接近，区别在于当年生或 1 年生枝上密被短柔毛；叶基圆形或近心形，叶面脉上密被灰白色短柔毛；嫩叶背面脉上有稀疏柔毛；叶柄遍生灰白色短柔毛，果实及种子甚小。

7．梅 *A. mume* Sieb.

别名：楳（《说文》）、䔢（《广志》）、春梅（江苏南通）、干枝梅（北京）、酸梅、乌梅等。

梅有 4 个变种，分别为：

（1）梅（原变种）*A. mume* var. *mume*

小乔木，稀灌木，树形开张，高 4 ~ 10m。树皮灰色或绿灰色，粗糙。1 年生小枝多绿色，稀红褐色，向阳面亦有鲜红色或浓赤褐色，光滑无毛。

叶片卵形或椭圆状卵形，长 4.0 ~ 10.0cm，宽 2.0 ~ 5.0cm，先端尾尖，基部宽楔形至圆形，叶缘常具细锐锯齿，叶片灰绿色，幼叶两面被短柔毛，以后逐渐脱落，或仅叶背面脉腋间具短柔毛。叶柄长 1.0 ~ 1.5cm，幼时有毛，老时脱落，常有蜜腺。

花单生或有时 2 朵同生于一芽内，直径 2.0 ~ 2.5cm，香味浓，先于叶开放。花梗短，长 1.0 ~ 3.0mm。常无毛。花萼通常红褐色，但也有绿色或紫绿色。萼筒宽钟形，无毛或有时被短柔毛。萼片卵形或近圆形，先端圆钝。花瓣倒卵形，色泽有白、粉红、深红等，也有白中微带绿色或淡黄色者，一般为 5 瓣，重瓣者多达 25 ~ 30 瓣。雄蕊一般 40 余枚，多者可达 60 ~ 70 枚，短或稍长于花瓣。子房密被柔毛。花柱短或稍长于雄蕊。雌蕊一般 1 枚，重瓣花者有 2 ~ 3 枚。

果实近球形，直径 2.0 ~ 3.0cm，最小仅 5.0g，最大 25.0g，黄色或灰绿色，阳面有红晕，被短柔毛，汁少，味酸，粘核。核卵圆形或椭圆形，顶端圆形或有小突尖头，基部渐狭而成楔形，两侧微扁，腹棱稍钝，腹棱和背棱均有纵沟，核面具有蜂窝状孔穴。

花期 2 ~ 4 月，果期 5 ~ 6 月或 7 ~ 8 月。2n=2x=16，24。

中国人酷爱梅的鲜花，其花除了可以供观赏外，还可提取香精，花、叶、根和种仁均可入药，果实可食，盐渍或干制，或熏制成乌梅入药，有止咳、止泻、生津、止渴等功效。梅的根抗线虫危害，耐涝，不抗寒，可作为杏、李、桃的砧木。

（2）厚叶梅 *A. mume* var. *pallescens* (Franch.) Yu et Lu

别名：野梅。叶片较厚，近革质，卵形或卵状椭圆形，果实卵球形，核近球形，基部钝而成圆形。

（3）长梗梅 *A. mume* var. *cernua* (Franch.) Yu et Lu

叶片披针形，先端渐尖，花梗长 1.0cm，结果时俯垂。

（4）洪平杏 *A. mume* var. *hongpingensis* Li C. L.

叶片椭圆形或椭圆状卵形，下面密被浅黄褐色长柔毛，果梗长 0.7 ~ 1.0cm。

8．政和杏 *A. zhengheensis* Zhang J. Y. et Lu M. N.

别名：红梅杏（闽）。

乔木，树高 35.0 ~ 40.0m，树形直立。树皮深褐色，小块状裂，较光滑。多年生枝灰褐色，皮孔密而横生。1 年生枝红褐色，光滑无毛，有皮孔。嫩枝无茸毛，阳面红褐色，背面绿色。

叶片长椭圆形或宽披针形，长 7.5 ~ 15.0cm，宽 3.5 ~ 4.5cm，先端短渐尖至长尾渐尖，基部平直截形，叶边缘微具不规则的细小单锯齿，齿尖有腺体，上面绿色，脉上有稀疏茸毛，下面浅灰白色，密被浅灰色长柔毛，几乎看不到叶面，叶背主脉有红、白两种类型。叶柄红色，长 1.3 ~ 1.5cm，无毛，中上部具 2 ~ 4（6）个蜜腺。

花单生，直径 3cm，先于叶开放。花梗长 0.3cm，黄绿色，无柔毛。萼筒钟形，下部绿色，上部淡红色。萼片舌状，紫红色，花后反折。花瓣椭圆形，长 1.5cm，宽 0.8 ~ 0.9cm，蕾期粉红色，开后白色，具短爪，先端圆钝。雄蕊 25 ~ 30 枚，长于花瓣。雌蕊 1 枚，略短于雄蕊。

果实卵圆形，单果重 20.0g，果皮黄色，阳面有红晕，微被茸毛；果汁多，味甜，无香味，成熟时不沿缝合线开裂。粘核，鲜核重 3.0g，黄褐色，核长椭圆形，两侧扁平，顶端圆钝，基部对称；表面粗糙，有浅网状纹，多茸毛状细纤维。腹棱和背棱均圆钝，几无侧棱，背棱有时两端或全部开裂，腹棱两侧与核面之间，有从核顶至核基的一条深纵沟。仁椭圆形，饱满，味苦。

2 月下旬芽萌动，3 月下旬开花，比梅开花迟，7 月上中旬果实成熟，11 月下旬落叶，分布于福建政和县外屯乡稠岭山中，海拔 780 ~ 940m 处，现有多株 240 ~ 300 年生半野生大树，大年树株产 150.0 ~ 200.0kg。模式标本 96 − 1 号，保存于辽宁省果树科学研究所李杏标本室。

本种与梅的区别在于：前者树形高大，1 年生枝红褐色；叶片背面全面厚被白色茸毛；果实黄色，味甜，核长椭圆形，核面粗糙，无孔穴；花期迟。与普通杏的区别在于：前者叶片长椭圆形或宽披针形，叶尖长尾尖，叶基截形；叶背厚被白色茸毛；核棱圆钝，不具龙骨侧棱，核面粗糙，具纵沟。

9．李梅杏 *A. limeixing* Zhang J. Y. et Wang Z.M.

别名：酸梅（豫）、杏梅（辽、冀、鲁）、转子红（陕）等。

小乔木，树高 3.0 ~ 4.0m，树势弱。开张，主干粗糙，树皮灰褐色，表皮纵裂。多年生枝灰褐色，1 年生枝阳面褐色，背面绿色或红褐色，无茸毛，皮孔扁圆形，较稀。节间长 0.5 ~ 1.5cm。

叶片长圆披针形或椭圆形，叶长 7.2cm，宽 4.1cm，叶尖渐尖，叶基楔形；叶片绿色，两面无茸毛；叶缘整齐，具浅钝复锯齿；主脉黄白色，叶柄长 1.8 ~ 2.1cm，有 2 ~ 4 个蜜腺。

花 2 ~ 3 朵簇生，稀单生，花与叶同时开放或花先叶后，花冠直径 1.6 ~ 2.4cm，具微香，花白色，5 瓣，稀 8 瓣，花瓣近圆形或椭圆形，长 1.0cm，宽 0.8cm，顶端内扣，边缘有波状皱折，基部具短爪；雄蕊 24 ~ 30 枚，雌蕊 1（2）枚，长于雄蕊，花药淡黄色，自花不结实。子房与花柱基部具短茸毛；萼筒钟形，黄绿色或红褐色，无毛，萼片舌状或宽舌状，多绿色，稀褐色，无茸毛，边缘有锯齿，花开后多不反折。花梗长 0.2 ~ 1.0cm，无毛，稀有毛。

果实近圆形或卵圆形，果实较大，果顶平或微凹，缝合线较深，果面黄白、橘黄或红色，具短柔毛，无果粉；果皮较厚，不易与果肉分离；果肉黄至橘黄色，肉质致密，多汁，酸中有甜，具浓香。粘核，核扁圆形，核面有浅网状纹，腹棱圆钝，几无侧棱，背棱稍利，核基具浅纵纹。仁苦。果实较耐贮运。模式标本 96 − 2 号，保存于辽宁省果树研究所李杏标本室。

在辽宁熊岳地区，4 月中下旬开花（比普通杏花期迟 2 ~ 3d），7 月中旬果实成熟，11 月上旬落叶。2n=2x=16，稀 24。

分布于辽宁、河北、山东、河南、陕西、吉林、黑龙江和江苏的北部等地区。果实可鲜食，亦可加工优质糖水罐头。代表品种有郯城杏梅、曲阜杏梅、苍山杏梅、昌黎杏梅、转子红、酸梅等。

本种的树形、树势、1 年生枝的颜色、花芽簇生状、花萼的色泽、花开后萼片不反折等特征，均近似中国李，但其叶与核的形状介于杏与李之间，果面具短茸毛，无果粉，与杏相同。因此，可能是普通杏与中国李的自然杂交种，没有发现野生类型。其形态特征变化较多，有些品种特征近似杏者多，有些品种近似李者多。

第二章

李杏种质资源调查、收集与保存

第一节 李杏种质资源调查

一、李杏种质资源调查

1. 1956 ～ 1959 年进行第一次李杏种质资源调查

第一次全国农作物（包括果树）种质资源调查征集工作在国务院周恩来总理的指示下，由农业部 1956 年 9 月下文，要求全国各省（自治区、直辖市）开展调查征集农家品种资源工作。至 1958 年 12 月，经中国农科院果树研究所统计，全国果树种类有 81 种 3020 个品种。其中杏 130 个、李 120 个。1959 年 7 月，中国农业出版社出版了《中国果树品种名录》一书。全国共有 15 个单位保存李杏资源。

随着全国果树种质资源普查，河北省组成河北省果树资源调查组，在各重点果树产区开展了果树资源调查研究工作。据 1959 年出版的《河北果树志》记载，杏在全省栽培普遍，以冀中平原的宁晋、深泽，冀南平原的大名、邢台，冀西山区的易县、石家庄，冀东山区的昌黎、遵化，张家口地区的怀来、蔚县以及承德等地最为集中。各地均有主栽品种，如昌黎的银白杏、驴耳杏、香白杏，石德铁路沿线的麦黄杏、海东红，以及冀南平原的串枝红、明杏和红甜核等。

2. 1980 年开始进行全国李杏种质资源普查

1978 年 11 月，中国园艺学会在广西阳朔召开了“全国果树蔬菜种质资源学术讲座会”，在此次会议的强烈呼吁下，1979 年由原国家科委与农业部联合发文，开展全国农作物种质资源补充征集工作，并建立国家农作物种质资源保存圃。除各省（自治区、直辖市）外，各种作物（果树）圃地承建单位也组织普查征集工作，国家李杏种质资源保存由辽宁省果树研究所承建。1980 年农业部科教司下达任务，开始全国李杏种质资源调查收集工作。1983 年 9 月组建了全国李杏种质资源调查收集与研究利用协作组，组建了调查收集专业组。由辽宁省果树研究所主持，江苏省农业科学院园艺所和吉林省长春市园艺所派人参加，边调查收集，边育苗建圃。1984 年 3 月成立《中国果树志》李、杏两卷编委会，开始资源研究与编撰工作，1986 年农业部组织专家组到熊岳现场检查验收资源圃，命名为“国家果树种质熊岳李杏资源圃”，截至 1989 年，共收集保存李 8 个种 432 个品种，杏 8 个种 466 个品种资源。1989 年 2 月《中国果树志》李卷出版，收录李属资源 735 份，2003 年 12 月《中国果树志》杏卷出版，收录杏属资源 1463 份。李卷、杏卷的出版奠定了我国李杏种质资源研究与利用的基础。

河北省李杏资源调查于 1984 年开始，由河北省林业厅果桑处牵头，组织河北农业大学、河北农业大学昌黎分校、河北农业大学邯郸分校、河北林业专科学校、河北省昌黎果树研究所、河北省农林科学院石家庄果树研究所、河北省林业科学研究所等教学、科研单位，及各地市县林业局，按照全国李杏资源研究和利用协作组有关全国李杏资源普查的要求，重点对河北省 11 个地市 133 个县的李、杏资源的种类、数量、来源、栽培历史、生产现状、分布区域，包括栽培品种、野生和半野生类型进行了实地调查，对调查发现的李杏资源，分别描述资源的果实形态、植物学特征、生物学特性等，拍摄照片，采集标本。

3. 1989 ～ 1999 年进行全国优良品种考察与规化

第三次全国李杏种考察，是农业部优质农产品开发服务中心与全国李杏协作组共同组织的，目的是开发优良品种，为建设产业化基地提出建议。考察时间是 1989 ～ 1999 年，参加单位有辽宁省果树科学研究所、河北农业大学、吉林省农科院果树研究所和长春市园艺研究所。分为东北与华北组、西北组、南方组，1999 年 10 月，集成考察与研究结果出版《中国李杏资源及开发利用研究》一书，并上报国家有关部门。

河北省第三次李杏种质资源的普查从 2006 年 12 月至 2008 年 12 月，历时 3 年。2006 年河北省林业局成立了河北省林木种质资源普查领导小组，系统开展河北省林木种质资源的普查工作，制定了河北省林木种质资源普查方案和普查工作细则，编制了李杏主栽品种调查表填表说明和李杏优株调查表填表说明。由大专院校和科研单位的李杏专家组成技术顾问组，成立了由省局直属单位市、县林业局专业技术人员组成的李杏资源普查组，重点对河北省主栽的李杏品种、优良品系和优良类型、从国内外引进的李杏种质资源、新选育的李杏品种、李杏古树名木等进行调查。

二、李杏资源调查结果

（一）李种质资源调查结果

1．现有李种类、品种

(1) 查清了李种质资源的种类和数量

据调查，我国李属（*Prunus*）植物有8个种800余个品种或类型，比原来记载的多了600余份。其中进行调查描述和评价的李品种（类型）有735份，占91.1%。李属8个种，即中国李、杏李、乌苏里李、欧洲李、樱桃李、美洲李、加拿大李、黑刺李。

河北省境内李种类分别是中国李、欧洲李、美洲李和樱桃李。主要是中国李，主要品种包括品种有：大石早生、长李15、美丽李、绥棱红美国大李、大石中生、黑琥珀、早生月光、龙园秋李、黑宝石、澳大利亚14和安格诺李等；欧洲李主要品种是理查德和大玫瑰、女神；美洲李栽培品种为普尔特尼；樱桃李的变型紫叶李在河北乃至全国分布极广，广泛用于园林绿化中。2007年河北省李栽培面积为3743.5 hm^2，总产量达6.1×10^7kg。

(2) 发现了一批珍稀李种质资源，鉴定了一批农家（地方）良种

珍贵稀有的李种质资源包括：红花、红叶、红果的好莱坞李（美国引入）；似李非李、似杏非杏的李梅杏（冀、鲁）；正常李树三分之一高的矮化李——跃进李（吉）；地表匍匐生长的极矮化李——鬼李子（滇）；11月上旬成熟的冬李（川）。

鉴定的农家（地方）李优良品种有：青榛、花榛、油榛和芙蓉李（闽），三华李和南华李（粤），红心李（浙、闽、湘），金沙李和青皮李（滇），桃李和大白李（川），黄果李（皖），神农李（鄂），玉皇李（豫），帅李（鲁），香蕉李、美丽李和秋李（辽），紫李（内蒙古）等，这些品种均可在原产地或周边地区大面积开发利用。

(3) 证明了欧洲李起源于我国

1983年本协作组的林培钧、廖明康、施丽等人，在我国新疆维吾尔自治区的新源县和巩留县首次发现4处大片野生欧洲李的自然群落。1985～1989年林培钧等人再次对伊犁野果林进行考察，在伊犁河支流巩乃斯河的上游，即新源县阿拉吐别乡的两岸低山带，以及在巩留县伊利格岱的低山带，均发现了野生欧洲李自然群落。地理位置是82°00′～84°00′E，43°20′～43°40′N，海拔高度为1200～1300m，立地条件为栗钙土，阴坡。伴生的野生果树有苹果、山楂、树莓、蔷薇等；在伊犁河下游北岸，即霍城县大西沟乡的低山带，首次发现了野生樱桃李的自然群落。地理位置是E80°40′～80°48′，N44°22′～44°26′，海拔高度为1000～1600m，立地条件为栗钙土或多石砾栗钙土、阳坡。与之伴生的野生果树有苹果、山楂和杏等。

1988年采集上述地区的野生欧洲李和野生樱桃李的硬枝，在中国农业科学研究院果树研究所进行染色体倍性鉴定，证实野生欧洲李为六倍体2n＝6x＝48，与现在栽培的欧洲李完全一致。其中在一个野生欧洲李的样品中还发现了嵌合体现象即2n＝2x＝16和2n＝6x＝48，这是更为原始的证据。并对其染色体的核型公式、核型分类、臂指数、最长染色体/最短染色体、臂比＞2的染色体比例（%）、核型为不对称的系数、染色体相对长度组成等，进行了首次测定和研究。

1988年由国际园艺学会和中国园艺学会共同在北京举办的“国际园艺植物研究与利用学术研讨会”上，法国李育种家P. Blanchet教授发表的《中国西部野生欧洲李的研究报告》，也证明中国野生欧洲李是世界首次发现，欧洲李起源于中国。

(4) 性状鉴定评价结果

1987～1989年，对收集在资源圃中的李资源开展了染色体倍性的鉴定，通过鉴定证实了欧洲李为六倍体（2n＝6x＝48）、黑刺李为四倍体（2n＝4x＝32），其余樱桃李、杏李、乌苏里李、美洲李、加拿大李均为二倍体（2n＝2x＝16）。在鉴定的226份中国李资源中发现了绥棱晚熟李、绥棱73-81和大叶砧木3份资源为三倍体（2n＝3x＝24），锉李芽变为（2n＝2x＝16，2n＝3x＝24，2n＝4x＝32）多种倍性的嵌合体，其余均为二倍体（2n＝2x＝16）。由此突破了李属的中国李均为2倍体的世界公认的结论，为李多倍体资源的研究与利用奠定了物质基础。

2．李种质资源的分布

首次明确了我国李资源的地理分布，其实际栽培北界是：海伦县（黑龙江N47°20′）—依安（黑龙江N48°）—齐齐哈尔（黑龙江N47°13′）—林东（内蒙古N44°）—临河县（内蒙古N41°）—哈密（新疆N42°50′）—奎屯（新疆N44°35′）—塔城（新疆N47°）。我国李的实际栽培南限为雷州半岛中部（N21°附近）和台湾省的南部。

调查发现，我国≥10℃年积温为7000～8000℃之间

的地区，即广东中山县以南、广东崇左县以南、云南思茅县以南的西双版纳等地区，虽然有栽培的李树，但其生长、开花、结果、休眠等物候期紊乱、长势不强、产量低、品质差、寿命短，不适合经济栽培。从≥ 10℃年积温 7000℃等值线至上述北界之间，为我国李的适宜栽培区域。≥ 10℃年积温为 2500℃以下地区，即大兴安岭、蒙古高原、青藏高原等(海拔 3000m 以上)地区，栽培和野生李资源均没有找到。

（二）杏种质资源调查结果

1. 现有杏种类、品种

(1) 查清了我国杏种质资源的种类和数量

资源调查表明，杏属植物中有 9 个种及其变种起源于中国，2000 余个品种或类型，比原记载的多 1800 余份，其中调查描述及评价的品种（类型）有 1400 余份，占 70%。首次发现和鉴定了政和杏、李梅杏 2 个新种，还首次发现杏的多倍体资源和 3 个新的变种。

我国杏属植物各种的变种及品种情况如下：

①普通杏：有 7 个变种 2000 余个品种或类型，是全世界杏属植物的主要栽培种。各变种分别是：普通杏(原变种)、野杏、李光杏、垂枝杏、花叶杏、陕梅杏、熊岳大扁杏。

②西伯利亚杏：在中国有 4 个变种和许多类型，分别是：西伯利亚杏（厚变种）、毛杏、辽梅杏、重瓣山杏。

③辽杏：别名东北杏，有两个变种，即辽杏(原变种)、光叶辽杏。

④藏杏：别名毛叶杏。

⑤紫杏：别名黑杏(《落叶果树种类学》)。

⑥志丹杏。

⑦梅：有 4 个变种，分别是：梅(原变种)、厚叶梅、长梗梅、洪平杏。

⑧政和杏：别名红梅杏(闽)

⑨李梅杏：别名酸梅(豫)、杏梅(辽、冀、鲁)、转子红(陕)等。

2006 ~ 2008 年河北省林木资源普查结果表明，河北境内共有杏属植物 4 种，分别是普通杏、西伯利亚杏、辽杏、李梅杏，170 余个品种或类型。生产上使用的鲜杏品种共有 53 个(包括李杏杂交种 2 个)，仁用杏品种共有 9 个，其中栽培面积较大、范围较广的鲜杏品种依次是‘串枝红’、‘香白杏’、‘金太阳’ 和‘凯特杏’，李梅杏的主栽品种为‘阜城杏梅’，仁用杏栽培面积较大、范围较广的品种依次是‘龙王帽’、‘优一’ 和‘一窝蜂’。

(2) 发现了一批珍稀杏种质资源

珍贵稀有杏种质资源有核壳软化、甜仁、食杏仁方便的‘软核杏’（辽）；果型扁平酷似蟠桃的‘草坯杏’（陕）；果型尖长，酷似尖辣椒的‘辣椒杏’（新）；一个核内有两个杏仁的‘绿萼山杏’（冀、辽）；在 10 月中旬成熟晚熟杏（新、冀）；耐高温、高湿的‘虹桥杏’（浙）；极抗旱的‘西伯利亚杏’ 和‘李光杏’，在土壤 20cm 处含水量仅 3%、年降水量 6 ~ 60mm、年蒸发量近 4000mm 的生态环境下，能正常生长并丰产的极抗旱的‘西伯利亚杏’，冬季可耐− 42.4℃的低温，在年平均气温 1.4℃的地区年年丰产。

河北省选出一批优良品系和优良单株，包括优株 85 个，其中普通杏 57 个，西伯利亚杏 18 个，杏扁 10 个。

(3) 修正并完善了世界杏属植物生态群和亚群的划分

杏属植物虽然起源于我国，但传播到世界各地已有 2000 余年的历史，演化形成了不同的地理生态条件下的品种群体。从 30 年代中期至今，中外科学家们通过对杏属各植物种近千个栽培品种或类型的观察与研究，依据杏属各原生种的起源、形态特征、果树学与生物学特征，把世界普通杏的栽培品种分别划分为 3 ~ 6 个地理生态群和 17 个区域性亚群，其中对我国和亚洲部分涉及明显不足。在此基础上，根据多年考察中新的发现和各国的资料，对划分的生态群和亚群进行了修正与补充：在原伊犁—高加索生态群，修正为中亚细亚生态群的一个亚群；在原欧洲生态群中，明确了西欧、东欧、南欧、北欧及北非 5 个亚群；把原准噶尔—外伊犁生态群，修正为准噶尔—伊犁生态群，明确其有准噶尔和伊犁两个亚群；将原华北生态群，分解为华北、华东北、华西南 3 个亚群；新增加华东—东南亚生态群，内分东亚和南亚两个亚群，填补了这一地区的空白；把原东北—西伯利亚生态群，修正为东北亚生态群，内划兴安岭和西伯利亚两个亚群。1997 年在国际专业研讨会议上发表了这一更加完善的新方案，并对各生态群的地理范围、种群特征和特性做了描述和评述，使其在育种利用中更加科学和方便。

(4) 进行了性状鉴定及评价

染色体倍性鉴定的 316 份杏属资源中，山东的‘苍山红’杏梅为三倍体 ($2n = 3x = 24$)，其余均为二倍体。由此突破了杏属的中国、杏均为 2 倍体的世界公认的结论，为杏多倍体资源的研究与利用奠定了物质基础。

2. 杏种质资源的分布

杏属植物分布于中国各地，但其每个植物种都有其各自的分布区域，根据近年考察和研究的结果，普通杏在中国分布最广泛，其余各种的分布相对有限。

（1）普通杏

普通杏原产于中国的黄河流域，即西北和华北各地，在中国从134°（黑龙江的虎林）～74° E(新疆的疏附)，从23°～48° N，海拔3800m(西藏八宿)以下，均有栽培品种和野生、半野生资源。其具体分布北限由东至西是：黑龙江的富锦(47° 15′ N)－绥棱(47° 14′ N)－明水(47° 03′ N)－内蒙古阿荣旗(48° N)－扎兰屯(48° N)－巴林右旗(44° N)－化德(42° N)－临河(41° N)－阿拉善左旗(38° 50′ N)－阿拉善右旗(39° 21′ N)－甘肃金塔(400N)－新疆哈密(42° 50′ N)－托里(46° N)。分布的南限是：浙江乐清(28° 10′ N)－平阳(27° 41′ N)－江西玉山(28° 45′ N)－福建政和(27° N)－湖南通道(26° N)－广西南丹(25° N)－云南文山(23° 20′ N)－耿马(23° 33′ N)(图2-1)。

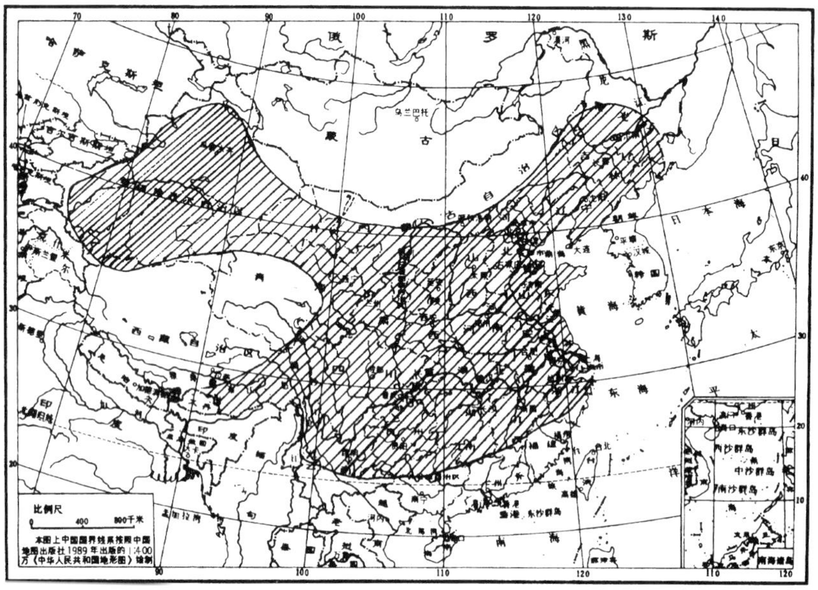

图2-1　普通杏分布示意图（张加延绘）

据2006年6月至2008年12月河北省林业种质资源普查结果，河北省共有鲜杏面积为24552.47 hm^2（按河北省各地主栽品种调查所得数据）。普通杏除坝上高原气候寒冷不适其发展外，其他各地均有栽培。

（2）西伯利亚杏

西伯利亚杏，原产于中国东北和内蒙古东南部地区，现分布于东北和华北各地，在内蒙古的东南部、河北北部、山西北部、辽宁西部及大兴安岭南部最为集中(图2-2)。本种多为野生或半野生状，集中成片生长，在瘠薄而干旱、寒冷的环境下生长良好，适应性和抗逆性强。

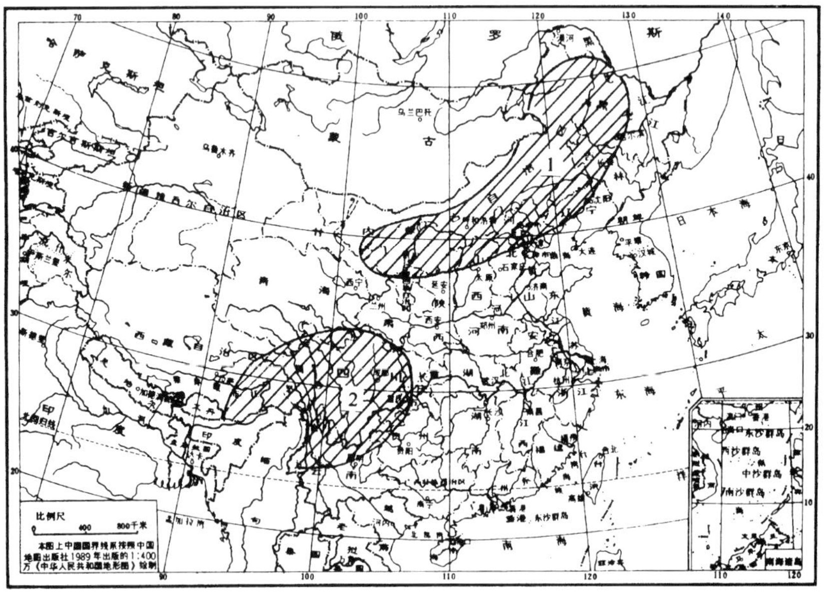

图2-2　西伯利亚杏（1）、藏杏（2）分布示意图（张加延绘）

河北省共有西伯利亚杏503054.6 hm^2（按河北省各地主栽林调查所得数据），其中承德市279767.8 hm^2，张家口市198305.3 hm^2，秦皇岛市23456.0hm^2，邢台市1200.0 hm^2，保定市225.6 hm^2，石家庄市100.0 hm^2。杏扁是普通杏和西伯利亚杏的种间杂交种，张家口涿鹿、蔚县是仁用杏的原产地。河北省共有仁用杏102340.0 hm^2（按河北省各地主栽品种调查所得数据），其中张家口市82765.0 hm^2，承德市17209.3 hm^2，保定市2094.6 hm^2，石家庄市250.3 hm^2，邯郸市20.0 hm^2。

（3）藏杏

藏杏原产西藏东南部和四川西

部，以及云南的西北部。生长于向阳山坡或干旱河谷灌木丛林中海拔2700～3800m处，为野生或半野生资源。现分布于西藏、四川、云南、贵州、陕西等地。在河南和内蒙古有少量引种，但在辽宁熊岳海拔20m处试栽，生长不良(图2-2)。

(4) 辽杏

辽杏原产于辽宁和吉林的东部，为栽培或半栽培资源。主要分布于辽宁、吉林和黑龙江地区，在内蒙古、河北、山西等地也有少量分布。多生长在海拔400～1000m处，在向阳多石的山坡上，在散生的阔叶乔木疏林地内，均可找到本种的零星植株(图2-3)。本种抗寒与抗旱能力均低于西伯利亚杏，但强于普通杏。

辽杏在河北省仅在承德市木兰围场国有林场管理局有零星分布，为珍稀树种。

(5) 政和杏

分布于福建政和县稠岭一带海拔240～340m处(图2-3)。

(6) 紫杏

原产于中国新疆的巩留和善部等地区，为栽培种。目前新疆各地均有栽培，近年陕西、甘肃、辽宁等地引种试栽，生长良好。本种在中国总的栽培不多。本种的抗寒和抗旱能力不亚于西伯利亚杏，抗真菌病害的能力亦强(图2-3)。

(7) 志丹杏

分布于陕西志丹县太平山区(图2-3)。

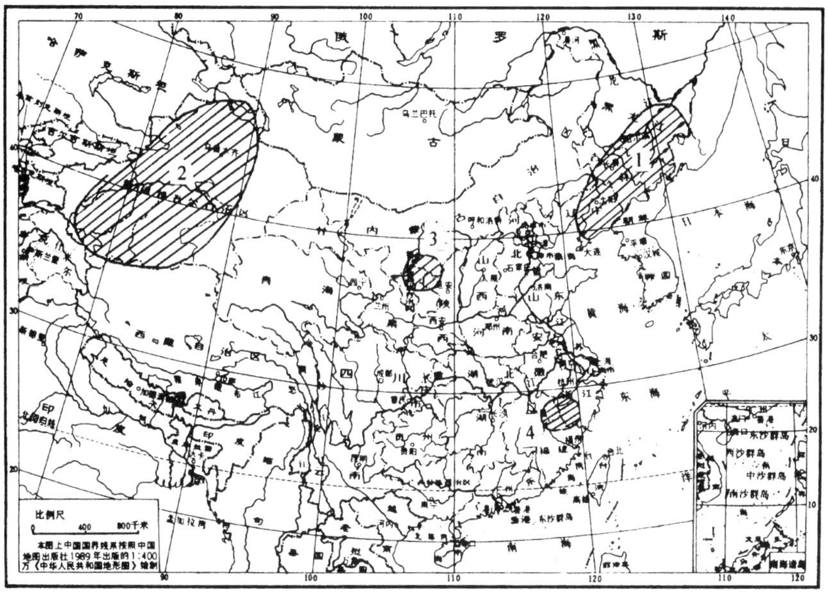

图2-3 辽杏（1）、紫杏（2）、志丹杏（3）、政和杏（4）分布示意图（张加延绘）

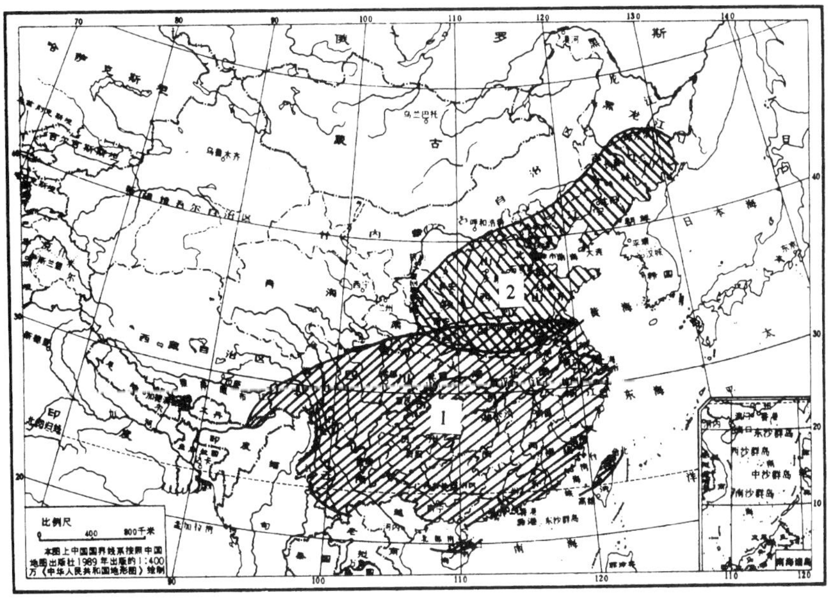

图2-4 梅(1)、李梅杏(2)分布示意图（张加延绘）

(8) 梅

梅原产于中国云南西北、四川西南和西藏东部一带，主要分布于长江以南各地，南至台湾和海南岛，在西藏的波密海拔2000～2300m处生长较多，在南方各地的古庙、寺院中现仍有数千年的古树，在西藏的亚东和云南泸水的片马等地，现仍有成片数百年生的梅林，在江南各山区习见其野生资源。在河南南部和江苏与安徽的北部，以及陕西南部和甘肃的东南部，有少量栽培(图2-4)。

(9) 李梅杏

分布于河北、天津、北京、山西、陕西、河南、山东、辽宁、吉林和黑龙江等地，以河北阜城县栽培最多(图2-4)。

李梅杏在河北主要是衡水市的阜城杏梅，栽培规模1456.7.0 hm^2，已经成为当地的主要产业。近年引进的李杏杂交种美国杏李也在河北省张家口有较大面积的栽培。

3. 隶属于古树类型的杏资源

(1) 抱犊寨村国公山杏

位于河北省石家庄的鹿泉市鹿泉镇抱犊寨村抱犊寨风景区南天门野趣区。野生，仅一株，树龄 800 年，国家一级古树(图 2-5)。树高 9.0m，胸径 70.0cm，冠幅 10.0m×10.0m，生长势强，开花结实正常。鲜食，有一定的观赏价值。

(2) 柳沟村古山杏

位于河北省张家口市万全县旧堡乡柳沟村。人工栽植，共 500 多株，树龄 400 年左右。其中最大一株树高 7.0m，胸径 157.0cm，冠幅 13.0m×13.0m。生长势强，冠形饱满，开花结实正常，每株产山杏 50kg 左右。

(3) 黑角村古山杏

位于河北省保定市唐县羊角乡黑角村(图 2-6)。树龄 400 年，树高 15.0m，胸径 188.0cm，冠幅 7.5m×15.0m，该树枝繁叶茂，结果力旺盛。

(4) 黑角村古西伯利亚杏

位于河北省保定市唐县羊角乡黑角村。人工栽植，仅一株，树龄 400 年，国家一级古树。树高 15.0m，胸径 60.0cm，冠幅 11.3m×11.3m，生长势较强，开花结实正常。

(5) 仰韶黄杏

位于河南省渑池西村乡李家村，1000 多棵杏树树龄达 300 年以上，至今仍花开满枝头。仰韶黄杏为地方杏树良种。1988 年，被农业部定为杏的名特优产品。

(6) 白云山古杏树

位于河北省邢台市邢台县白云山村。树龄 300 年，国家二级古树。生长势中等，开花结果正常。

(7) 皇迷古杏树

位于河北省邢台市临城县郝庄乡皇迷村。树龄 200 年，国家三级古树。生长势强，开花结果正常。

(8) 胡营村古杏树

位于河北省承德市丰宁满族自治县王营乡胡营村。树龄 200 年，国家三级古树。生长势较强，开花结果正常。

(9) 北戴河古杏

位于河北省秦皇岛北戴河保一路国务院疗养院西院北侧，树龄 200 年左右，树高 9.0m，胸围 240.0cm，冠幅 10.0m×9.0m。主干微倾。基部粗大，分两大主枝，主干上树瘤堆集，古朴沧桑。

(10) 岭南台村古杏

位于河北省涞水县岭南台村(图 2-7)。树龄 200 年左右，树高 10.0m，干高 1.0m，胸围 3.56m，冠幅 8.0m×7.0m。

(11) 唐汪川大接杏

位于甘肃省东乡族自治县唐汪川。目前存活树龄最大的 160 年左右，主要分布于东乡族自治县唐汪川约 15.0km 的狭长河谷地带，为杏树地方良种。1987 年被甘肃省评为优质农产品。

图 2-5 国公山杏

图 2-6 黑角村古山杏

（12）刘庄村古黄杏

位于河北省巨鹿县瓜刘庄村边（图 2-8）。未加保护，放任生长。树龄约 150 年，树高 10.0m，基径 60.0cm，冠幅 10.0m，树势偏弱，但仍在结果。

（13）龙门村古杏

位于河北省涞水县龙门村大台西山（图 2-9）。树龄 150 年以上，树高 10.0m，干高 2.2m，胸围 1.9m，冠幅 16.0m×14.0m。

（14）巨鹿红姜米杏

位于河北省巨鹿县纪家寨村杏园中（图 2-10）。中熟品种，有抚育管理树龄约 150 年，树高 7.0m，基径 60.0cm，冠幅 10.0m，树势偏弱，还在结果，色泽艳丽，品质上乘。

（15）巨鹿大白杏

位于河北省巨鹿县纪家寨村杏园中（图 2-11）。有抚育管理。树龄约 150 年，树高 6.0m，基径 50.0cm，冠幅 8.0m，树势偏弱，仍在结果。

（16）双石铺古杏树

位于河北省邢台市临城县赵庄乡双石铺村。树龄 150 年，国家三级古树。生长势强，开花结果正常。

（17）媳妇脸杏

位于河北省巨鹿县纪家寨村杏园中（图 2-12），有抚育管理。树龄约 130 年，树高 10.0m，基径 60.0cm，冠幅 10.0m，枝繁叶茂，株产 200.0kg，果个端正，果实底色黄白，

图 2-8 刘庄村古黄杏

图 2-7 岭南台村古杏

图 2-9 龙门村古杏

图 2-10 巨鹿红姜米杏

图 2-11 巨鹿大白杏

图 2-12 纪家寨村媳妇脸杏

图 2-13 纪家寨村串枝红

阳面着玫瑰红色。

(18) 串枝红

位于河北省巨鹿县纪家寨村（图 2-13），树龄 120 年。果实红艳、结果成串。

(19) 薛家坟古杏树

位于河北省衡水市阜城县古城镇薛家坟村。树龄 110 年，树高 9.2m，胸围 168.0cm，冠幅 12.0m×12.0m。生长势中等，开花结果正常，产量较低。

(20) 下抱榆槐村古杏

位于河北省青龙满族自治县肖营子镇下抱榆槐村。树龄 110 年，树高 7.5.0m，胸围 2.4m，冠幅 14.0m×14.5m。

(21) 任家沟古杏

位于河北省涞源县寨门沟任家沟内（图 2-14）。树龄 100 以上，树高 6.0m，胸围 1.3m，冠幅 8.0m×9.0m。

(22) 缩缩艮（又名二白杏）

位于河北省巨鹿县瓜刘庄村边（图 2-15）。未加保护，放任生长。树龄约 100 年，树高 5.0m，基径 40.0cm，冠幅 8.0m，枝繁叶茂，仍在结果，果个中等。

(23) 姜米杏

位于河北省巨鹿县纪家寨村杏园中（图 2-16），有抚育管理。树龄约 100 年，树高 5.0m，基径 40.0cm，冠幅 8.0m，枝繁叶茂，株产 100.0kg，果个中等。

(24) 刘庄村白杏

位于河北省巨鹿县刘庄村边（图 2-17）。未加保护，放任生长。树龄约 100 年，树高 6.0m，基径 40.0cm，冠幅 8.0m，枝繁叶茂，仍在结果。

(25) 水白杏

位于河北省巨鹿县纪家寨村杏园中（图 2-18）。有抚育

图 2-14　仁家沟古杏

图 2-15　缩缩艮杏

图 2-16　姜米杏

图 2-17　刘庄村白杏

图 2-18　纪家寨村水白杏

管理。树龄约100年，树高4.0m，基径25.0cm，冠幅5.0m，树势偏弱，但仍在结果。

(26) 东岱岭村古杏1

位于河北省易县东岱岭村石家庄西边（图2-19）。树龄100年，树高7.0m，干高1.8cm，胸围1.4m，冠幅8.0m×7.0m。

(27) 东岱岭村古杏2

位于河北省易县东岱岭村（图2-20）。树龄100年，树高8.0m，干高2.3cm，胸围1.3m，冠幅15.0m×12.0m。

(28) 北郭村古杏树

位于河北省衡水市安平县马店镇北郭村。树龄100年，国家三级古树。生长势较强，开花结果正常。

(29) 前坪古杏树

位于河北省邢台市邢台县白岸乡前坪村。树龄100年，国家三级古树。生长势中等，开花结果正常。

(30) 拳峪古杏树

位于河北省邢台市临城县赵庄乡拳峪村。树龄100年，国家三级古树。生长势强开花结果正常。

(31) 抱犊寨古杏树

位于河北省石家庄的鹿泉市鹿泉镇抱犊寨村。树龄100年，国家三级古树。生长势强，开花结果正常。

(32) 石槽古杏树

位于河北省廊坊市广阳区万庄镇石槽村。树龄100年，国家三级古树。生长势较强，开花结果正常。

(33) 前杖子古杏树

位于河北省承德市邢台县七沟乡前杖子村。树龄100年，国家三级古树。生长势中等，开花结果正常。

图2-19 东岱岭村古杏1

图2-20 东岱岭村古杏2

第二节 李杏种质资源收集与保存

一、李杏种质资源的保存

李杏种质资源的保存单位有国家级资源圃和各省、市研究机构建立的资源圃。国家级种质资源圃共有 4 个，其中有 1 个专业圃和 3 个综合圃。

（一）国家级种质资源圃

1．国家果树种质熊岳李杏圃

该圃位于辽宁熊岳，依托辽宁省果树研究所，占地面积 13.0 hm^2，目前收集、保存李资源 8 个种及变种 570 份，杏资源 10 个种及变种 630 份，共计 1200 余份种质资源，包括国内外代表种、品种、类型，主栽品种和最新育成品种或品系，无论在资源保护份数或种质多样性方面，已被誉为世界之最。

2．公主岭寒地果树圃

该圃位于吉林省公主岭市，依托吉林省农业科学院果树所，占地面积 1.0 hm^2，采用田间植株保存。已保存国内外抗寒果树资源 13 科 26 属 68 种共 918 份，其中有杏属植物 4 个种共 62 份，是目前世界上保存抗寒果树种质材料最多的圃地。

3．昆明特有果树及砧木圃

该圃位于昆明市北郊龙头街云南省农科院内，依托云南省农科院园艺所，占地 7.2 hm^2，大部分露地栽培保存，少量试管苗保存。保存有云南特有果树及砧木资源 725 份、云南特有地方品种及外引品种资源 320 份。其中有来源于云南的杏属植物 4 个种共 6 份。

4．国家果树种质新疆特有果树及砧木圃

该圃位于新疆巴音郭楞蒙古自治州轮台县境内，依托新疆农业科学院，占地面积 80.0 hm^2，采用田间植株保存，截至 2006 年年底，轮台资源圃共收集保存杏属植物 4 个种 5 个变种 179 份。

（二）省级科研单位资源圃

省级科研单位搜集大量各具特色的李杏种质资源，保存于自己的种质资源圃，如河北省农科院石家庄果树研究所、山西省农科院山西果树研究所、西北农林科技大学园艺学院果树研究所、黑龙江农科院园艺分院等单位均建有李杏种质资源圃。

河北省目前还没有专业的李杏种质资源保存圃。石家庄果树研究所为了杏育种需要，已搜集了一部分杏种质资源，保存于该单位杏种质资源圃。

二、我国从国外引进的李杏种质资源

我国李杏大都为地方品种，各省均有自己的主栽品种。为增加遗传基因的多样性，丰富国内的种质资源，我国一直都很重视国外资源的引进和研究。从国外引进的李杏主要品种按国家分属如下：

（一）从国外引进的李种质资源

1．美国

黑琥珀：原名 Black Amber，原产美国。亲本为佛瑞尔 (Friar)× 玫瑰皇后李 (Queen rose)。1985 年由辽宁省科学技术委员会王尊伍等从澳大利亚引入，编号澳 3，现分布于辽宁、山东、河北等地。2007 年 12 月通过河北省林木品种审定委员会审定，定名为“黑琥珀李”。该品种适应性较强，抗寒，抗旱，丰产，抗病能力差。果实较大，耐贮运，鲜食品质较好，也可加工制罐，常温下果实可贮放 20d 左右。

理查德早生：原名 Richard Early，原产美国。1985 年沈阳农业大学付望衡引入，现保存于辽宁国家果树种质熊岳李杏圃。可食率 96.5%，品质中，多用来加工李脯。常温下果实可贮放 10d 左右。该品种抗寒、抗旱性较强，易遭蚜虫的危害。该品种可在辽宁中北部地区和吉林的盘石县安全越冬，是欧洲李抗寒性较强的栽培品种。

鲁耶儿：原名 Mt.Royal，原产美国，栽培历史悠久，属欧洲李。于 1985 年由沈阳农业大学付望衡引入，河北、北京、吉林、河南、江苏、山东均有引种栽培。鲜食品质上，可食率 97.2%，是晚熟鲜食优良品种。在常温下果实可贮放10d以上。该品种抗寒和抗旱能力较差，一般年份冬季－28℃下，发生严重的枝梢抽干和花芽冻死现象。该品种不抗红点病，抗细菌性穿孔病，易遭蚜虫危害。

黑宝石：原产美国。商品名“布郎”李。1987年由山东省果树研究所从澳大利亚引入，现广泛分布于山东、河北、辽宁、河南、江苏、浙江、福建等地。2006年12月通过河北省林木品种审定委员会审定，定名为“黑宝石李”。可食率98.9%，鲜食品质极佳。货架期13d，耐贮运，在0～5℃条件下能贮藏3～4个月，是优良的晚熟大果品种。抗病力弱，可在河北省中南部地区太行山及燕山干旱少雨地区推广。

幸运李：代号C36-107，是美国农业部Fresno试验站于1988年育成的李新品种。2001年从辽宁盖州陈屯引入，保存于国家果树种质熊岳李杏圃。果大，外形美观，品质上。耐贮性强，常温下果实可贮放15d左右，鲜果货架期长。抗寒性、抗病性中等，冬季注意防寒，雨季注意防裂果。

红玫瑰李：原产美国，山东省果树研究所于1992年从国外交流试验材料中选育。果鲜红色，平均单果重150.0～200.0g，果实长圆形，脆甜爽口，品质上等。果实货架期25～40d，在0～5℃条件下能贮藏4～5个月。果大，果面光亮，着色面全鲜红。果肉致密，细嫩，汁液丰富，清脆可口。自花结实。

安哥诺：该品种是美国加利福尼亚州十大主栽品种之一，亲本不详。1994年引入，现主要分布于河北、山东、辽宁等地。2006年12月通过河北省林木品种审定委员会审定，定名为“安哥诺李”。该品种耐旱力较强，抗病虫害较强，可加工成李干、李脯等。果实耐贮存，常温下可贮存至元旦，冷库可贮存至翌年4月底。

福莱李：原名Friar，该品种由美国USDA-ARSF resno试验站J.H.Weinberger育成，杂交组合为Gariota ×Nubiana，2000年辽宁省果树研究所从澳大利亚昆士兰园艺所引入，存于国家果树种质熊岳李杏圃。该品种抗旱、抗风性强，适宜性强，抗寒性中等，抗细菌性穿孔病能力较差。果实品质上，可食率98.1%。果实耐贮性极强，在常温下可存放20～30d，冷库可贮藏120d。是优良极晚熟品种。

美丽李：又名盖县大李，原产美国，由日本传入中国，2007年12月通过河北省林木品种审定委员会审定，定名为“美丽李”。现广泛分布于辽宁、河北、山东、山西、陕西、云南、贵州、内蒙古等地。可食率98.7%。鲜食品质上。在常温下果实可贮放5d左右。该品种抗旱，抗寒能力均较强，一般年份在冬季–28.3℃的情况下，无冻害。抗病能力弱，极不抗细菌性穿孔病，易遭蚜虫、红蜘蛛及蛀干害虫的危害。河北省中南部地区及燕山地区可推广栽培。

红宝石：原产美国，由华中农业大学从美国佛罗里达大学引入。果鲜红色，平均单果重200.0～250.0g，自花结实率高。可溶性固形物含量14.3%，可滴定酸含量0.4%，Vc含量23.7mg/100g。果皮底色浅黄，果面深玫瑰红色，外形美观。果肉黄色，肉质致密细嫩，汁液丰富，酸甜适度，风味好，品质优，早果性好。

2．日本

大石早生李：原产日本，1939年由日本福岛县伊达郡大石俊雄氏育成，是台湾李自然授粉杂交的后代，推测父本为美丽李，原品系名为大石7号。1981年上海市农业科学院园艺研究所从日本引入，现分布于辽宁、河北、上海、山东、福建、江苏、浙江、甘肃、山西、四川、北京等地。2006年12月通过河北省林木品种委员会审定。可食率98%；鲜食品质中上；常温下果实可贮放5～7d。抗寒、抗旱能力较强，一般年份在－20℃的情况下，不发生严重的冻害。幼树期生长较旺，停长较晚，易发生抽条现象。

早生月光：原产日本。由辽宁省果树研究所邱毓斌等于1984年从日本引入，存于国家果树种质熊岳李杏圃。果可食率98.4%。鲜食品质上，常温下果实可贮放7d以上。该品种适宜冷凉半湿润的环境，抗寒和抗旱能力较强。一般年份冬季低温在－20℃的情况下，能正常开花结果。抗细菌性穿孔病，易遭蚜虫危害。该品种是鲜食优良品种，适应性强，产量较高。

李王：原产日本。1989年河南省新郑县农业局引入接穗进行大树高接。果实近圆形，果皮浓红色，全面着色，果点不明显，外观极美丽；果肉橘黄色，多汁，出汁率达70.0%，香气浓，酸味轻，是李品种中含糖量最高的品种，含糖量达17.0%；品质极上，被誉为“李中之王”。

贝拉多纳：日本在90年代初选育出的极早熟品种，1995年从日本引进，该品种果实较大，含糖量高，香味浓，耐贮运，是具有较强竞争力的早熟李品种，极具推广价值。果实心脏形，平均单果重60.0g，最大果重110.0g。品质极上，可食率95.0%以上，耐贮运。

红良锦李：原产日本，山东省潍坊市农业局于1995年从日本福岛天香园引进山东潍坊市。果鲜红色，单果重150.0g，果实圆形、果肉淡黄色、甜酸适口，肉质细密多汁，无涩味，含可溶性固形物15.5%，果肉硬，耐贮运，常温一周不变软，是色香味俱佳的早熟品种李子。

井上李：原产日本，1996年由山东省莱阳农学院从日本引入，平均单果重100.0～150.0g，丰产，比国内一般品种产量高1倍以上。果实桃形，果面玫瑰红色，果肉硬溶质，有香味、甜度大，可溶性固形物含量为14.2%，半离核，自然存放可达7～10d。综合性状优于国内早熟品种，栽时可用费来索、黑宝石等作授粉树。

贵凌李：原产日本，山东省平邑县地方镇果村站于1999年引入，果鲜红色，果实圆形，单果重200.0～300.0g，果肉淡黄色，果肉硬，肉质细密汁多、味浓甜、特香、风味极佳，品质极上，离核。丰产性能好，着色鲜艳，耐贮运，品质极佳，是一个综合性状较好的中晚熟大型李品种。需配置授粉树。

月光李：原产日本。现分布于辽宁、陕西、上海等地。该品种抗寒、抗旱性较强，易遭蚜虫危害。品质中上，常温下果实可贮放8d左右。是优良的鲜食品种。

秋姬：该品种于1997年2月从日本引入，现辽宁、山东、山西、河北等地均有栽培。该品种果实大，单果重180.0～200.0g，果皮黄底着红紫色，艳丽美观，果肉黄色，质细、多汁，浓甜，可食率97.0%，鲜食品质极佳，常温条件下可贮藏2周以上。丰产性好，品质优良，抗病耐贮，为晚熟大果型优良品种。

大玉大石早生李：原产日本，大石早生李的芽变，早期丰产性好，单果重100.0～150.0g，果实圆形，全果面紫红色，果肉淡黄色、甜酸适口，肉质细密多汁，无涩味，可溶性固形物含量为15.5%，果肉硬，耐贮运，常温一周不变软，是色香味俱佳的早熟品种。

3．欧洲

大玫瑰：原名克Great Rosa，原产欧洲。1855年左右传入中国烟台，现分布于山东、河北、辽宁等地。可食率97.7.0%。鲜食品质上，在常温下果实可贮放7～10d，是晚熟鲜食的优良品种。该品种喜欢较冷凉的环境，抗寒和抗旱能力较强。一般年份冬季低温在－20℃的情况下无冻害。易流胶，易遭蚜虫、介壳虫及天牛的危害。

但丁：原产欧洲。分布于河北、辽宁等地，辽宁中部是其栽培北限。可食率96.7%，鲜食品质中。常温下果实可贮放5d。是晚熟优良品种。

甘李：原产欧洲，在中国栽培历史百余年。现在分布于河北、辽宁等地。可食率96.7%，品质中上 。在常温下果实可贮放10d。该品种适应性、抗逆性较强，是极晚熟较好的鲜食品种。

欧洲梅李女皇：原产欧洲，1994年引入。果型大，鸭蛋形，果皮蓝黑色，果肉金色，充分成熟时甜香味浓，有菠萝、柿子等多种果香，可溶性固形物含量18.0%，离核，平均单果重125.0～200.0g，自花结实。果实硬质，极耐贮运，室温条件下可自然存放1个月，保鲜储存可储至元旦、春节。

4．法国

爱琴：原名Agen，原产法国，约1855年传入中国烟台，现分布山东、河北、辽宁等地。1982年引入并保存辽宁国家果树种质熊岳李杏圃。可食率96.1%，品质中上。在常温下果实可贮放10～15d。该品种适应性广，品质好，晚熟，产量较低。

法国红李：原产法国，平均单果重250.0～300.0g，果鲜艳红色，果肉黄色，风味浓甜，香味浓郁，品质极佳，硬肉、离核，耐贮运，常温1个月，冷藏可达春节，货架期长，丰产抗病。自花结实。

索瑞斯：原产意大利，1989年通过世界实验室引进，果鲜红色，平均单果重80.0～150.0g，自花结实，丰产。果实圆形，果顶平，缝合线浅而明显，果实底色绿黄，全面着深红色，果粉中厚，果肉淡黄色，肉质柔软细腻，汁多味甜，香味浓，可溶性固形物含量为16.0%，核小肉厚，离核。早果丰产。

5．意大利

金滴李：原产意大利，果黄红色，单果重80.0～150.0g，自花结实，特丰产。

莫尔尼特：原产意大利，单果重80.0～130.0g，果实卵圆形，果实底色黄绿，全面着紫红色，果粉厚。果肉橙黄色，肉质细腻，汁液多，风味较浓，可溶性固形物含量为15.5%，鲜食品质极佳，粘核。早熟品种，自花结实，极丰产。

6．新西兰

蜜思李：原产新西兰(Methley)，以中国李×樱桃李(*P. salicina*×*P. cerasifera*)杂交育成。山东省果树研究所1987年从澳大利亚引入。果近圆形、紫红色，平均单果重50.0～85.0g，果粉中多，果点小。果肉淡黄色，果实可食率97.4%。肉质细嫩，香气较浓，可溶性固形物含量为13.0%，总糖10.5%，可滴定酸1.1%，核极小，黏核，品质上等。早熟、早果、适应性强，抗寒、耐旱力强，对细菌性穿孔病、早期落叶病有较强抗性。

7．澳大利亚

奥李14：原产澳大利亚，果圆形紫红色，单果重90g，果顶圆或微凹，缝合线浅，明显，片肉对称，果皮底色绿，着暗紫红色，果皮较厚，果粉灰白色，较厚，果肉红色，肉质致密，经后熟变松软，汁多，纤维细而少，味微酸，微香；

可溶性固形物含量为13.7%，半离核。较耐贮，自花授粉结实率高，早果丰产，是优良的中晚熟大果型李品种。

（二）从国外引进的杏种质资源

1．前苏联

阿不里可斯：1949年前从前苏联引入，在新疆伊宁县、吐鲁番一带栽培。平均单果重59.0g，果皮底色淡黄，彩色橙红晕。自花结实率高，抗寒性较差。

基辅：引进时间不详。主要分布于辽宁、吉林等地。平均单果重35.7g，果皮底色绿白，略带红晕。适应性强，极抗寒、抗旱，丰产。

2．法国

1981年北京市农林科学院果树研究所覃兰英等引进贝贝科、博哥罗、凯博、卡尼诺、早橘和斯拉卡6个杏品种。

贝贝科：原名Bebeco。平均单果重38.9g，果皮底色黄色，阳面红色。果实小，品质中。

博哥罗：原名Bergero。平均单果重33.5g，果皮底色绿黄，阳面黄红晕。果实小，品质中。

凯博：原名Cayeb。平均单果重22.7g，果皮底色浅橙黄，斑点紫红色。果实小，品质中。

卡尼诺：原名Canino。平均单果重28.8g，果皮底色橙黄，着少量红晕。果实小，味甜酸，有余苦。

早橘：原名Early Orange。平均单果重31.1g，果皮底色绿黄，阳面着红色。汁中少，品质中。

斯拉卡：原名Scraka。平均单果重35.0g，果皮底色橙黄，阳面着红色。适应性强，丰产。自花结实率高。

法国杏：1985年引入国家果树种质熊岳李杏资源圃内。平均单果重40.7g，果皮底色绿白，阳面紫红色。果个小，不耐贮运，不丰产。

3．澳大利亚

比瓦之：原名Beowze Tipmyrobaian，1999年4月辽宁省果树研究所张加延、伊凯等人引入国家果树种质李杏资源圃内。平均单果重7.7g，果皮底色黄。为砧木资源。

海尔考特：原名Harcot Apricot。1999年4月辽宁省果树研究所张加延、伊凯等人引入国家果树种质熊岳李杏资源圃。平均单果重72.5g，果皮底色黄绿，阳面橙黄色。果实很大，品质中。

日落：原名Sundrop Apricot。1999年4月辽宁省果树研究所张加延、伊凯等人引入国家果树种质李杏圃。平均单果重47.0g，果皮底色绿黄。适应性强，丰产，品质中，离核，酸度高。

瓦特凯斯：原名Watkiws Apricot。1999年4月辽宁省果树研究所张加延、伊凯等人引入国家果树种质李杏资源圃内。平均单果重28.0g，果皮底色黄，果面有红色斑点。晚熟、丰产。

4．意大利

博洛尼亚：原名Cricot。1991年引入辽宁省果树科学研究所。平均单果重30.0g，果皮底色橙黄。果很小，品质中上，但抗逆性差。

5．朝鲜

大白杏：1910年引入吉林延边。平均单果重49.0g，果皮底色黄白，阳面艳红。较抗寒、抗旱，适应性较强，抗病虫危害。

大黄杏：1900年前后引入吉林延边。平均单果重42.0g，果皮底色黄。抗寒、抗旱，抗病虫危害。

惠阳白杏：1986年引进，分布于辽宁等地。平均单果重57.7g，果皮底色绿白，阳面紫红色。果实较大，汁多，味酸，品质中下。

平壤白杏：别名大果辽杏，原产朝鲜。1986年引进。平均单果重20.2g，果皮底色绿黄，阳面着红晕。果个小，品质下。

6．美国

皇族：原名Royal。1986年天津市林业果树研究所引进。平均单果重35.0g，果皮底色黄，阳面着1/4红色。适应性强，丰产，自花结实率高。

金富：原名Gold Rich。1986年天津市林业果树研究所引进。平均单果重33.5g，果皮底色绿黄。果实个小，味酸，耐贮放，适应性强。

竞争者：原名Rival Apricot。1986年天津市林业果树研究所引进。平均单果重36.6g，果皮底色橙黄，阳面着1/4～1/3红果点。适应性强，自花结实率极高，果实品质中，耐贮运，果个小。

凯特杏：原名Katy。1991年山东省果树研究所王金政引入。平均单果重60.0g，果皮底色橙黄，阳面着红色。自花结实率高，丰产，果实较大，外观美丽，较耐贮运。

玛瑙杏：原产美国，1987年王家喜、王金政等从澳大利亚引入到山东省果树研究所，在山东诸城、肥城、菏泽等地有栽培。平均单果重55.7g，果皮底色橙黄，阳面着红色。结果早，丰产稳产，自花结实率高，果实中大，耐贮运。

美国4号：北京植物研究所引进。平均单果重38.4g，果皮底色橙黄。核小，适宜加工，早果丰产，抗逆性强。

美国7号：北京植物研究所引进。平均单果重43.0g，果皮底色橙黄。早实丰产，抗逆性强，自花结实率高，抗晚霜。

梯尔顿：原名 Tilton。1986 年天津市林业果树研究所从美国华盛顿州引进。平均单果重 35.1g，果皮底色橙黄，阳面着 2/4 ～ 3/4 鲜红色。果小，品质中上，较丰产，适应性强。

完美：原名 Perfection。1986 年天津市林业果树研究所引进。平均单果重 39.7g，果皮底色橙黄，极少数阳面红晕。适应性强，自花结实率高，品质中上，耐贮运。

7．欧洲

金太阳：原产欧洲，原编号 N93-8，1993 年由山东省农业科学研究院果树研究所引进。平均单果重 66.9g，果皮底色金黄，阳面着红晕。成熟早，外观美丽，味甜。

8．罗马尼亚

奈浦东：原名 Neptun。1982 年河北农业大学吕增仁引进。平均单果重 39.5g，果皮底色橙黄。果肉微有弹性。

苏丽娜：原名 Sulina。1982 年河北农业大学吕增仁引进。平均单果重 31.9g，果皮底色黄，阳面着红色。果实鲜实品质中等，种仁香甜且出仁率高。

9．日本

金杏：1992 年山东莱阳农学院引进。平均单果重 49.3g，果皮底色橙黄，阳面着红色。味甜，品质中。

平和杏：辽宁省果树研究所邱毓斌 1984 年引进。分布于辽宁、北京等地。平均单果重 40.3g，果皮底色橙黄，阳面着红晕。外观较美，但果实较小；肉质硬脆，味酸。

日本白杏：分布于山西隰县城南乡。平均单果重 34.0g，果皮底色白，着红色。果实大小均匀，美观。

日本大接杏：主要分布于甘肃、青海等地。平均单果重 62.5g，果皮底色黄绿，阳面有红色晕。抗旱，花期抗冻能力较差，产量很低。

日本杏：在熊岳有栽培。平均单果重 55.4g，果皮底色橙黄，阳面着浓红色。果实较大，品质中上，但丰产性差。

信山丸：辽宁省果树研究所邱毓斌等人 1983 年引进。平均单果重 26.1g，果皮底色橙黄。不抗流胶病、疮痂病，适应性不强，果实色泽较好。

信州大实：辽宁省果树研究所邱毓斌等人 1991 年引进。平均单果重 35.6g，果皮底色黄，阳面着 1/4 红色。果小，丰产，适应性强，耐贮运，品质较差。

10．未知国家

日文白杏：20 世纪 60 年代引入河北廊坊市。平均单果重 68.4g，果皮底色白。果实个大，洁白美观，品质好；矮化；三倍体，无花粉。

第三章

李杏种质资源评价、创新与利用

第一节 李杏种质资源评价的意义、原则与方法

一、李杏种质资源评价意义与作用

中国现有李属植物资源8个种5个变种800余个品种和类型。生产栽培的主要是中国李，新疆有部分欧洲李和樱桃李栽培。中国现有杏属植物资源9个种，普通杏、西伯利亚杏、辽杏和梅内有17个变种和类型；普通杏是世界上栽培最广泛的一个种，包括有7个变种2000余个品种或类型。20世纪80年代开始，我国先后从美国、澳大利亚、日本、德国、法国和意大利等国引进600余份李、杏资源。其中，杏主要是普通杏，李主要是中国李和李属的种间杂种，进一步丰富了我国李、杏资源。

李杏资源在我国的分布，除广东、海南和台湾三省没有杏分布外，各地均有分布，我国疆土辽阔，从南到北有热带、亚热带、暖温带、温带、寒温带不同的气候带。不同气候带的生态、气候环境条件的巨大差异，使得不同区域的资源在生长发育过程中适应当地生存环境，在植物学特征、生物学习性等方面形成了有区域特征特性资源，同时也产生了地理、生态的隔离。

李杏资源的生物多样性也十分丰富，一些资源在园艺学性状的表型上具有极早熟、晚熟，果实外观、品质，鲜食、加工，食用和观赏等突出的性状，被称为特异资源，成为人们有目的进行遗传育种和开发利用的目标材料。遗传育种研究的实践表明，不同种和品种资源性状后代表达，遗传贡献率有较大的差异，在表型性状上出现偏保守的一致较强和分离较大，以致某些性状不能表达遗传的趋势。

我国李杏资源的种类多、数量大、丰富性的优势，不同来源、产地形成的习性和生物多样性特点，因而，科学准确的评价有利于保护和利用种质资源，可深入挖掘其潜在的经济、社会和生态价值，促进全国李杏种质资源研究的有序和高效利用。其主要作用是：

①规范李杏种质资源的收集、整理、保存、鉴定、评价和利用；

②度量李杏种质资源的遗传多样性和丰富度；

③确保李杏种质资源的遗传完整性，拓宽利用价值，提高使用时效；

④提高李杏种质资源整合的效率，实现种质资源的充分共享和高效利用。

二、李杏种质资源评价原则与方法

（一）种质资源评价的原则

1. 参考《杏种质资源描述规范和数据标准》、《李种质资源描述规范和数据标准》；NY/T1308-2007《农作物种质资源鉴定技术规程　李》、NY/T1306-2007《农作物种质资源鉴定技术规程　杏》；参考国际植物遗传资源委员会（IBPGR）发布的李杏描述符表，使资源评价的描述、数据质量控制规范化、标准化。

2. 检索、查阅相关的资料和信息，了解种质资源研究利用的进展情况，现有数据库中的描述符和描述标准，查清亲缘关系，人为培育的资源的谱系，为全面科学地评价其开发利用价值提供参考。

3. 依据当地的环境、气候条件，资源的来源和原产地，特别是跨区域引种栽植的资源因地理远缘因环境的改变，影响表型性状的表达，分析其适应性和开发利用途径和方法，考虑将来发展，与国际接轨。

4. 以种质资源深入研究和遗传育种需求为主，未来生产与市场需求为主，特别要重视遗传多样性的评价，鉴定、评价其理论和遗传育种的价值。

5. 依据资源评价的项目和内容的需求确定详细评价和初步评价。

6. 严格控制鉴定时果实采样的一致性、代表性，充分表现出资源的特征特性，鉴定结果的准确性利于资源的异地比较。

（二）种质资源评价的方法

1．一般评价

根据对资源利用和研究工作的实际需要，筛选必须鉴定、评价和描述的性状和特性进行调查，获取相关的基本

信息，满足当前工作的要求。同时考虑当地的生态、环境、立地条件和未来发展的规划侧重一些性状和资源的评价。以不同利用用途为目标的侧重于相关性状和资源的评价和筛选，可达到事半功倍的效果。

2. 国家、行业标准评价

李、杏种质资源的表型评价可参考《杏种质资源描述规范和数据标准》、《李种质资源描述规范和数据标准》；NY/T1308-2007《农作物种质资源鉴定技术规程 李》、NY/T1306-2007《农作物种质资源鉴定技术规程 杏》有关资源描述规范、数据标准、数据质量控制规范中提供的方法进行全面、深入、系统的评价，为资源的开发和利用提供参考依据。

3. 遗传评价

遗传评价的方法，采取培育人工杂交后代群体、自然杂种实生后代群体、野生资源群体，建立不同种质资源遗传评价体系，通过对后代的遗传性状的表型分析，总结不同种质资源性状遗传表现，比对和分析遗传多样性的丰富程度，不同组合、关键性状、目的性状的遗传贡献率比对，评价其亲和性，确立优异遗传育种研究的资源，为遗传、育种和分子生物学育种研究提供依据。

第二节 李杏种质资源评价内容与标准

一、李种质资源评价内容与标准

（一）果实性状评价内容和标准

1. 果实大小

(1) 果实质量

果实成熟时的重量。果实成熟时，选取发育正常的果实 10 个称重，取平均值。单位为 g。精确到 0.1g。

(2) 果实纵径、横径、侧径

纵径：果实成熟时，果顶至果肩部的高度。选取发育正常的果实 10 个测量，取平均值。单位为 cm。精确到 0.1cm。

横径：果实成熟时，果实缝合线和背缝合线最大处的宽度。选取发育正常的果实 10 个测量，取平均值。单位为 cm。精确到 0.1cm。

侧径：果实成熟时，果实两侧片肉最大处的宽度。选取有发育正常的果实 10 个测量，取平均值。单位为 cm。精确到 0.1cm。

2. 果形

果实成熟时本身固有的形状。果实成熟时，选取发育正常的成熟果实 10 个，面对缝合线，目测观察，确定果实形状。果实形状可分为扁圆、圆、卵圆、椭圆、心脏形、长椭圆形 6 种（图 3-1）。

3. 果顶

正常成熟果实顶部的形状。果实成熟时，选取发育正常的成熟果实 10 个，面对缝合线，目测观察确定果实顶部形状。果顶形状可分为凹入、平、圆凸、尖圆 4 种（图 3-2）。

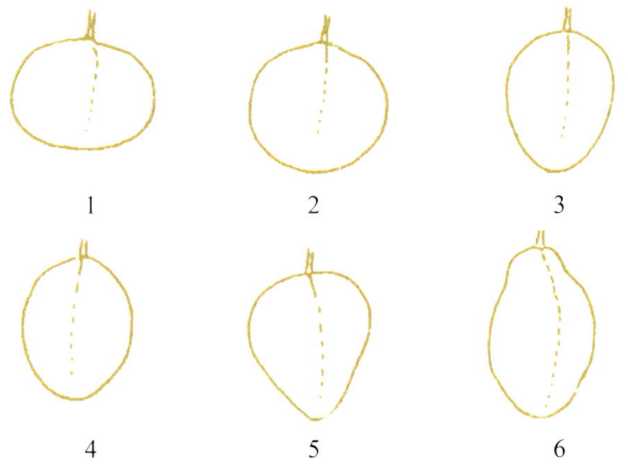

1. 扁圆 2. 圆 3. 卵圆
4. 椭圆 5. 心脏形 6. 长椭圆形

图 3-1 果形

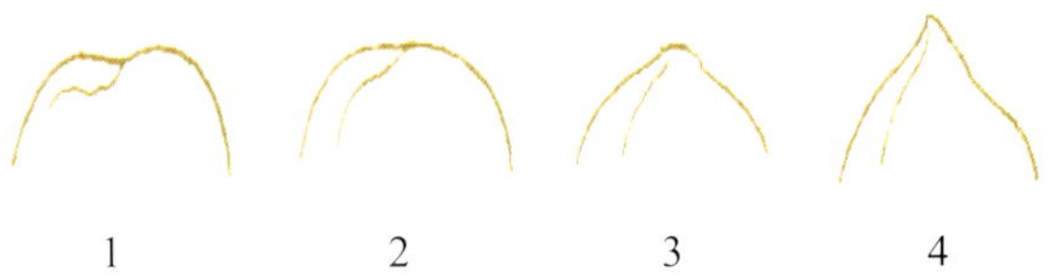

1. 凹入 2. 平 3. 圆凸 4. 尖圆

图 3-2 果顶形状

4．梗洼深度

正常成熟果实梗洼的深浅程度。果实成熟期，选取发育正常的果实 10 个，目测面对果实梗部位，观察梗洼的深浅程度。分为浅、中、深 3 种。通常梗洼的宽窄会影响观察判断。

5．缝合线

正常成熟果实缝合线的深浅程度。果实成熟时，选取发育正常的成熟果实 10 个，面对缝合线，目测观察确定果实缝合线的深浅程度。分为平、浅、中、深 4 种。

6．片肉对称性

正常成熟果实缝合线两侧片肉对称的状况。果实成熟时，选取发育正常的成熟果实 10 个，面对缝合线，目测观察果实片肉的对称程度。分为对称、较对称、不对称 3 种。参照品种，片肉对称品种澳大利亚 14 号，片肉较对称品种美丽李，片肉不对称品种理查德早生。

7．果粉厚度

正常成熟果实表面固有的白色果粉。果实成熟时，选取发育正常的成熟果实 10 个，目测观察果实表面果粉的有无及薄厚程度。分为无、薄、中、厚 4 种。

8．果皮色泽

(1) 果皮底色

果实成熟时未着彩色的果皮颜色。果实成熟时，选取发育正常的成熟果实 10 个，目测观察果皮底色。分为白、淡黄、黄、绿黄、绿、橙 6 种。

(2) 果实盖色

果实成熟时呈现的不同于底色的颜色。果实成熟时，选取发育正常的成熟果实 10 个，目测观察果皮盖色。分为橙黄、粉红、红、紫红、紫黑、蓝黑 6 种。

(3) 着色程度

果实成熟时果面着生彩色面积的大小。果实成熟时，选取发育正常的成熟果实 10 个，目测观察果实盖色面积的大小。分为少部分、部分、大部分、全部 4 种。少部分为盖色面积< 25%、部分为盖色面积 25% ~ 50%、大部分为盖色面积 50% ~ 75%、全部着成熟色的面积≥ 75%。

9．果点大小

果实成熟时果面果点的大小。果实成熟期，选取发育正常的果实 10 个，目测法观察果面果点的大小。分为小、中、大 3 种。

10．果点密度

果实成熟时果面果点的密度。果实成熟期，选取发育正常的果实 10 个，目测观察果面果点的密度。分为无、稀、中、密 4 种。

11．果肉

(1) 果肉颜色

果实成熟时果肉的颜色。果实成熟时，选取发育正常的成熟果实 10 个，剖开果肉，目测观察果肉颜色。可分为乳白、淡黄、黄、橙黄、绿、黄绿、红、紫红等 8 种。

(2) 果肉硬度

果实成熟时去皮果肉单位面积承受压力的能力。果实成熟时，选取发育正常的成熟果实 10 个，采后立即用果实硬度计测量果实阳面胴部去皮果肉硬度，取平均值。单位：kg/cm^2，精确到 $0.1kg/cm^2$。

(3) 果肉质地

果实成熟时果肉质地的松紧、韧、脆程度。果实成熟时，选取发育正常的成熟果实 10 个，采后立即品尝，鉴定果肉类型。可分为松软、松脆、硬脆、硬、硬韧 5 种。

(4) 纤维

果实成熟时果肉纤维的多少。果实成熟时，选取发育正常的成熟果实 10 个，采后立即品尝，鉴定果肉中纤维的粗细。分为少、中、多 3 种。对照品种，龙园秋李果肉纤维少、美丽李果肉纤维中、大石早生果肉纤维多。

(5) 汁液

果实成熟果肉汁液的多少。果实成熟时，选取有发育正常的果实 10 个，切半，目测、挤压、观察确定果汁多少。可分为少、中、多 3 种。少为挤压不出汁液，中为挤压可以出汁液但不下滴，多为挤压汁液可下滴。

12．果皮剥离难易

果皮与果肉剥离的难易。拨开果皮用手轻拉，观察果皮与果肉分离的难易程度，分为难、易 2 种。通常这一性状与果实的成熟度密切相关，成熟度越高越易剥离。

13．风味

果实成熟时固有的风味。果实成熟期，选取发育正常的果实 10 个，采后立即品尝，凭味觉鉴定果实风味。分为酸、甜酸、酸甜、甜 4 种。

14．香气

果实成熟时具有的香气。果实成熟期，选取发育正常的果实 10 个，通过鼻嗅，凭嗅觉确定果肉香气。可分为无、微、中、浓 4 种。

15．涩味

果实完全成熟时具有的涩味。果实成熟期，选取发育正常的果实 10 个，采后立即品尝，凭味觉鉴定果实的涩味。分为无、轻、中、重 4 种。通常这一性状果皮部分较重。

16. 可溶性固形物（%）

成熟的果实汁液中含可溶性固形物的百分率。果实成熟时，选取发育正常的果实 10 个，采用 GB/T 12295-1990《水果、蔬菜制品可溶性固形物含量的测定——折射仪法》测量。以 % 表示，精确到 0.1%。

17. 可溶性糖

成熟的果实汁液中含可溶性糖的百分率。果实成熟时，选取发育正常的果实 10 个，依据 GB/T 8855-1988《新鲜水果和蔬菜的取样方法》和 GB 6194《水果、蔬菜可溶性糖测定方法》测定。以 % 表示，精确到 0.1%。

18. 可滴定酸

成熟的果实汁液中含可滴定酸的百分率。果实成熟时，选取发育正常的果实 10 个，依据 GB/T 8855-1988《新鲜水果和蔬菜的取样方法》和 GB 12293《水果、蔬菜制品可滴定酸度的测定方法》测定。以 % 表示，精确到 0.1%。

19. Vc 含量

成熟果实每 100g 果肉含 Vc 的毫克数。果实成熟时，选取发育正常的果实 10 个，采用 GB/T 8855-1988《新鲜水果和蔬菜的取样方法》、GB 6159《水果、蔬菜 Vc 含量测定方法》或 GB/T 6195-1986《水果、蔬菜 Vc 含量测定方法》（2，6 –二氯靛酚滴定法）测定。单位：mg/100g，精确到 0.1mg/100g。

20. 鲜食品质

成熟果实各项鲜食内质指标的综合评价。果实成熟时，选取发育正常的果实 10 个，采后即品尝、鼻嗅等进行综合评价。分为下、中下、中、中上、上 5 等级。可依据品、嗅得出粗略评价。可赋值进行加权评价，按 20 分制，肉质 3 分、纤维 1 分、风味 4 分、汁液 2 分、香气 1 分、可溶性固形物 3 分、可溶性糖 2 分、可滴定酸 2 分、核粘离 2 分。加权分值下为< 8.0，中下为 8.0 ~ 10.0，中为 10.0 ~ 14.0，中上为 14.0 ~ 16.0，上为≥ 16.0。

21. 裂果（%）

果实膨大期发生的裂果程度。果实膨大期选择有代表性的大枝，调查总果数和裂果数，计算裂果率。以 % 表示，精确到 0.1%。通常这一性状受气候环境条件、树龄大小、栽培管理水平及综合因素的影响，不同年份差异很大，应连续观察 3 年。

22. 耐贮性（d）

成熟果实，在室温条件下，保持果实具有商品性的贮藏天数。果实成熟时，选取发育正常的果实 5.0kg，置于室内条件下，有 5% 左右的果实品质发生劣变，失去商品性的时间。单位：d。

23. 适宜加工用途

果实适宜加工的途径。按不同用途的果实成熟期，选取发育正常的果实，用目测、品尝、测量等方法结合综合鉴定评价，确定适宜用途，分为干、蜜饯、酱、罐头、话李、果汁等 6 种。按果实品质特性分为适宜、较适宜、不适宜 3 种。在鲜果初步评价的基础上应进一步进行加工实验。

24. 加工品质

（1）制干

果实干物质含量高 18.0% 以上，肉质致密，可食率高；原料新鲜，充分饱满，适宜成熟度八九成熟；色、香、味好，无腐烂、病虫害和机械损伤。

（2）蜜饯

果肉黄色、橙色，肉厚，青色褪尽，含水量少，质地尚未变软时，适宜成熟度七八成熟。

（3）话李

果实大小整齐一致，肉厚核小，含水量少，适宜成熟度七八成熟。

（4）制酱

果实新鲜良好，果实粗纤维少，芳香味浓，果胶和果酸含量高，无霉烂和病虫害，适宜成熟度九十成熟。

（5）制罐

果肉组织致密，可食率高，糖、酸含量高，单宁含量少；果实大小均匀、形状整齐，果实横径 3.0 ~ 3.5cm 以上，适度成熟度七八成熟。

（6）制汁

李果实香味浓郁，肉质柔软，色泽稳定，可溶性固形物、酸、果胶含量高，适宜成熟度九成熟。

（二）生物学特性评价的内容和标准

1. 生长结果习性

（1）生长势

休眠期，根据植株树冠外围 1 年生枝的长度、粗度和不同类型枝条的比例，目测法观察植株的生长情况。分为强、中、弱 3 种，强为 1 年生枝粗壮，长度≥ 30cm，长果枝比例大；中为 1 年生枝粗壮，15cm ≤长度< 30cm，中果枝比例大；弱为 1 年生枝细弱，长度< 15cm，短果枝和花束状果枝比例大。

（2）树高

休眠期，测量植株由地表至树冠顶端的高度。单位：m，精确到 0.1m。

（3）冠径

休眠期，测量植株东西方向和南北方向的冠径。单位：m，精确到 0.1m。

（4）干周

休眠期，测量植株主干距地面 20cm 处周长。单位：cm，精确到 0.1cm。

（5）新梢长度

当年生长的营养枝的长度。休眠期，选取树冠外围延长枝 10 条，测量长度，取平均值。单位：cm，精确到 0.1cm。

（6）开始结果年龄

植株开始结果的年龄。嫁接苗、实生苗从在苗圃开始生长的当年算起。嫁接的植株 50%以上开始结果的年份。分为早、中、晚 3 种。早为≤ 2 年，中为 3 年，晚为≥ 4 年。单位：年。

（7）花簇状果枝

果枝长度< 1cm 的果枝。休眠期，选择发育正常的植株 2 ~ 3 株，选取植株上有代表性的大枝 1 个，调查长度不同果枝的数量，计算花簇状果枝占总果枝的比率。以 % 表示，精确到 0.1%。

（8）花束状果枝

果枝长度 1 ~ 5cm 的果枝。休眠期，选择发育正常的植株 2 ~ 3 株，选取植株上有代表性的大枝 1 个，调查长度不同果枝的数量，计算花束状果枝占总果枝的比率。以 % 表示，精确到 0.1%。

（9）短果枝

果枝长度 5 ~ 15cm 的果枝。休眠期，选择植株上有代表性的大枝 1 个，调查不同果枝的数量，计算短果枝占总果枝的比率。以 % 表示，精确到 0.1%。

（10）中果枝

果枝长度 15 ~ 30cm 的果枝。休眠期，选择植株上有代表性的大枝 1 个，调查不同果枝的数量，计算中果枝占总果枝的比率。以 % 表示，精确到 0.1%。

（11）长果枝

果枝长度> 30cm 的果枝。休眠期，选择植株上有代表性的大枝 1 个，调查不同果枝的数量，计算长果枝占总果枝的比率。以 % 表示，精确到 0.1%。

（12）自花结实率

同一品种花粉在人工授粉的条件下，坐果数占总授粉花朵数的总数百分比。大蕾期，选择有代表性的大枝 1 个，调查总花数，套袋隔离；盛花期，用同一品种的花粉进行人工授粉；盛花后 3 周去袋，同时调查坐果数，计算占总花数的比率。通常取 3 年的平均值。以 % 表示，精确到 0.1%。

（13）自然坐果率

自然状态下，坐果数占总花朵数的百分比。选择植株发育正常有代表性的大枝 1 个，调查总花数。盛花期 3 周后，调查坐果数，计算占总花数的比率。通常取 3 年的平均值。以 % 表示，精确到 0.1%。

（14）生理落果

指因植物体内生理原因使果柄形成离层而引起果实脱落的现象。可分为前期落果和采前落果。通常取 3 年的平均值。

（15）采前落果

果实开始变色成熟至成熟采收前的落果。果实始熟期，选取植株发育正常有代表性的大枝 1 个，调查总果数，采收时调查采收果数，计算落果数量占总坐果数的比例。通常取 3 年的平均值。分为轻、中、重 3 种。即：轻为 5%以下，中为 5% ~ 10%，重为 10%以上。

（16）产量

盛果期树的结果量。采用树干单位横截面积的结果量计算。果实采收期，选择生长正常的盛果期树，测量树干距地面 20cm 处的干周，计算干截面积，电子秤称量单株的果实产量，计算树干单位横截面积的结果量。通常取 3 年的平均值。分为丰产、一般、不丰产 3 种。单位为 kg/cm^2。丰产树干单位横截面积的结果量为 $0.10kg/cm^2$ 以上，一般为 $0.05 \sim 0.10kg/cm^2$，不丰产 $0.05kg/cm^2$ 以下。

2．物候期

（1）花芽萌动期

植株枝条上部花芽开始膨大的日期。选取发育正常的植株，记载全树约有 5% 的枝条顶部花芽开始膨大，芽鳞松动绽开或露白的日期。取多年的调查记载数据计算日期。以“年、月、日”表示。

（2）叶芽萌动期

植株枝条顶部叶芽开始膨大的日期。选取发育正常的植株，记载全树约有 5% 的枝条顶部叶芽开始膨大，芽鳞松动绽开。取多年的调查记载数据计算日期。以“年、月、日”表示。

（3）初花期

植株开始开花的日期。选取发育正常的植株，记载全树约有 5% 以上的花朵开放的日期。取多年的调查记载数据计算日期。以“年、月、日”表示。

（4）盛花期

植株进入盛花的日期。选取发育正常的植株，记载全树约有 50% 以上的花朵开放的日期。取多年的调查记载数据计算日期。以“年、月、日”表示。

(5) 落花期

植株开始落花的日期。选取发育正常的植株，记载全树约有 50% 以上的花朵开始脱落的日期。取多年的调查记载数据计算日期。以“年、月、日”表示。

(6) 展叶期

植株开始展叶的日期。选取发育正常的植株，记载全树萌发的叶芽中约有 25% 的芽第一片叶展开的日期。取多年的调查记载数据计算日期。以“年、月、日”表示。

(7) 落叶期

植株开始落叶的日期。选取发育正常的植株，记载全树约有 50% 的叶片自然脱落或叶柄离层已形成、风吹即落的日期。取多年的调查记载数据计算日期。以“年、月、日”表示。

(8) 果实成熟期

果实开始成熟的日期。选取发育正常的植株，记载全树约有75%的果实成熟的时间。果面绿色完全褪去，其大小、形状、颜色等呈现出该品种固有的特性时，选取发育正常的果实 10 个，用手挤压，果肉有弹性并表现出固有的风味，为果实成熟期。取多年的调查记载数据计算日期。以“年、月、日”表示。

(9) 果实发育期

盛花期至果实成熟期的天数。计算盛花期到果实成熟期二者之间的差值，为果实发育期。取多年的调查记载数据计算日期。单位：d。

（三）抗性评价内容和标准

1. 抗寒性

李植株对 0℃以下寒冷的低温适应能力。在春季树液流动期，以整个小区的植株为观察对象，每个小区随机选取 2 ~ 3 株，每株随机选取 10 个枝条，将每条等分成 4 段，在每段的上部 1/3 处切片。在显微镜下观察木质部、韧皮部及髓部的冻害程度，根据冻害症状分为 6 级。根据分级鉴定症状的计算，确定抗寒性。分为强、中、弱3级。强为冻害指数< 30、中为 30 ≤冻害指数≤ 60、弱为冻害指数≥ 60。应连续调查 3 年，确定其抗性。

冻害症状分级：

1 级　各部分全无冻害；

2 级　髓或原生木质部有冻害，其他组织无冻害；

3 级　髓或髓周围有冻害，呈淡黄色，后生木质部的髓射线局部有冻害；

4 级　髓有冻害或变成褐色，初生木质部有轻微冻害；

5 级　髓、后生木质部、次生木质部、髓射线与皮层交界处的初生木质部冻害较重；

6 级　髓深褐色、木质部与皮层均有冻害，呈褐色，甚至死亡。

冻害指数计算公式为：

$$冻害指数 = \frac{\sum(x \cdot n)}{X \cdot N} \cdot 100$$

式中：x——冻害级数；

n——鉴定植株各级株数；

X——冻害植株最高受害级别；

N——鉴定植株总数。

2. 抗细菌性穿孔病（参考方法）

李树植株感染细菌性穿孔病 (*Xanthomonas campestris* pv. *pruni*) 的程度。李树的叶、枝、果均可发病，以叶片的发病情况进行评价。在植株发病期的后期，通常是植株接近停止生长期以后，选取发育正常有代表性的植株 2 ~ 3 株，采集枝条中部的叶片 200 ~ 300 片，目测观察病斑(穿孔)的数量，根据叶片上病斑数量情况的分级计算感病指数，确定抗细菌性穿孔病的能力。分为抗病、中抗、感病 3 种。抗病为 0.1 ≤病情指数< 24.9，中抗为 25 ≤病情指数< 33.9，感病为病情指数≥ 34。应连续调查 3 年，确定其抗性。

病害症状分级标准：

0 级　没有病斑；

1 级　1 ~ 5 个病斑；

2 级　6 ~ 10 个病斑；

3 级　11 ~ 15 个病斑；

4 级　16 个病斑以上。

感病指数计算公式为：

$$感病指数 = \frac{\sum(x \cdot n)}{X \cdot N} \cdot 100$$

式中：x——感病级数；

n——病级叶数；

X——感病叶片最高受害级别；

N——调查总叶数。

（四）植物学特性评价内容和标准

1．树姿

以基部主枝中心轴线与主干的夹角判定树姿。休眠期，选择生长正常，未经人工整形的植株，采用目测和量角器测量相结合的方法，观察和测量基部主枝中心轴线与主干的夹角。分为直立、半开张、开张、下垂 4 种。直立为多数骨干枝向上直伸，下部主枝分枝夹角< 40°，半开张为多数骨干枝向上斜伸，下部主枝分枝角度为 40°≤夹角< 60°，开张为骨干枝水平伸展的甚多，下部主枝分枝角度 60°≤夹角< 90°，下垂为骨干枝多水平伸展，下部主枝分枝角度常在 90°以上，背上枝生长旺盛夹角> 90°。单位："°"，精确到整数位。

2．1 年生枝

（1）1 年生枝色泽

树冠外围生长中庸枝条阳面的颜色。在休眠期，选择发育正常植株树冠外围的 1 年生枝条，观察阳面的颜色，按照最大相似原则，确定 1 年生枝的颜色。分为绿、黄褐、红褐、紫红 4 种。

（2）1 年生枝着生状态

枝条生长的倾斜程度。在生长期或休眠期，选择发育正常植株树冠外围的 1 年生枝条，观察枝条着生的倾斜程度，按照最大相似原则，确定 1 年生枝的着生状态。分为直立、斜生、下垂 3 种。

（3）节间长度

1 年生枝节间平均长度。单位为 cm。新梢停止生长后或落叶至休眠期，选择发育正常的植株 2 ~ 3 株，于树冠外围随机选取 10 个 1 年生枝条，用尺测量中部相邻两芽眼间的长度，取平均值。单位：cm，精确到 0.1cm。

（4）皮孔大小

1 年生枝条上皮孔的大小。休眠期，选择发育正常植株树冠外围的 1 年生枝条，目测法观察枝条皮孔的大小，按照最大相似原则，确定皮孔大小级别。分为小、中、大 3 种。参照品种，皮孔小有'奥扎克首相'、皮孔中有'美国大李'、皮孔大有'龙园秋李'。

（5）皮孔密度

1 年生枝条上皮孔的数量的多少。休眠期，选择发育正常植株树冠外围的 1 年生枝条，目测法观察枝条皮孔的多少，按照最大相似原则，确定皮孔的疏密程度，确定皮孔的密度级别。分为少、中、多 3 种。参照品种，皮孔少有长李 15、皮孔中有奥扎克首相、皮孔多有龙园秋李。

3．叶

（1）叶片长度

树冠外围新梢中部成熟叶片的长度。在植株生长期，选择发育正常的植株 2 ~ 3 株，在树冠外围随机选取 10 ~ 20 个新梢中部成熟叶片，测量叶片基部至先端的长度，取平均值。单位：cm，精确到 0.1cm。

（2）叶片宽度

外围新梢中部成熟叶片的宽度。在植株生长期，选择发育正常的植株 2 ~ 3 株，在树冠外围随机选取 10 ~ 20 个新梢中部成熟叶片，测量叶片最宽部位的长度，取平均值。单位：cm，精确到 0.1cm。

（3）叶片形状

外围新梢中部成熟叶片的形状。在植株生长期，选择发育正常的植株 2 ~ 3 株，在树冠外围随机选取 10 ~ 20 个新梢中部成熟叶片，目测观察叶片的形状。分为披针形、倒披针形、狭椭圆形、椭圆形、卵形、倒卵形 6 种（图 3-3）。

（4）叶尖

外围新梢中部成熟叶片尖端的形状。在植株生长期，选择发育正常的植株 2 ~ 3 株，在树冠外围随机选取 10 ~ 20 个新梢中部成熟叶片，目测观察叶片叶尖的形状。分为钝尖、渐尖、急尖、短突尖、长突尖 5 种（图 3-4）。

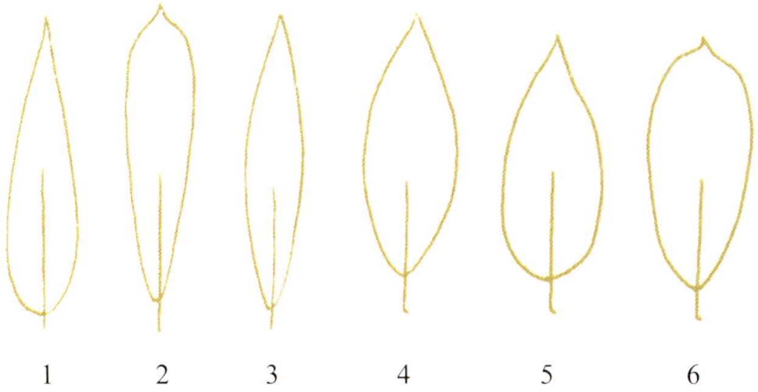

1．披针形 2．倒披针形 3．狭椭圆形
4．椭圆形 5．卵形 6．倒卵形

图 3-3 叶形

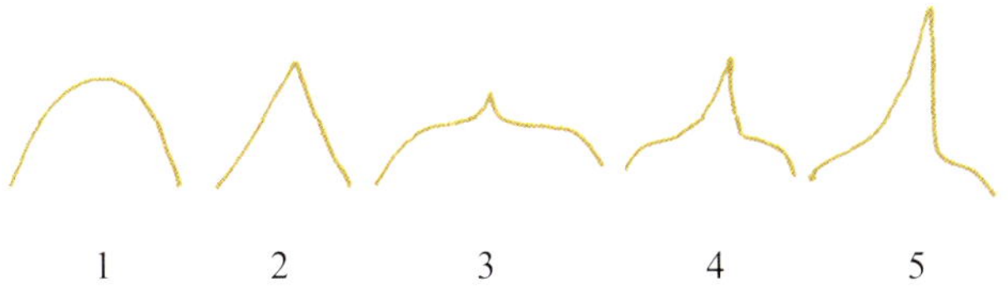

1．钝尖 2．渐尖 3．急尖 4．短突尖 5．长突尖

图 3-4 叶尖

(5) 叶基

外围新梢中部成熟叶片基部的形状。在植株生长期，选择发育正常的植株 2 ~ 3 株，在树冠外围随机选取 10 ~ 20 个新梢中部成熟叶片，目测观察叶片叶基的形状。分为狭楔形、楔形、圆形 3 种 (图 3-5)。

(6) 叶缘

外围新梢中部成熟叶片边缘的裂刻状态。在植株生长期，选择发育正常的植株 2 ~ 3 株，在树冠外围随机选取 10 ~ 20 个新梢中部成熟叶片，目测观察叶缘锯齿的形状。分为钝齿状、粗锯齿状、细锯齿状 3 种 (图 3-6)。

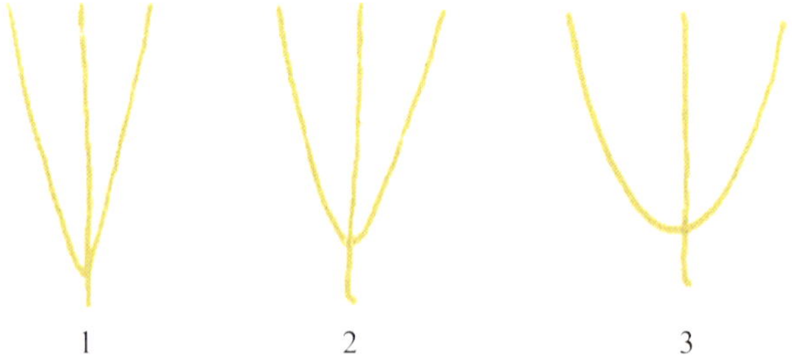

1. 狭楔形　2. 楔形　3. 圆形

图 3-5　叶基

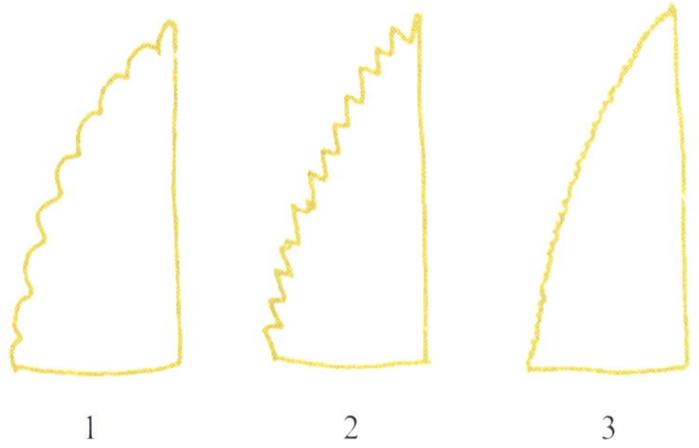

1. 钝齿状　2. 粗锯齿状　3. 细锯齿状

图 3-6　叶缘

(7) 叶面状态

外围新梢中部成熟叶片表面自然伸展状态。在植株生长期，选择发育正常的植株 2 ~ 3 株，在树冠外围随机选取 10 ~ 20 个新梢中部成熟叶片，目测观察叶片表面自然伸展状态。分为平滑、卷曲、皱缩 3 种。

(8) 叶面颜色

外围新梢中部成熟叶片颜色。在植株生长期，选择发育正常的植株 2 ~ 3 株，在树冠外围随机选取 10 ~ 20 个新梢中部成熟叶片，目测观察叶片颜色。分为浅绿、绿、深绿、紫红 4 种。

(9) 叶背茸毛

外围新梢中部成熟叶片背面是否着生茸毛。在植株生长期，选择发育正常的植株 2 ~ 3 株，在树冠外围随机选取 10 ~ 20 个新梢中部成熟叶片，目测观察叶片背面茸毛的有无。分为无、有 2 种。

(10) 叶柄

①叶柄长度

外围新梢中部成熟叶片叶柄的长度。在植株生长期，选择发育正常的植株 2 ~ 3 株，在树冠外围随机选取 10 ~ 20 个新梢中部成熟叶片，目测观察叶片叶尖的形状。单位：cm，精确到 0.1cm。

②叶柄腺

外围新梢中部成熟叶片叶柄上是否着生腺体。在植株生长期，选择发育正常的植株 2 ~ 3 株，在树冠外围随机选取 10 ~ 20 个新梢中部成熟叶片，目测观察叶柄腺体有无。分为无、有 2 种。

③叶柄腺形状

外围新梢中部成熟叶片叶柄上腺体着生的形状。选择发育正常植株树冠外围的 1 年生枝条，目测法观察叶柄腺形状，按照最大相似原则，确定叶柄腺形状和数量。分为圆形、肾形 2 种 (图 3-7)。

1. 圆形　2. 肾形

图 3-7　叶柄腺形状

4. 花

(1) 花冠直径

李花盛开时花冠的最大直径。盛花期，选择生长正常植株树冠外围短果枝上展开的花 10 朵，测量花朵的最大直径，取平均值。单位：cm，精确到 0.1cm。

(2) 花类型

李花盛开时花瓣的单、重性。盛花期，选择生长正常植株树冠外围短果枝上展开的花 10 朵，目测观察花的类型。分为单瓣、重瓣 2 种。

(3) 花瓣形状

李花盛开时花瓣的形状。盛花期，选择生长正常植株树冠外围短果枝上完全展开的花10朵，目测观察花瓣形状。分为圆形、椭圆形、卵圆形3种。

(4) 花瓣颜色

盛开时花瓣的颜色。盛花期，选择生长正常植株树冠外围短果枝上展开的花10朵，观察花瓣颜色。按照最大相似原则，确定种质的花瓣颜色。分为白、浅粉红、深粉红、红4种，没有列出的颜色，可另外补充详细描述和说明。

(5) 花萼颜色

李花开时萼片的颜色。盛花期，选择生长正常植株树冠外围短果枝上展开的花10朵，观察花萼颜色。按照最大相似原则，确定花萼颜色。分为黄绿、淡绿、绿、黄红4种，没有列出的颜色，可另外补充详细描述和说明。

(6) 花芽花朵数

李长果枝、中果枝中部花芽每芽的花朵数量。花期，选择2～3株生长正常植株树冠外围长果枝、中果枝中部花芽10个，观察每花芽中花朵的个数。单位：朵。精确到整数位，记载为多数是多少朵，少数为多少朵。

5. 核

(1) 果肉与核粘着度

果核与果肉粘连的程度。果实成熟期，选取发育正常的果实10个，沿缝合线切开，目测观察核与果肉的粘离状况。分为离核、半离核、粘核3种。离核为核不带果肉，半离为核与果肉略有相连，粘核为核与果肉紧密相连。

(2) 核鲜重

果实成熟期，选取发育正常的果实10个，去除果肉取出果核，电子天平称量李核重量，取平均值。单位:g，精确0.1g。

(3) 核形

核的形状。果实成熟期，选取发育正常的果实10个，去除果肉后取出果核，面对核的侧面，目测观察核的形状。分为扁圆、圆、卵圆、倒卵圆、椭圆、长圆6种(图3-8)。

(4) 核面

果核表面的光滑程度。果实成熟期，选取发育正常的果实10个，去除果肉后取出果核，目测法观察果核表面的光滑程度。分为平滑、较平滑、粗糙3种。

二、杏种质资源评价内容与标准

(一) 果实性状评价内容和标准

1. 果实大小

(1) 果实质量

果实成熟时，选取有代表性的果实10个称重，取平均值。单位为g。

(2) 果实纵径、横径、侧径

纵径：果实成熟时，果顶至果肩部的高度。选取有代表性的果实10个测量，取平均值。单位为cm，精确到0.1cm。

横径：果实成熟时，果实缝合线和被缝合线最大处的宽度。选取有代表性的果实10个测量，取平均值。单位为cm，精确到0.1cm。

侧径：果实成熟时，果实两侧片肉最大处的宽度。选取有代表性的果实10个测量，取平均值。单位为cm，精确到0.1cm。

2. 果形

果实成熟时应具有的形状。果实成熟时，选取发育正常的成熟果实10个，面对缝合线，观察、确定果实形状。果实形状可分为扁圆、圆、卵圆、椭圆、心脏形、长椭圆形6种(图3-9)。

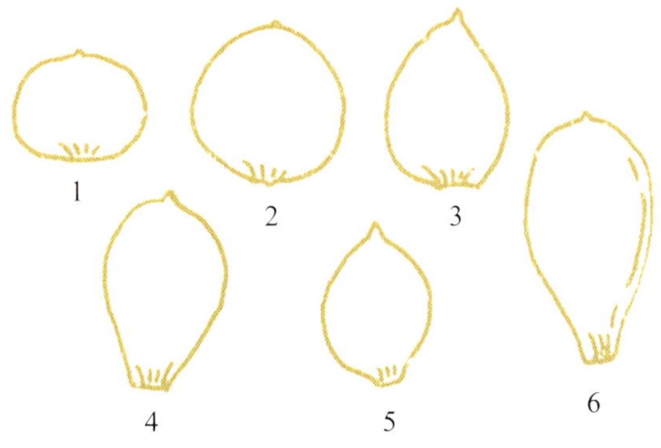

1. 扁圆 2. 圆 3. 卵圆 4. 倒卵圆 5. 椭圆 6. 长圆

图3-8 李核形模式图

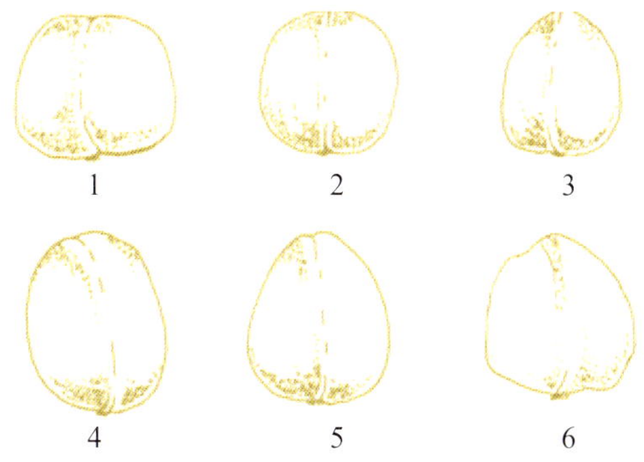

1. 扁圆 2. 圆 3. 卵圆 4. 椭圆 5. 心脏形 6. 长椭圆形

图3-9 果形模式图

1. 凹入　2. 平　3. 圆凸　4. 尖圆

图 3-10　果顶模式图

3. 果顶

果实成熟时，选取发育正常的成熟果实 10 个，面对缝合线，观察、确定果实顶部形状。果顶形状可分为凹入、平、圆凸、尖圆 4 种 (图 3-10)。

4. 缝合线

果实成熟时，选取发育正常的成熟果实 10 个，面对缝合线，观察、确定果实缝合线的深浅程度。分为平、浅、中、深 4 种。

5. 梗洼深度

果梗洼的深浅程度。果实成熟期，选取发育正常的果实 10 个，目测面对果实梗部位，观察梗洼的深浅程度。通常梗洼的宽窄会影响观察判断。分为浅、中、深 3 种。

6. 梗洼开闭状态

果柄和果肉连接部位的开放或闭合的状态。果实成熟期，选取发育正常的果实 10 个，目测果柄和果肉部位连接的程度。分为开放、闭合 2 种。通常开放的程度有较大的差异，离核资源较多，与离核的程度有较大的关联性。

7. 果柄位置

果柄在梗洼中的高低状况。果实成熟期，选取发育正常的果实 10 个，目测果柄与果实底部平面的高低程度。分为低、平、高 3 种。

8. 片肉对称性

果实缝合线两侧片肉固有的性状。果实成熟时，选取发育正常的成熟果实 10 个，面对缝合线目测观察对称程度。分为对称、不对称 2 种。

9. 茸毛

果实表面固有的茸毛。果实成熟时，选取发育正常的成熟果实 10 个，目测观察有无。分为无、有 2 种。

10. 果皮色泽

(1) 果皮底色

果实成熟时，选取发育正常的成熟果实 10 个，目测观察果皮底色。分为白、淡黄、黄、绿黄、绿、橙 6 种。

(2) 果实盖色

果实成熟时，选取发育正常的成熟果实 10 个，目测观察果皮盖色。分为粉红、橙红、红、紫红 4 种。

(3) 着色类型

果实成熟时，选取发育正常的成熟果实 10 个，目测观察果实着色类型。分为点、片 2 种。

(4) 着色程度

果实成熟时，选取发育正常的成熟果实 10 个，目测观察果实盖色面积大小。分为少 (盖色面积< 25%)、中 (盖色面积 25% ~ 75%)、多 (盖色面积 > 75%) 3 种。

(5) 果点大小

果实成熟期，选取有代表性的果实 10 个，目测法观察果面果点的大小。分为小、中、大 3 种。参照品种：果点小有沙金红 1 号、果点中有软核杏、果点大有孤山杏梅。

(6) 果点密度

果实成熟期，选取有代表性的果实 10 个，目测观察果面果点的密度。分为稀、中、密 3 种。参照品种：果点稀有沙金红 1 号、果点中有软核杏、果点密有孤山杏梅。

11. 果肉

(1) 果肉颜色

果实成熟时果肉的颜色。果实成熟时，选取发育正常的成熟果实 10 个，剖开果肉，立即目测观察果肉颜色。可分为白、浅黄、黄、黄绿、橙 5 种。

(2) 硬度

果实成熟时去皮果肉单位面积承受压力的能力。果实成熟时，选取发育正常的成熟果实 10 个，采后立即用果实硬度计测量果实阳面胴部去皮果肉硬度，取平均值。单位：kg/cm^2，精确到 $0.1kg/cm^2$。

(3) 果肉类型

果实成熟时果肉肉质的软硬程度。果实成熟时，选取发育正常的成熟果实 10 个，采后立即品尝，鉴定果肉类型。可分为沙面、软溶质、硬溶质、韧、脆 5 种。

(4) 纤维

果肉纤维的粗细。果实成熟时，选取发育正常的成熟果实 10 个，采后立即品尝，鉴定果肉中纤维的粗细。分为粗、中、细 3 种。

(5) 汁液

果实成熟果肉汁液的多少。果实成熟时，选取有代表性的果实 10 个，切半，目测、挤压、观察确定果汁多少。可分为少、中、多 3 种。少为挤压不出汁液，中为挤压可以出汁液但不下滴，多为挤压汁液可下滴。

12. 风味

果实成熟时固有的风味。果实成熟期，选取发育正常的果实 10 个，采后立即品尝、鉴定果实风味。分为酸、甜酸、酸甜、甜 4 种。

13. 香气

果实成熟时具有的香气。果实成熟期，选取发育正常的果实 10 个，通过鼻嗅确定果肉香气。可分为无、淡、浓 3 种。

14. 可溶性固形物（%）

成熟的果实汁液中含可溶性固形物的百分率。果实成熟时，选取发育正常的果实 10 个，采用 GB/T 12295-1990《水果、蔬菜制品可溶性固形物含量的测定——折射仪法》测量。以 % 表示，精确到 0.1%。

15. 可溶性糖

成熟的果实汁液中含可溶性糖的百分率。果实成熟时，选取发育正常的果实 10 个，依据 GB/T 8855-1988《新鲜水果和蔬菜的取样方法》和 GB 6194《水果、蔬菜可溶性糖测定方法》测定。以 % 表示，精确到 0.1%。

16. 可滴定酸

成熟的果实汁液中含可滴定酸的百分率。果实成熟时，选取发育正常的果实 10 个，依据 GB/T 8855-1988《新鲜水果和蔬菜的取样方法》和 GB 12293《水果、蔬菜制品可滴定酸度的测定方法》测定。以 % 表示，精确到 0.1%。

17. Vc 含量

成熟果实每 100g 果肉含 Vc 的毫克数。果实成熟时，选取发育正常的果实 10 个，采用 GB/T 8855-1988《新鲜水果和蔬菜的取样方法》、GB 6159《水果、蔬菜 Vc 含量测定方法》或 GB/T 6195-1986《水果、蔬菜 Vc 含量测定方法》（2，6 –二氯靛酚滴定法）测定。单位：mg/100g，精确到 0.1mg/100g。

18. 鲜食品质

成熟果实各项鲜食内质指标的综合评价。果实成熟时，选取发育正常的果实 10 个，采后即品尝、鼻嗅等进行综合评价。分为下、中下、中、中上、上 5 等级。可依据品、嗅得出粗略评价。可赋值进行加权评价，按 20 分制，肉质 3 分、纤维 1 分、风味 4 分、汁液 2 分、香气 1 分、可溶性固形物 3 分、可溶性糖 2 分、可滴定酸 2 分、核粘离 2 分。加权分值下为< 8.0，中下为 8.0 ~ 10.0，中为 10.0 ~ 14.0，中上为 14.0 ~ 16.0，上为≥ 16.0。

19. 裂果（%）

果实膨大期发生的裂果程度。果实膨大期选择有代表性的大枝，调查总果数和裂果数，计算裂果率。以 % 表示，精确到 0.1%。

20. 杏仁

（1）仁鲜重

果实成熟期，选取发育正常的果实 10 个，取核破壳取仁，电子天平称其鲜仁重，取平均值。单位：g，精确 0.1g。

（2）仁干重

杏仁阴干后的仁重量。果实成熟期，选取发育正常的果实 10 个，去除果肉后，将杏核自然阴干，砸破杏核取出杏仁，用电子天平称其干仁重，取平均值。单位：g，精确 0.1g。

（3）仁甜、苦

果实成熟期，选取发育正常的果实 10 个，取仁品尝味道。分为甜、苦 2 种。其中，苦仁在程度上有较大的差异。

（4）仁饱满程度

成熟果实杏仁饱满的程度。果实成熟期，选取发育正常的果实 10 个取仁，目测观察杏仁的饱满程度。分为饱满、一般 、不饱满 3 种。

（5）出仁率

干仁重占干核重的比率。选取发育正常的自然阴干杏核 10 个，用电子天平称干核重后，破核取出杏仁，用电子天平称其仁重，计算干仁重占干核重的比率。以 % 表示，精确到 0.1%。

21. 耐贮性

成熟果实，在室温条件下，保持果实具有商品性的贮藏天数。单位：d。

22. 适宜用途

果实各部分食用器官适宜食用的途径。按不同用途的果实成熟期，选取发育正常的果实 10 个，用目测、品尝、测量相结合的方法进行鉴定评价，确定适宜用途，分为鲜食、加工、兼用、仁用 4 种。

23. 加工品质

（1）制干

果实干物质含量高 18% 以上，粗纤维少，可食率高；原料新鲜，充分饱满，适宜成熟度八九成熟；色、香、味好，无腐烂、病虫害和机械损伤。

（2）杏脯

果实外形整齐；果肉黄色、橙色，肉厚，青色褪尽，质地尚未变软时，适宜成熟度七八成熟，离核。

（3）制酱

果实新鲜良好，果实粗纤维少，芳香味浓，果胶和果酸含量高，无霉烂和病虫害，适宜成熟度九十成熟。

(4) 制罐

果肉组织致密，可食部分大，糖酸含量高，单宁含量少；果实大小均匀、形状整齐，无病虫害和机械损伤，果实横径 3.0 ~ 3.5cm 以上，适宜成熟度七八成熟。

(5) 制汁

果实香味浓郁，肉质柔软，色泽稳定，糖酸适度，果胶含量高，适宜成熟度九十成熟。

（二）生物学特性评价的内容和标准

1. 生长结果习性

(1) 生长势

休眠期，根据植株树冠外围 1 年生枝的长度、粗度和不同类型枝条的比例，目测法观察植株的生长情况。分为强、中、弱 3 种，强为 1 年生枝粗壮，长度≥ 30cm，长果枝比例大；中为 1 年生枝粗壮，15cm ≤长度< 30cm，中果枝比例大；弱为 1 年生枝细弱，长度< 15cm，短果枝和花束状果枝比例大。

(2) 树高

休眠期，测量植株由地表至树冠顶端的高度。单位：m，精确到 0.1m。

(3) 冠径

休眠期，测量植株东西方向和南北方向的冠径。单位：m，精确到 0.1m。

(4) 干周

休眠期，测量植株主干距地面 20cm 处周长。单位：cm，精确到 0.1cm。

(5) 新梢长度

休眠期，选取树冠外围延长枝 10 条，测量长度，取平均值。单位：cm，精确到 0.1cm。

(6) 开始结果年龄

植株开始结果的年龄。实生苗、嫁接苗从在苗圃开始生长的当年算起。嫁接植株 50% 以上植株开始结果的年份。分为早、中、晚 3 种。早为≤ 2 年，中为 3 年，晚为≥ 4 年。单位：年。

(7) 花束状果枝

果枝长度≤ 5cm 的果枝。休眠期，选择植株上有代表性的大枝 1 个，调查长度不同果枝的数量，计算花束状果枝占总果枝的比率。以 % 表示，精确到 0.1%。

(8) 短果枝

果枝长度 5 ~ 15cm 的果枝。休眠期，选择植株上有代表性的大枝 1 个，调查不同果枝的数量，计算短果枝占总果枝的比率。以 % 表示，精确到 0.1%。

(9) 中果枝

果枝长度 15 ~ 30cm 的果枝。休眠期，选择植株上有代表性的大枝 1 个，调查不同果枝的数量，计算中果枝占总果枝的比率。以 % 表示，精确到 0.1%。

(10) 长果枝

果枝长度> 30cm 的果枝。休眠期，选择植株上有代表性的大枝 1 个，调查不同果枝的数量，计算长果枝占总果枝的比率。以 % 表示，精确到 0.1%。

(11) 可育花

自然状态下，雌蕊长于或等于雄蕊的花，可以授粉、受精、正常结果，生产上称为完全花。盛花期，选择有代表性的大枝 1 个，调查完全花和总花数；计算完全花占总花数的比率。通常因树体生长状况、果实负载量影响比例的变化。以 % 表示，精确到 0.1%。

(12) 败育花

自然状态下，雌蕊短于雄蕊或败育的花，只开花不能结果，生产上称为不完全花。盛花期，选择有代表性的大枝 1 个，调查不完全花和总花数；计算不完全花占总花数的比率。通常因树体生长状况、果实负载量影响比例的变化。以 % 表示，精确到 0.1%。

(13) 自花结实率

同一品种花粉在人工辅助授粉条件下，坐果数占总花朵数的百分比。大蕾期，选择有代表性的大枝 1 个，调查总花数，套袋隔离；盛花期，用同一品种的花粉进行人工辅助授粉；盛花后 3 周去袋，同时调查坐果数，计算占总花数的比率。以 % 表示，精确到 0.1%。

(14) 自然坐果率

自然状态下，坐果数占总花朵数的百分比。选择有代表性的大枝 1 个，调查总花数；盛花后 3 周，调查坐果数，计算占总花数的比率。以 % 表示，精确到 0.1%。

(15) 采前落果

果实开始变色成熟至成熟采收前的落果。果实始熟期，选取有代表性的大枝 1 个，调查总果数，采收时调查采收果数，计算落果数量占总坐果数的比例。分为轻、中、重 3 种。即：轻为 5%以下，中为 5%~ 10%，重为 10%以上。

(16) 产量

盛果期树的结果量。采用树干单位横截面积的结果量计算。果实采收期，选择生长正常的盛果期树，测量树干距地面 20cm 处的干周，计算干截面积，电子秤称量单株的果实产量，计算树干单位横截面积的结果量。通常取 3 年的平均值。分为丰产、一般、不丰产 3 种。单位为 kg/cm^2。丰产树干单位横截面积的结果量为 $0.10kg/cm^2$ 以上，一般为 $0.05 \sim 0.10kg/cm^2$，不丰产 $0.05kg/cm^2$ 以下。

2．物候期

(1) 花芽萌动期

植株枝条顶部花芽开始膨大的日期。全树约有 5% 的枝条顶部花芽开始膨大，芽鳞松动绽开或露白。以“年、月、日”表示。

(2) 叶芽萌动期

植株枝条顶部叶芽开始膨大的日期。全树约有 5% 的枝条顶部叶芽开始膨大，芽鳞松动绽开。以“年、月、日”表示。

(3) 初花期

植株开始开花的日期。全树约有 5% 以上的花朵开放的日期。以“年、月、日”表示。

(4) 盛花期

植株进入盛花的日期。全树约有 50% 以上的花朵开放的日期。以“年、月、日”表示。

(5) 落花期

植株开始落花的日期。全树约有 50% 以上的花朵开始脱落的日期。以“年、月、日”表示。

(6) 展叶期

植株开始展叶的日期。全树萌发的叶芽中约有 25% 的芽第一片叶展开的日期。以“年、月、日”表示。

(7) 落叶期

植株开始落叶的日期。全树约有 50% 的叶片自然脱落或叶柄离层已形成、风吹即落的日期。以“年、月、日”表示。

(8) 果实成熟期

果实开始成熟的日期。全树约有 75%的果实成熟的时间。果面绿色完全褪去，其大小、形状、颜色等呈现出该品种固有的特性时，选取发育正常的果实 10 个，用手挤压，果肉有弹性并表现出固有的风味，为果实成熟期。以“年、月、日”表示。

(9) 果实发育期

盛花期至果实成熟期的天数。计算盛花期和果实成熟期二者之间的差值，为果实发育期。单位：d。

（三）抗性评价内容和标准

1．抗逆性

对冬季低温、春季低温、干旱、涝、盐碱等逆境的抗性。

2．抗病性

主要针对病原性病害（包括对真菌、细菌、病毒、类菌体等病害的抗性）和生理性病害（如裂果、烧心、日烧等）的抗性。

3．抗虫性

常见对蚜虫、红蜘蛛及李小食心虫等的抗虫性。

（四）植物学特征评价内容和标准

1．树姿

以基部主枝中心轴线与主干的夹角判定树姿。休眠期，选择生长正常的植株，采用目测和量角器测量相结合的方法，观察和测量基部主枝中心轴线与主干的夹角。依据树姿的模式图（图 3-11）以及夹角的平均值，确定树姿。

(1) 直立

多数骨干枝向上直伸，主枝与主干的夹角 $< 40°$。

(2) 半开张

多数骨干枝向上斜伸，$40° \leq$ 主枝与主干的夹角 $< 60°$。

(3) 开张

多数骨干枝水平伸展，$60° \leq$ 主枝与主干的夹角 $< 90°$。

(4) 下垂

多数骨干枝水平伸展，背生枝生长旺盛，主枝与主干的夹角 $\geq 90°$。

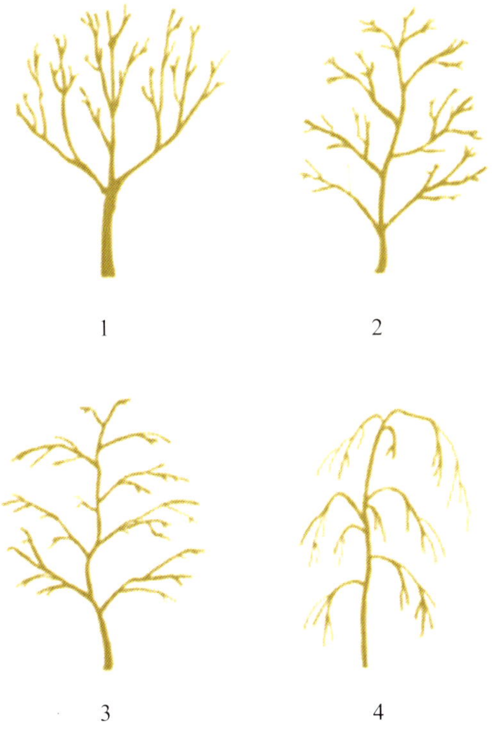

1．直立　2．半开张　3．开张　4．下垂

图 3-11　树姿

2．1 年生枝

(1) 1 年生枝颜色

1 年生枝条中部向阳面的颜色。休眠期，选择生长正常植株树冠外围不同部位剪口下、发育充实的 1 年生枝 10 个，目测法观察枝条阳面的颜色。分为绿、黄褐、红褐 3 种，没有列出的颜色，可另外补充详细的描述和说明。

(2) 皮孔大小

1 年生枝条中部皮孔的大小。休眠期，选择植株树冠外围不同部位剪口下、发育充实的 1 年生枝 10 个，采用目测法观察枝条皮孔的大小。分为小、中、大 3 种。

参照品种：皮孔小的品种有串枝红杏、二转子杏、白玉扁，皮孔中的品种有华县接杏、优一、凯特，皮孔大的品种有银香白、骆驼黄、沙金红 1 号、鸡蛋杏。

(3) 皮孔数量

1 年生枝条中部节间单位面积皮孔数量。休眠期，选择植株树冠外围不同部位剪口下、发育充实的 1 年生枝 10 个，目测法观察枝条中部节间单位面积皮孔数量。分为少、中、多 3 种。

参照品种：皮孔少的品种有二转子、沙金红 1 号、红梅杏、白玉扁，皮孔中的品种有华县接杏、丰仁，皮孔多的品种有优一、骆驼黄、凯特、银香白、鸡蛋杏。

3．叶

(1) 叶面状态

成熟叶片表面的自然伸展状态。春梢停止生长后，选择植株树冠外围当年生枝条中部的成熟叶片 10 个，目测法观察叶片表面的自然伸展状态。分为平展、卷曲、皱缩 3 种 (图 3-12)。

(2) 叶片颜色

成熟叶片的颜色。春梢停止生长后，选择植株树冠外围当年生枝条中部的成熟叶片 10 个，目测法观察叶片表面的颜色，按照最大相似原则。分为浅绿、绿、深绿、紫红 4 种，没有列出的颜色，可另外补充详细描述和说明。

(3) 幼叶颜色

叶芽展叶初期的幼叶颜色。黄绿、绿、红、红褐。叶芽展叶初期，观察幼叶颜色。依据观察结果，按照最大相似原则，确定种质的幼叶颜色，没有列出的颜色，可另外补充详细描述和说明。

(4) 叶背茸毛

叶片背面着生的茸毛。选择生长正常植株树冠外围 1 年生枝条的成熟叶片，目测法观察叶片背面茸毛有或无。分为无、有。

(5) 叶柄长度

成熟叶片叶柄的长度。选择生长正常植株树冠外围 1 年生枝条中部的成熟叶片 10 个，测量叶柄的长度，取平均值。单位：cm，精确到 0.1cm。

(6) 叶柄腺

成熟叶片叶柄上着生蜜腺。选择生长正常植株树冠外围 1 年生枝条中部着生的成熟叶片 10 个，目测法观察叶柄上蜜腺的有或无。分为无、有。

(7) 叶形

成熟叶片的形状。选择生长正常植株树冠外围 1 年生枝条中部着生的成熟叶片 10 个，目测法观察叶片的形状。分为卵圆、倒卵圆、椭圆、圆形、阔圆形 5 种 (图 3-13)。

(8) 叶尖

成熟叶片顶端的形状。选择生长正常植株树冠外围 1 年生枝条中部的成熟叶片 10 个，目测法观察叶片尖端的形状。分为钝尖、渐尖、突尖、长尾尖 4 种 (图 3-14)。

(9) 叶基

成熟叶片基部的形状。选择生长正常植株树冠外围 1

1．平展 2．卷曲 3．皱缩

图 3-12 叶面状态

1．卵圆 2．倒卵圆 3．椭圆 4．圆形 5．阔圆形

图 3-13 叶形

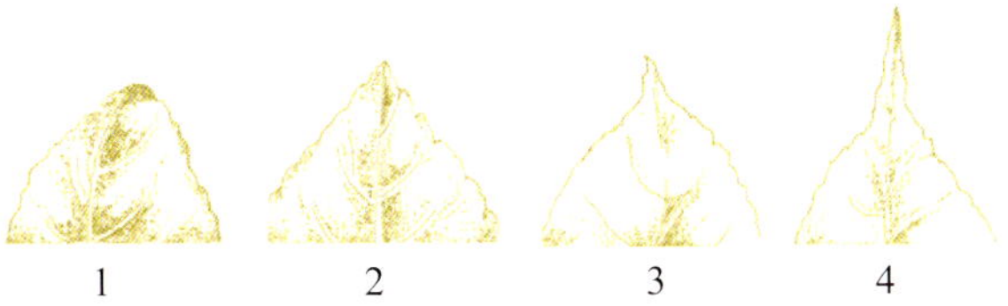

1．钝尖　2．渐尖　3．突尖　4．长尾尖

图 3-14　叶尖

1．楔形　2．圆形　3．截形　4．心形

图 3-15　叶基

1．钝锯齿　2．粗锯齿　3．细锯齿　4．复锯齿

图 3-16　叶缘

1．卵圆形　2．圆形　3．椭圆形　4．条形

图 3-17　花瓣形状

年生枝条中部的成熟叶片 10 个，目测法观察基部的形状。分为楔形、圆形、截形、心形 4 种 (图 3-15)。

(10) 叶缘

成熟叶片边缘的裂刻状态。选择生长正常植株树冠外围 1 年生枝条中部的成熟叶片 10 个，目测法观察叶片的叶缘形状。分为钝锯齿、粗锯齿、细锯齿、复锯齿 4 种 (图 3-16)。

(11) 叶片长度

成熟叶片的最大长度。单位为 cm。选择生长正常植株树冠外围 1 年生枝条中部着生的成熟叶片 10 个，测量长度，取平均值。单位：cm，精确到 0.1cm。

(12) 叶片宽度

成熟叶片的最大宽度。选择生长正常植株树冠外围 1 年生枝条中部的成熟叶片 10 个，测量叶片最宽处的宽度，取平均值。单位：cm，精确到 0.1cm。

4．花

(1) 花冠直径

盛开时花朵的最大直径。盛花期，选择生长正常树冠外围短果枝上展开的花 10 朵，测量花朵的最大直径，取平均值。单位：cm，精确到 0.1cm。

(2) 花类型

盛开时花朵的类型。盛花期，选择生长正常植株树冠外围短果枝上展开的花 10 朵，观察花的类型。分为单瓣、重瓣 2 种。

(3) 花瓣形状

盛开时花瓣的形状。盛花期，选择生长正常植株树冠外围短果枝上完全展开的花 10 朵，观察花瓣形状。分为卵圆形、圆形、椭圆形、条形 4 种 (图 3-17)。

(4) 花瓣颜色

盛开时花瓣的颜色。盛花期，选择生长正常植株树冠外围短果枝上展开的花 10 朵，观察花瓣颜色。按照最大相似原则，确定种质的花瓣颜色。分为白、浅粉红、深粉红、红 4 种，没有列出的颜色，可另外补充详细描述和说明。

(5) 花萼颜色

花开放时萼片的颜色。盛花期，选择生长正常植株树冠外围短果枝上展开的花 10 朵，观察花萼颜色。按照最大相似原则，确定种质的花萼颜色。分为黄、绿、紫绿、紫红、红褐 5 种，没有列出的颜色，可另外补充详细描述和说明。

5．核

(1) 核鲜重

果实成熟期，选取发育正常的果实 10 个，去除果肉取出果核，电子天平称量杏核重量，取平均值。单位：g，精确到 0.1g。

(2) 核干重

果实成熟期，选取发育正常的果实 10 个，去除果肉取出果核后，将杏核自然阴干后，电子天平称量干杏核重量，取平均值。单位：g，精确到 0.1g。

(3) 形状

核的形状。果实成熟期，选取发育正常的果实 10 个，去除果肉后取出果核，面对核的侧面，目测观察核的形状。分为扁圆、圆、卵圆、倒卵圆、椭圆、心脏形 6 种 (图 3-18)。

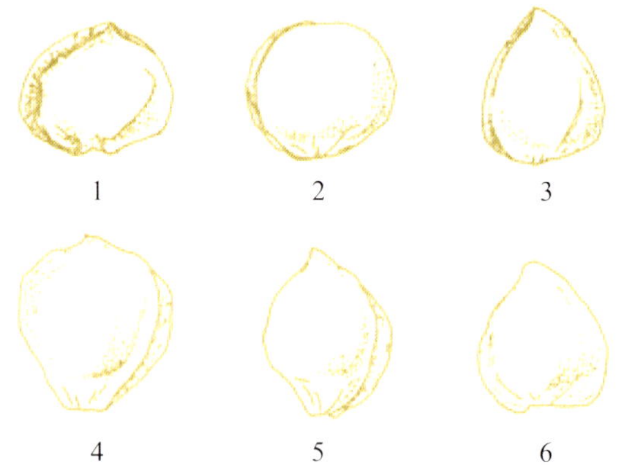

1. 扁圆 2. 圆 3. 卵圆 4. 倒卵圆 5. 椭圆 6. 心脏形

图 3-18 核形

(4) 果肉与核粘着度

果核与果肉粘连的程度。果实成熟期，选取发育正常的果实 10 个，沿缝合线切开，目测观察核与果肉的粘离状况。分为离核、半离核、粘核 3 种。离核为核不带果肉，半离为核与果肉略有相连，粘核为核与果肉紧密相连。

(5) 核面

核表面的光滑程度。果实成熟期，选取发育正常的果实 10 个，去除果肉后取出果核，目测法观察果核表面的光滑程度。分为平滑、较平滑、粗糙 3 种。

(6) 核翼

核翼的宽窄、钝锐的状况。果实成熟期，选取发育正常的果实 10 个，去除果肉后取出果核，目测观察果核的核翼。分为平、钝、锐 3 种。其中锐有宽窄的差异。

第三节 李杏种质资源的创新与利用

一、选择育种

（一）选择育种的概念及意义

选择育种，简称选种，是指从自然界中挑选符合人们需要的群体和个体，通过比较、鉴定和繁殖，以改变群体的遗传组成或从中选出营养系品种。

选择不仅是独立培育优良品种的手段，也是引种、杂交育种、倍性育种等育种方法中不可缺少的环节。它贯穿于育种工作的每一步骤。例如原始材料研究、杂交亲本的选配、杂种后代以及其他非常规手段所获得的变异类型的处理，都离不开选择。没有选择，不去劣留优，就不可能培育出符合要求的优良品种。

目前，选择育种仍然是育种学家培育李杏新品种的主要方法之一，例如：‘甘玉’、‘红丰’、‘金星’、‘子荷杏’ 等都是通过育种学家多年选育得到的杏新品种，‘秋红李’、‘早艳李’、‘红宝石李’、‘安哥里拉’、‘凯尔斯’ 等是选择观察而培育出的新优李品种。

（二）选择育种的方法

在李杏栽培过程中有两种繁殖方式：有性繁殖和无性繁殖。有性繁殖亦称为实生繁殖，产生的后代为实生群体；无性繁殖亦称营养繁殖，产生的后代为无性系。对实生群体产生的自然变异进行选择，从而改进群体的遗传组成或将优异单株经无性繁殖建立营养系品种的方法，称为实生选择育种，或简称实生选种。从普遍的种群中或天然杂交、人工杂交的原始群体中挑选优良单株用无性繁殖方式繁殖，然后加以选择的方法则称为无性系选择育种，简称无性系选种。

‘秦杏 1 号’ 是西北农业科技大学果树研究所从陕西关中地区发现的自然实生苗中选育而来的。‘早金蜜’ 是中国农业科学院郑州果树所 1996 年发现，1998 年选出的农家株选优良新品系。‘金星’ 是河北农业大学园艺学院选育，是串枝红杏自然实生优选系。浙江丽水市城西园艺场从自栽的李园中发现并选育出的 ‘红晶李’，填补了浙江 ‘无特早熟李’ 的空白。经多年、多点观察表明，‘红晶李’ 特早熟、优质、丰产的性状非常突出，且相对稳定。

（三）选择育种的一般程序

选择育种，无论采用哪种选择方法均需要经过从原始材料观察，选择理想单株，比较鉴定到育成新品种繁育等一系列的工作环节，这就是选择育种程序。

一般选择育种要经过确定育种目标、建立原始材料圃、株系选择圃和品系鉴定圃等步骤；也可以根据选择的步骤划分为初选、复选、决选。

1．育种目标的确定

在育种时首先要确定育种的目标，如抗性强、果实品质优、高产等都是李杏新品种培育的首选目标。

2．原始材料圃

原始材料圃是种植从国内外收集来的原始材料并鉴定它们的性状的圃地。一般在此进行目测预选，根据育种目标选择原始材料圃中的优良变异单株，分别编号保存，然后由专业人员对选出的植株进行现场调查和记载，并在现场对记录材料进行整理分析，准备与翌年升入株系选择圃继续进行选择，对不明显或不稳定的变异，都要继续观察。

3．株系选择圃

株系选择圃中保留的是播种选出的单株。主要对前面选出的植株再次进行评选，根据田间观察，比较各单株后代的一致性及各种性状的表现，选择性状表现优良而整齐一致的株系，混合收获，将一些不符合育种目标要求的株系淘汰，大约选留1/5。这些当选株系的混合种子供明年或下一季品系鉴定用。

如果株系内个体表现不整齐，应再从中继续选择优良单株，下一代仍在株系选择圃中种植，进一步观察比较和选择，经过几次选择，直至整齐后，选出优良株系，再进入品系鉴定圃。

4．品系鉴定圃

在品系鉴定圃中应根据育种目标的要求，对株系选择圃及其他来源的品系进行比较，观察其性状的稳定性和品质表现，此外对某些性状，如抗病性、抗旱性等进行自然鉴定或人工诱发鉴定，初步明确其利用价值。同时扩大繁殖种子数量，为更严格的品种比较试验及多点试验做好准备。

品系鉴定圃内一般不再选择单株，而重点是比较品系间优劣，选出优良品系再进行下一步的品种比较试验。如果发现有的品种尚未稳定，性状表现不一致时，则应淘汰或退回株系选择圃再进行选择。

5．品种比较试验

品种比较试验是育种单位在一系列育种工作最后一个重要环节。任务是对选出的品系做最后评价，选出若干品系参加区域试验，以供生产应用。

品种比较试验要求较为精确，参加试验的品种不宜过多，一般是5～7个，最多不超过10个。要在较大的种植面积和较多的重复次数下进行。试验中以当地推广品种为对照，要求对供试品系进行细致的观察记载，了解各生育时期的表现，以配合产量鉴定等。挑选出1～2个最优良的品系，以便继续进行试验。

6．区域试验

品种区域试验主要任务是，鉴定经过品种比较试验选拔出来的优良品种在不同地区的应用价值和对本地区栽培条件的适应性，作为决定能否推广和适宜推广的地区的依据。在区域试验的同时，根据需要，可以进行生产试验。生产试验的任务是鉴定新品种在大田生产条件下的生产能力，确定新品种的推广价值，同时摸索栽培技术。

二、常规杂交育种

（一）杂交育种的概念和意义

遗传性不同的类型和个体间雌、雄配子的有性结合叫做杂交，对杂交所获得的杂种进行培育选择以获得新品种的方法，就叫做杂交育种。杂交是基因重组的过程。通过杂交可以把亲本双方控制不同性状的有利基因综合到杂种个体上，使杂种个体不仅有双亲的优良性状，而且在生长势、抗逆性、生产力等方面超越其亲本，从而获得某些性状都更符合要求的新品种。因此，杂交育种比单纯的选择育种更富于创造性和预见性，仍是培育李杏新品种的最主要方法和有效途径。

当前世界上广泛栽培的‘杂种红丰’、‘新世界’，就是山东农业大学园艺学院陈学森等采用有性杂交与胚培相结合的方法育成，亲本为‘二花槽’×‘红荷包’。‘冀光’是河北省农林科学院石家庄果树所采用有性杂交育种方法育成，亲本为‘串枝红’×‘二红’，综合了亲本的优良特性；‘秋红李’是黑龙江省农业科学院园艺所于1982年以‘九三杏梅李’为母本，‘福摩沙’为父本杂交育成的，该品种抗寒性强，果个大，晚熟，极丰产。杏李是杏和李种间杂交种。美国农业科技人员自20世纪40年代开始进行杏和李杂交研究，于20世纪90年代成功培育出杏李杂交种。2001年中国林科院经济林研究开发中心首次从国外引进杏李杂交新品种：‘风味玫瑰’、‘风味皇后’、‘味馨’、‘味帝’、‘恐龙蛋’、‘味王’、‘味厚’，当年2月下旬在中国林科院南阳市农业高新技术示范园区建立了引种示范园，栽植成活率达100%，生长旺盛，当年平均树高280cm，平均冠幅157cm，平均主枝生长量165cm，7个品种的植株全部形成花芽。欧洲李是由樱桃李和黑刺李自然杂交形成的后代。

（二）杂交育种的方法

根据育种的目标和任务，从大量的育种资源中选拔最适合作为亲本的品种或类型。选择的范围不限于生产上推广的少数品种，应当包括广泛收集和研究的育种资源和杂种后代。选配亲本时还应注意：尽可能使亲本间的优缺点互补，要考虑主要经济性状的遗传规律，要考虑父母本在遗传上的差异，因母本在许多性状遗传上表现为优势。

杂交组合一经配置完毕，具体的杂交即开始，其方法如下。

1．花粉的采集和贮藏

在杂交授粉前，从父本树上采集发育好的大花蕾。在室内剥出花粉，置纸做的盒或培养皿内，在18～25℃条件下使其开药。将花粉收集在小瓶内，粘以标签，注明品种，放在干燥器中，于低温、黑暗条件下贮放，温度0～5℃，湿度30%以下，可贮藏6周。温度0～2℃及湿度25%条件下，可存贮2年。经长期贮藏或从外地寄来的花粉，应作花粉生活力的检查。简便易行的方法即花粉发芽试验，用1%琼脂和10%～15%蔗糖配成培养基，把培养基滴于载玻片上，播种花粉，置于温度为20～25℃，并保持一定湿度的箱内或培养皿内，数小时后镜检其发芽情况。

2．母本树及结果枝的选择

母本树应是健康的盛果期树。花枝以长果枝中上部花芽较好。

3．授粉和挂牌

在长果枝上选取中上部即将开放的大花蕾，剥花瓣露出雌雄蕊，待雄蕊花药尚未开放全部去雄，然后在雌蕊柱头上，用授粉匙或毛笔授父本花粉，套上纸袋，在枝上挂上写好组合代号的牌子。若母本花粉败育则可不必去雄，直接授粉即可。套袋前把没授粉的花蕾或已开放的全部摘除。每长果枝授粉3～5朵花即可。授粉1周后除去所套纸袋。

4．杂交果的采收及种子处理

果实八成熟时按组合标记分别采收杂交果。采后果实处理后，去果肉，并用刷把核上残留的果肉刷去，再用清水冲净，阴干后，分组合沙藏。

5．杂种苗的培育

若11月份播于温室中，翌年5月份，苗高80cm以上，基部干径1cm左右即可定植于杂种圃。若露地育苗可于3月下旬播种催芽，4月上旬移于大田，轻剪，一般第三年结果。

6．杂种后代的选择与淘汰

杂种实生苗进入结果期进行选择，选择的性状有花期、花器特征、果实成熟期、果实大小、外观、风味品质以及生长结果习性和产量，抗病性和其他抗逆性等。根据育种目标进行观察、鉴定和选留。一般初结果期可以淘汰1/3。经过3年观察鉴定选择初步确定优株，把优株接于选种圃，待结果后经过2～3年观察与鉴定，确定优系或类型后，少量繁育苗木进行扩大试种或中试。经过中试的观察鉴定，从优系中选出综合性状更为优良的进行审定和定名，即为新品种。从杂交到新品种的选出大约需要10～15年。

三、远缘杂交育种

选用亲缘关系较远的不同种或不同属间甚至不同科间的亲本进行杂交，称为远缘杂交。远缘杂交产生的杂种叫做远缘杂种。

远缘杂交是创造李杏新种类型和作物新品种的重要途径。通过远缘杂交，打破种属间的隔离，把两个或多个物种经过自然界长期进化积累起来的有益特性，在试验条件下进行重新组合，使之形成新的类型和新种，这些新类型或新种，可能具有近缘杂交所不能获得的优良特性（抗病、抗虫、抗逆性强、优质等）。

远缘杂交育种在创造李杏新类型和获得有价值的新品种方面，具有重要意义。Lesnichii (1979) 用李子与樱桃李远缘杂交得到很高的坐果率。Len.Kov(1990) 用桃品种 (Zholeznyi Kantsler) 和巴旦杏 (Posrednik) 杂交获得了3个果实。甘肃农业科学院张掖试验场刘保等自1978年以来，开始探索苹果与杏、桃亚科间的杂交，到1990年为止，选育出15个开花结实的株系，杂种对环境条件反应敏感。沈阳农业大学的王善广等 (1991)、长春农业科学院园艺所李锋、张凤芬等 (1995) 先后对李杏杂交亲和性进行了探索，发现李 × 杏的亲和性较强，可得到较多的杂种后代。西北农大园艺系马锋旺等于1992～1993年进行了桃 × 杏杂交，亲和性观察的结果表明，桃和杏杂交亲和力小。曾烨等 (2000) 以李为母本，杏为父本进行杂交，选育出“龙园杏黄”

新品种。另外，存在自然杂交产生的远缘杂种，如福建的萘，果形似桃，但果面不披绒毛，肉质似李，品质优良，可能是李与桃的种间自然杂交种。还有杏梅，许多研究结果证明是杏和李的天然杂交种。

（一）克服远缘杂交不易交配的方法

1．亲本的选择与组配

(1) 用两个物种内不同变种或品种广泛测交，选找适当的亲本，以克服远缘杂交不易交配性。

(2) 注意正反交差异，确定合适的母本。通常选择花粉渗透压小、栽培种、染色体数多的做母本。

2．媒介法（桥梁法）和预先无性接近法

(1) 媒介法：寻找能分别与双亲杂交的第三种作物做媒介，使杂交获得成功。

(2) 预先无性接近法：将不易杂交的一个亲本的营养体嫁接到另一物种的植株上，使它们彼此的生理状况得到接近，然后再进行远缘杂交，易于得到种子。

3．采取特殊的授粉方式

(1) 混合授粉：父本不亲和性花粉中掺入少量母本亲和性花粉，可解除母本柱头上分泌的阻碍异种花粉发芽的特殊物质；不亲和性花粉与亲和性花粉混合授粉，利用亲和性死花粉的蛋白质，使柱头识别上发生误差，“蒙骗”过关。

(2) 重复授粉：由于母本柱头的成熟程度和生理状况在不同时间内有所不同，故在不同时间内重复授粉就可能遇到柱头最适宜的授粉时期。

(3) 提前或延迟授粉：母本柱头上分泌的识别物质，在柱头未成熟和过度成熟时可能都处于最低状态，此时授粉有可能提高远缘杂交的可交配性。

4．染色体预先加倍

在远缘杂交前将亲本的染色体加倍，能促进杂交成功。

5．理化因素处理

通过温度、紫外线、电离辐射、植物激素等作用处理母本去雄花器官或父本花器官后再进行授粉，可使远缘杂交成功。

6．柱头手术、子房受精与试管受精

柱头手术：将母本柱头剪短，使花粉经历较短的行程到达胚囊，也可以将父本已经授粉，花粉刚发芽的柱头割取上端部分移植到母本柱头上。

子房受精：切除花柱，将花粉直接散在子房顶端。

试管受精：先将未受精的胚珠从子房中剥出，在试管内进行离体人工培养。

7．细胞融合

在有性远缘杂交不能进行时，可采用体细胞杂交获得种属间杂种。

（二）克服远缘杂种夭亡不育的方法

1．利用化学药剂处理杂种合子，促进幼胚发育

有些远缘杂交受精后幼胚很快死亡，而受精后有某些化学药剂处理则有利于杂种幼胚的发育。

2．杂种胚的离体培养

获得远缘杂种的一大障碍是杂种胚发育不良，可在不利条件发生前，将杂种胚取出进行离体培养，直到生长出叶和根，以获得可育的杂种。或者可在受精后若干天或种子成熟后将胚取出，植于培养基中培养，直至长出根和叶，能够自养时再移入土壤。

3．杂种染色体加倍

凡 2 个远缘亲本具有不同染色体组以及不同染色体数时，常常因为染色体不能配对而导致杂种不育，这种情况下，采用染色体加倍，可有效地获得双二倍体杂种，克服不育性。

4．利用回交法

(1) 杂种表现雄性配子败育，而雌性配子中常有少数比较正常，这种情况采用亲本之一的正常雄配子，对杂种的雌配子授粉，即可得到少量回交杂种种子，该方法简易有效。

(2) 当杂种的染色体数目过多时，染色体加倍不易成功，也可用回交法。在回交试验中，回交亲本不同，回交结实率有很大差异，用多个品种回交，可以收到更好的效果。

5．延长杂种生育期

当采用以上几种方法处理后仍得不到杂种后代时，可以设法将杂种保留下来，因为有些杂种可通过自动调节或人工特别培养而逐渐恢复生殖机能。

6．其他方法

(1) 嫁接：将杂种 F_1 嫁接到母本植株上。

(2) 特殊基因的利用。

(3) 广泛测交。

（三）远缘杂种后代分离的控制方法

1．F_1 染色体加倍

用秋水仙素等药剂处理，使杂种染色体数加倍，形成二倍体不仅能使杂种可育，也能加速后代的稳定，但由于杂种是由双亲的染色体组加倍而成，异源野生亲本的遗传性状也会结合到所有杂种中去，难以选优去劣，还

需通过双二倍体新种不同品系之间的杂交或利用亲本之一与之回交选育，才可能创造出有应用价值的新物种或新品种。

2. 诱导远缘杂种产生单倍体

远缘杂种的花粉大多不育，也有少数具不同程度的生活力，因此，F_1 花粉→（离体培养）单倍体植株→（染色体加倍）纯合二倍体。这一方法可克服性状分离，迅速获得稳定的新类型。

3. 诱导产生异附加系等

利用异附加系是远缘杂种中保留野生种的一对染色体（此染色体带有控制要引入性状的基因），代换系是用野生种的一对染色体代换了栽培种控制不利性状的一对染色体；利用染色体节段转移产生易位系，可把仅仅带有目标基因的染色体节段转移给栽培品种。

4. 回交可克服杂种的不育性，也可控制疯狂分离

（四）远缘杂种后代的处理特点

1. 早代种植较大的群体

杂种早代需种植较大的群体，并采用适宜的育种方法，远缘杂种 F_2 及以后世代普遍出现不同程度的不育性，生长不良的植株较多，还有一些畸形植株，有的中途夭亡，有的发芽率低，出苗率低，所以 F_2 ~ F_3 所要求的分离群体要比品种间杂交组合大得多，在较大的群体中才有可能通过分离、重组和选择，选出优良基因组合的个体。

2. 放宽早代材料选择标准

对于某些 F_2 代分离不明显的远缘杂种不要轻易淘汰，在 F_3 后还可能出现显著的性状分离，可混播、混选，到显著分离时再单株选择。

3. 采用适宜的处理方法

回交法、混合法由于杂种后代群体大，采用系谱法有相当大的困难，故可根据育种目标和亲本材料的不同，采用不同的处理方法。若是利用某一远缘亲本改进本地品种的某一性状，且该性状遗传力高，则宜采用回交法，如果考虑到亚种或种中的一些性状或适应性，想把这些性状结合起来，培育出生产力和适应性好的品系时，采用混合法比较适宜。

歧化选择的应用，歧化选择是指在分离群体中选择那些极端类型互交后再选择，可增加双亲染色体发生交换的机会，有利于打破有利与不利性状间的连锁，使控制有利性状的基因发生充分重组，这样按育种目标经过多代歧化选择，有可能把双亲较多的有利性状结合在一起，选出综合性状超过双亲的新品种。

四、分子生物技术育种

李杏栽培历史悠久，长期以来，人们靠营养繁殖来保持遗传的相对稳定，靠引种、选优、实生选种、杂交选种、芽变等手段来改良树种，但李杏的生命周期长，遗传性高度杂合，自交大多不孕，给育种工作造成了许多困难，现代生物技术的兴起，给育种开辟了全新的道路，人们利用体细胞变异的诱导和利用、花粉和花药培养、遗传转化及遗传育种相关的其他分子生物学技术，近年来取得了较大进展，已在优良树种的快速繁殖、种质保存、品种选育等许多领域得到广泛利用。例如，用花药和花粉培养能在一年之内产生纯合的植株和等位基因系，而常规育种法可能要花 4 ~ 6 年。克服李杏种间、属间杂交不亲和性，可以广泛重组李杏优良基因，创造新种。

（一）胚培育种

胚培是李杏组织培养中开展最早、应用最广泛的一项技术。胚抢救技术解决了远缘杂交中胚的败育问题，给核果类早熟品种的选育提供了有效途径，在解决其育种周期长、树种品种育种效率低等障碍而造成的品种改良难等方面显示了巨大的潜力，已在杏、李、桃、樱桃、葡萄、苹果、柿等树种上获得成功。我国从 20 世纪 70 年代开展此项研究，在核果类特早熟品种的选育方面成绩最突出。在李杏胚培养方面也取得了很大的进展。影响胚培的因素主要以下几点：

1. 胚龄

一般胚在树体上发育时间越长，成苗效果越好，球形期以前的胚几乎不能存活，心形期、鱼雷形、子叶形成期的胚，成苗率依次提高，但不同的树种适宜的取材时间不同，李杏则在硬核时才能获得较高的成苗率。

2. 培养基

多数树种以 MS 为基本培养基，但依树种、品种及培养目的不同而有所区别。如硬熟期李杏胚培时 Tukey 优于 l/ZMS，l/ZMS 优于 MS，CZD 更适于诱导胚重增加，SBH 则适宜诱导胚长的加长。一般胚龄越小的胚，需越复杂的培养基。通常激素及有机添加物是必需的。但也有学者认为，没有证据表明离体的成熟或未成熟胚的正常发育需要外源生长调节物质，生长素对胚的生长通常表现为抑制作用，但具体培养时应依品种、胚龄、培养目的而确定所用激素和添加物的种类及浓度。

3．低温处理

一定时间的低温处理对李杏胚培是必需的，李一般需1～5℃低温处理60～120d，杏需1～3℃低温处理80d以上产生正常苗。近年来胚培工作者尝试用一定浓度的GA、6-BA代替低温处理打破种子休眠，取得了良好的效果。胚培技术是目前较成熟的技术之一，但未来研究仍需拓宽范围，应加强胚成苗途径的控制、提高胚成苗率等方面的研究。

（二）花药和花粉培养育种

花粉和花药培养主要用于获得单倍体，经染色体组加倍以后得到纯系，可以缩短获得纯系的时间，便于研究遗传规律，提高选育效率，解决多年生杂合李杏育种中存在的难题。同时还可用于制造缺体和其他非整倍体，扩大遗传种质。

（三）离体培养诱导育种

离体诱变以其短期内可获得大量个体突变体，较易设计出有效的筛选突变体方法和可定向选择出少量的特异突变体而越来越受到人们关注。用于离体诱变的诱变剂分物理诱变如γ射线、X射线等。化学诱变如烷化剂、碱基类似物及一些抗菌素等。具体操作时可用一种或两种以上的诱变因子复合处理。

（四）原生质体培养与细胞融合

自1960年Cocking用酶法分离出高等李杏原生质体后，原生质体的研究得到了深入的发展。原生质体技术不仅是细胞工程的重要组成部分，也是基因工程研究的重要基础，原生质体因除去了坚硬的细胞壁而成为易于接受载有外源基因的理想材料，并有可能在培养成再生植株后，外源基因所控制的性状得到表达。我国研究者获得了山杏原生质体再生植株。

（五）基因工程育种

基因工程又称重组DNA技术，是指将应用DNA克隆技术获得的目的基因插入病毒、质粒或其他载体分子，在构建遗传物质新组合后，将其导入原来没有这类分子的寄主细胞或个体，并能持续稳定的表达，从而产生出人类所需的新个体。自1980年首次获得转基因烟草、马铃薯后，李杏转基因技术的研究，已成为生物技术的热点研究课题之一。李杏的基因型多为杂合，杂交后代会产生复杂多样的分离，因此把许多优良性状集中在一个李杏品种上非常困难。基因工程为育种开辟了新的途径，李杏一旦获得转基因品种，且目的基因如期望表达，就可以通过组织培养、嫁接或扦插等无性繁殖方式来大量繁殖。由于不通过有性繁殖，后代性状保持一致，其遗传稳定性较好。

1．转化果树中难生根种类，获得易繁殖的转化

果树中有许多品种或砧木因生根困难，使其繁殖受到很大限制。现已通过利用野生型发根农杆菌或带有发根农杆菌*rol*基因的致瘤农杆菌等转化而得到解决。首例成功转化的木本植物是扁桃品种。已在几种不同的砧木和品种获得了嵌合植物。

2．基因工程可以提高果树抗病、抗虫性

李杏病害主要由病毒及类病毒、真菌和细菌引起。对于病毒病，通常导入病毒外壳蛋白基因，细菌病和真菌病则通常通过导入几丁质酶基因等分别控制。来自苏云金杆菌的Bt蛋白基因等则成为果树抗虫转基因的目的基因。已获得的转Bt基因果树种类有苹果、梨、甜橙、柑梅、葡萄、越橘、洋梨、胡桃、悬钩子、番木瓜、花楸果、板栗等。此外，也有应用番木瓜环斑病毒(PRV)外壳蛋白基因提高杏对PPV的抗性的报道。

3．改良生长特性

通过转基因手段改良品种或砧木生长特性。目的在于使树形缩小和改变叶幕结构，培育紧密型的、短枝的、矮化半矮化的和垂枝的新品种，以适应高密度栽培的需要。通过发根农杆菌感染将*rolA*，*rolB*或*rolC*基因导入李杏，可促进树体矮化和分枝，亦促进生根，已在苹果、枳、梨和猕猴桃上获得成功。近年来，相关的研究主要集中在樱桃等树形较大的树种上。已获得含有发根农杆菌全长T-DNA的转基因樱桃砧木Colt的茎培养物与体细胞胚。与对照相比，所有的转基因的克隆植株株高、节间、叶面积和叶柄长度都显著降低，这些植株在秋季保持更多的绿叶和更好的长势。

4．调节果实的成熟及其品质

多数核果类的果实贮藏期都比较短，果实成熟时快速软化，通过基因工程手段对其进行遗传改良，干扰纤维素酶和多聚半乳糖醛酸酶基因的表达，调节果实的成熟软化，有利于采收及采后贮运和销售。金勇峰等已先后从桃品种'五露'克隆了ACC氧化酶和AC合酶的基因，且已构建前者的反义植物表达体系，若转化桃获得成功，可望阻抑果实软化期该基因的表达，从而提高果实的耐贮性。李、杏果实切开后容易褐变是酚类氧化所致，多

酚氧化酶在此过程中起着重要作用，为此，Murata 等反义导入该基因，可获得抗褐变的李、杏愈伤组织，后续研究仍在进行。

5．提高抗霜冻性

冬季低温是北方栽植李杏的主要限制因子。某些冬季休眠期较短的品种开花较早，易受晚霜的危害，因此应注意增强李杏的抗冻性。通过抗冻基因 AFP 就可能改变李杏的抗冻性，这方面的研究工作较少，目前只有 Dolgov 等报道获得 7 个含有抗冻基因的酸樱桃转化系，目的是为了防止春季霜冻时细胞内冰晶的形成，但唯一的缺憾是至今未在转化物中表达出相应的蛋白质。

综上，运用先进有效的分子生物学手段，结合我国丰富的特有的遗传资源，分离、克隆有自主知识产权、有重要经济价值的新基因，是我国基因工程发展的当务之急。而生物技术在李杏育种上已具有相当广泛性和雄厚的基础。随着研究手段的不断更新和改进，及细胞生物学和分子生物学等理论与技术的发展，将基因克隆及基因工程等高技术与细胞培养、原生质体培养以及组织、器官的培养方法有效地结合起来，形成一个复杂的组织培养操作系统，并将该系统与常规育种有机地结合起来，将在李杏抗病、抗虫和改良农艺性状等方面发挥更大的作用。

（六）分子标记的应用

分子标记是以生物大分子，尤其是核酸的多态性为基础的遗传标记，具有迅速、准确、灵敏度高等特点。近年来检测 DNA 的分子标记技术发展十分迅速，目前 RFLP、RAPD、AFLP、SSR、STS、SCAR 等方法在分类研究、品种鉴定、系谱分析、遗传图谱构建、基因标记等方面得到广泛应用。该技术最突出的优点是多基因控制的复杂性状可被分析。分子标记技术对李杏育种工作有很大的影响。许多李杏在开花结果前需要经过很长的幼年期，这为李杏新基因型的培育和选择带来很多不便。但是如果对某一优良性状进行遗传标记，在幼苗阶段即可进行选择。因此，分子标记可加速李杏的育种进程。

五、李杏种质资源创新

20 世纪 80 年代以后，随着我国杏种质资源的调查、搜集和研究，国内许多大专院校、科研机构和生产推广部门相继采用杂交、实生选种和地方品种评优的方法进行杏种质资源创新，选育出了一大批杏新优品种或创新种质。各新优品种、创新种质按选育单位归属如下：

山东农大园艺学院陈学森 1993 年采用‘二花槽’ ×‘红荷包’杏品种间杂交，辅于胚培养的方法培育出了‘红丰’(代号 90-08) 和‘新世纪’(代号 90-11-112)，采用‘凯特’ ×‘新世纪’ 杏品种间杂交，结合胚培养的方法培育出了‘山农凯新 1 号’ 和‘山农凯新 2 号’，2004 年通过国家林业局植物新品种权保护办公室组织的专家审定，被授予植物新品种权。

山东省果树研究所石荫坪、王强生等于 1990 年用‘红荷包杏’ ×‘二花槽杏’ 杂交，培育成了‘试管红光 1 号’、‘试管桃杏 1 号’、‘试管早荷 1 号’、‘试管早荷 2 号’ 和‘试管早红 1 号’，用‘红荷包杏’ ×‘麦黄杏’ 杂交育成了‘试管红光 2 号’ 和‘试管红光 3 号’，用‘红荷包杏’ ×‘二花槽杏’ 杂交育成了‘试管甜丰’。2000 年 5 月通过山东省科技厅组织的国内同行专家鉴定。王少敏、王家喜等从 20 世纪 90 年代初与国外开展合作育种的杂种实生苗中筛选出了新品种‘鲁杏 1 号’（编号 93-6）和‘鲁杏 2 号’（原名巨杏 1 号）。2006 年 12 月通过山东省林木品种审定委员会审定并定名。

山东省泰安市林业局 1985 年在组织开展对本市果树资源普查中，发现了属于偶然实生的珍珠油杏，2004 年 6 月通过了省内专家的品种鉴定，并定名。2006 年 12 月通过山东省林业局林木良种审定委员会审定。

山东省崂山林业局 1980 年从山东崂山少山杏资源中选出了一株实生树，1980 年经鉴定命名为崂山红杏，1982 年被山东省农业局列为全省推广品种。

山东省邹城市钟山稀有林果资源开发研究所等单位从山东省邹城市杏资源中选出了杏新品种‘鲁南早红杏’，2005 年 6 月通过山东省济宁市科技局组织的专家鉴定。

吉林长春市农业科学院方玉凤、李锋等 1979 年采用杂交育成了‘长春 5 号’［‘山杏’ × 混合花粉（‘孤山杏梅’ +‘白果杏’，代号 80-7-5］、‘长春 160’（‘山杏’ ×‘梅桃杏’，代号 80-1-60)、‘长春 163’（‘山杏’ ×‘梅桃杏’，代号 80-1-63）和‘长春 363’（‘山杏’ ×‘孤山杏梅’，代号 80-6-63)。

吉林农业大学农场‘延边大白杏’ 实生苗中选出农大白杏。吉林农业大学冯玉才选育出同发大杏。

中国农业科学院郑州果树研究所 1994 年在河南郑州发现了一农家品种，1998 年选为优良新品系（代号为 98-8)，并暂定名‘金香’。同年选出农家株选优良新品系‘早金蜜’（暂定名，原代号 98-6）。

黑龙江宝清县 597 农场白琳于 1961 年实生播种，并于 1967 年选出‘龙垦 1 号’（代号 597-1）、‘龙垦 2 号’（代号 597-2）、‘龙垦 3 号’（代号 597-13）、‘龙垦 4 号’（代号 597-14）、‘龙垦 5 号’（代号 597-5）、‘龙垦 8 号’（代号 597-8）、‘龙垦 10 号’、‘龙垦 15 号’。

黑龙江省农业科学院园艺分院曾烨等人 1982 年播种‘义和’杏自然杂交种，从实生苗中选出‘龙园桃杏’（代号 82-2）。1995 年 2 月通过省农作物品种委员会审定并命名。牟蕴慧、周野等 1984 年通过李和杏不同属间的有性杂交培育成了杏新品种‘龙园甜杏’[代号 85-20-13，母本：79-7-1(北方二号李 × 大接杏)，父本：79-15-14(631 杏 × 大接杏)]，2006 年 2 月通过黑龙江省农作物品种审定委员会审定并命名。1984 年，以 79-7-1(北方二号李 × 大接杏)为母本，79-15-14(631 杏 × 大接杏)为父本进行杂交获得龙园黄杏(原代号为 85-20-17)。2000 年 2 月，通过了黑龙江省品种审定委员会审定并命名。黑龙江省农业科学院牡丹江农业科学研究所以‘631 杏’与‘兰州大接杏’杂交育成牡红杏，1999 年 2 月通过黑龙江省农作物品种审定委员会审定并命名。

西北农林科技大学园艺学院邹养军、马锋旺等通过杏品种间杂交育成了优良杏新品种‘凌浓 2 号’（‘玛瑙’ ×‘兰州大接杏’）。2006 年 12 月通过了陕西省果树品种审定委员会审定并命名。西北农林科技大学园艺学院果树研究所从陕西关中地区发现的自然实生苗中选育出了‘秦杏 1 号’。

西安市杏果研究所选育成了极早熟鲜食杏新品种‘丰园红’，该品种 2008 年通过了陕西省果树品种审定委员会的审定。

甘肃兰州从当地选出了优良单株‘安宁 17 号’、‘安宁 18 号’。

浙江省义乌市林业局于 1989 年从农家品种中评选出了优良单株，分别是义乌 89-1、义乌 89-2、义乌 89-3、义乌 89-4、义乌 89-5、义乌 89-6、义乌 89-7、义乌 89-8、义乌 89-9、义乌 89-10、义乌 89-11、义乌 89-12、义乌 89-13、义乌 89-14。

山西农业科学院在黄土高原地区农户果园中筛选了短枝大杏新品种。该品种是目前国内外报道的第一个短枝型杏树品种。

山西省农业科学院果树研究所从亚美尼亚引进的优良品种‘埃里温’中选出了‘金亚’，2004 年 2 月品种通过山西省农作物品种委员会审定并命名。田建保、陈秋芳等在山西省大棚栽培的‘金太阳’杏中发现的矮化变异品种‘金矮杏’，2006 年 12 月通过山西省林木品种审定委员会认定。

河北农业大学吕增仁等于 1984 ~ 1985 年对山杏和杏的染色体进行了核型分析，阐明两者为近缘植物，为遗产学、育种学研究提供参数，该研究 1987 年获得河北省教育委员会科技进步三等奖；1986 年通过播种‘串枝红杏’的实生种子，从实生后代中选出了 CS-02、CS-17、CS-79、CS-191，1990 ~ 1994 年培育成‘金星’、‘明星’和‘巨星’3 个杏新品种，均较抗晚霜；1985 ~ 1990 年周怀军等将栽培杏划分了 22 个类型，选出了 7 个较优良的单株和 2 个具有特殊价值的种质资源，建立了山地杏树丰产栽培技术体系，1987 年获河北省教育委员会科技进步三等奖；2006 年审定了极早熟品种‘大石早生’、中晚熟品种‘黑宝石’、极晚熟品种‘安哥诺’和中晚熟品种‘龙园秋李’4 个李品种，2008 年通过河北省林木品种审定委员会审定‘美丽李’、‘黑琥珀’2 个李品种；河北省围场满族蒙古自治县林业局与河北农业大学选出的抗寒仁用杏新品种，2007 年 12 月通过河北省林木品种审定委员会审定，定名为‘围选 1 号’，2010 年通过国家林业局林木品种审定委员会审定，良种编号 S-SV-PA-018-2010；由杨建民等主持完成的“李生物学基础和高效配套技术体系研究与示范推广”2005 年获河北省科技进步二等奖，由李彦慧主持完成的“仁用杏霜冻害综合防御关键技术”获 2012 年河北省科技进步三等奖。

石家庄果树研究所赵习平、常振田等于 1987 年以‘串枝红’为母本，‘二红杏’为父本杂交培育出了‘冀光’，2001 年 12 月通过河北省林木品种审定委员会审定并定名。1992 年开始对省内杏资源进行筛选，于 2000 年选出了极早熟品种‘甘玉’，2002 年 11 月通过河北省林木品种审定委员会审定。1992 年以‘串枝红’为母本，以‘早满黄’为父本进行杂交选育出了‘早美红’，2005 年 10 月通过了技术鉴定。‘早金丰’原产于河北辛集（农家品种名‘菜籽黄’），2002 年 5 月通过河北省石家庄市林业局组织的技术鉴定。

河北省沧州市农林科学院 1986 年采集性状优良的早熟杏（在 6 月上旬成熟）的自然杂交种核为材料，经实生苗培育，将表现较好的 89-6-8．89-6-16 株系经初选、复选、决选和区试等，从中选育出的杏新品种‘沧早甜杏 1 号’、‘沧早甜杏 2 号’，2004 年 5 月通过河北省林业局科技成果鉴定。

下篇　主要种质资源

第四章

李主要种质资源

第一节 鲜食、加工李种质资源

1 爱琴李

Aiqinli

产地及分布 原名Agen，原产法国，约1855年左右传入中国烟台，现分布于山东、河北、辽宁等地。1982年引入并保存辽宁国家果树种质熊岳李杏圃。

经济学性状 果实椭圆形，平均单果重33.8g，最大果重43.0g。果实纵径3.9cm，横径3.3cm，侧径3.7cm。果顶凹，缝合线浅，明显，片肉对称；梗洼处突起。果皮底色黄绿，着紫红色，果皮厚，果粉白色。果肉绿色，肉质松脆，纤维多细，汁多，味酸甜，无香味。可溶性固形物15.8%，pH值4.2，总糖8.7%，总酸0.8%。粘核，核椭圆形，表面较光滑。果可食率96.1%，品质中上，在常温下果实可贮放10～15d。

植物学性状 树冠圆头形，树势较直立。在国家果树种质熊岳李杏资源圃中4月中旬花芽萌动，5月上旬盛花期，花期6～8d，9月上旬初果实成熟，果实发育期约120d。4月中下旬叶芽萌动，10月下旬落叶，营养生长期约185d。

综合评价 适应性广，品质好，晚熟，但产量较低。

2 安哥诺李

Angenuoli

产地及分布 美国加利福尼亚州十大主栽品种之一。1994年引入我国，现分布于河北、山东、辽宁等地。2006年12月12日通过河北省林木品种审定委员会审定，编号为冀S-ETS-PS-003-2006。

经济学性状 果实扁圆形。平均单果重102g，最大果重178.0g。果顶平，缝合线浅且不明显。果柄中短，梗洼浅广。果实开始为绿色，后变为黑红色，完全成熟后为紫黑色。采收时果实硬度大，果面光滑而有光泽，果粉少，果点极小、不明显，果皮厚。果肉淡黄色，近核处果肉微红色，不溶质，清脆爽口，质地致密、细腻，经后熟后，汁液丰富，味甜，香味较浓，品质极上。果核极小，半粘核。可溶性固形物15.2%，总糖13.1%，可滴定酸0.7%。果实耐贮存，常温下可贮存至元旦，冷库可贮存至翌年4月底。

植物学性状 树冠纺锤形，树姿较直立。新梢绿色，1年生枝黄褐色，斜生，多年生枝褐色。叶片椭圆形，基部楔形，先端长突尖，叶缘复锯齿，叶片平滑，绿，叶脉明显，叶背叶脉上有茸毛，叶柄长1.4cm，蜜腺小、肾形、1或2个。两性花，花单瓣，5瓣，白色，花萼浅绿色，每芽花朵数1～2朵。树势中庸，萌芽率83.2%，成枝力2.4%。自花不结实，自然坐果率10.9%，以短果枝和花束状果枝结果为主。在河北易县初花期为4月上旬，8月果实开始变为黑红色，9月中旬转为紫黑色，采收期为9月下旬。在熊岳地区，3月末4月初花芽萌动，4月下旬开花，8月中下旬开始着色，9月末10月初果实成熟。4月下旬展叶，10月下旬落叶，树体营养生长期约200d。

综合评价 耐旱力较强，抗病虫害较强，可加工成李干、李脯等，是很有发展前途的极晚熟品种。

图4-1 ‘安哥诺李’局部结果状

3 北京晚红李

Beijingwanhongli

产地及分布 别名紫李、北京紫李、三变色李。原产北京，现分布于河北、北京、辽宁等地。

经济学性状 果实卵圆形，平均单果重 30.6g，最大果重 61.1g，果实纵径 3.8cm，横径 3.6cm，侧径 3.9cm。果顶尖，缝合线浅，片肉不对称，梗洼深广，圆形。果皮底色黄绿，着暗紫红色，果皮中厚，白色。果肉黄，肉质硬中粗，纤维多，味甜酸，稍涩，有香味。可溶性固形物 11.6%，pH 值 3.9，总糖 6.0%，总酸 1.3%，Vc 含量 5.91mg/100g。粘核，核椭圆形。果实可食率 96.1%，品质中上，常温下果实可贮放 10 ~ 15d。

植物学性状 树冠自然半圆形，树势半开张，树皮灰褐色，1 年生枝红褐色，无毛，有光泽。叶片倒卵圆形，基部光楔形，先端渐尖，叶缘锯齿细锐。每个花芽 2 ~ 3 朵花。树势中庸，萌芽率 71.3%，成枝力 20.1%。2 ~ 3 年开始结果，6 ~ 7 年生树进入盛果期。以花束状果枝和短果枝结果为主，坐果率较高，采前落果轻。在北京地区 3 月中旬花芽萌动，4 月下旬展叶，11 月中旬落叶。

综合评价 抗病、抗寒、抗旱性较强，是较好的鲜食品种，也可制李子罐头。

4 长李 15 号

Changli 15 hao

产地及分布 是吉林省长春市农业科学研究所于 1983 年用‘绥棱红李’×‘美国李’杂交育成，1993 年鉴定命名。现分布于吉林、黑龙江、辽宁、北京和甘肃等地。

经济学性状 果实扁圆形，平均单果重 35.2g，最大果重 65.0g，果实纵径 3.5cm，横径 4.3cm，侧径 4.3cm。果顶凹，缝合线深，片肉对称，梗洼深而广。果皮底色绿黄，着紫红色，果皮较厚，易剥离。果粉厚，白色。果肉浅黄色，肉质致密，纤维少，汁液多，酸甜，微香。可溶性固形物 14.2%，pH 值 4.6，总糖 8.2%，总酸 1.1%。半离核，核椭圆形，表面光滑。品质上等。

植物学性状 树冠半圆形，树姿开张。树干呈棕褐色，表皮半革质，较光滑，多年生枝灰褐色，表面有波状纹理；1 年生枝红褐色，有光泽，当年新梢呈绿色，阳面红色，光滑无毛，皮孔灰白色，小而密。叶面深绿色，叶尖短突尖，叶基楔形，叶缘具有小而密的钝锯齿，叶面光滑无毛，叶脉红色，叶基具 2 ~ 4 圆形较大的黄褐

图 4-4 ‘长李 15 号’局部结果状

图 4-2 ‘北京晚红李’局部结果状

图 4-3 ‘长李 15 号’整株结果状

图 4-5 ‘长李 15 号’果形

色蜜腺。花白色，单瓣，中大。树势强，萌芽率 88.2%，成枝力 21.3%。幼树以 1 年生中长果枝结果为主，成龄树以花束状果枝和短果枝结果为主。2～3 年生开始结果，4～5 年生进入盛果期。在长春地区 4 月中旬花芽萌动，5 月上旬盛花期，7 月中下旬果实成熟，果实发育期 70 天。10 月上旬落叶，营养生长期 185d。在河北保定 4 月上旬为盛花期，6 月中下旬果实开始着色，7 月初果实成熟。在国家果树种质熊岳李杏资源圃 4 月上旬萌芽，4 月中旬开花，花期持续 10d，7 月上中旬成熟。

综合评价　果实外观美，成熟早，丰产，耐贮运，品质上，抗逆性较强，抗李红点病、细菌性穿孔病，较抗日烧病。

5 长李 84 号

Changli 84 hao

产地及分布　是吉林省长春市农业科学研究所 1981 年用‘跃进李’×‘西瓜李’杂交培育的品系，1987 年选为优系。1993 年鉴定公布，现于黑龙江、辽宁、甘肃等地均有栽培。

经济学性状　果实卵圆形，单果重 42.5g，最大果重 59.0g，果实纵径 4.5cm，横径 4.1cm，侧径 4.2cm。果顶圆，缝合线平，片肉对称，梗洼深而广。果皮底色淡绿，着红色，表面果点明显，黄褐色，果皮厚，易剥离，果粉中厚，白色。果肉红色，肉质松脆，纤维中，汁液多，味甜，浓香。可溶性固形物 12.0%，pH 值 5.2，总糖 7.9%，总酸 1.2%。离核，核长圆形，表面光滑。品质上等。

植物学性状　树冠半圆形，树姿直立。树势强，萌芽率 93.9%，成枝力 21.0%。以短果枝和花束状果枝结果为主。采前落果中等。3～4 年生开始结果，5～6 年生进入盛果期。在长春地区 4 月中旬花芽萌动，5 月上旬开花。8 月中下旬果实成熟。10 月中旬落叶。在国家果树种质熊岳李杏资源圃 4 月下旬盛花，8 月中果实开始着色，8 月中下旬果实成熟，4 月中旬叶芽萌动，11 月上旬落叶。

综合评价　抗寒性，抗李红点病和蚜虫，适应性强，丰产，果实外观美，品质上，适宜鲜食和加工果汁。

图 4-6 ‘长李 84 号’局部结果状

6 赤峰紫李
Chifengzili

产地及分布 别名赤峰大李，原产内蒙古赤峰，系古老农家品种。现分布于内蒙古、辽宁等地。

经济学性状 果实扁圆形，平均单果重 66.6g，最大果重 118.0g。果实纵径 4.6cm，横径 4.9cm，侧径 5.0cm。果顶平广微凹，缝合线浅，显著，片肉对称，梗洼中深、中广。果皮底色黄，着暗红或鲜红色；果点黄色圆形，中等大，较密集，果皮厚而韧，难剥离。果粉厚，白色。果肉黄色，近核部黄白色，肉厚致密，纤维少，果汁极多，味酸甜，香气浓。可溶性固形物 18.0%，pH 值 3.8，总糖 10.0%，总酸 1.2%。粘核，椭圆形，浅黄褐色，核尖端尖圆，种仁小、饱满。果实可食率达 97.6%，品质上等。常温下果实可贮放 10d 左右。

植物学性状 树冠为杯状形或自然开心形，树姿下垂，分枝角度大。主干树皮条状裂，粗糙，暗灰色。枝条较密，多年生枝灰褐色，1 年生枝黄褐色，自然斜生，无绒毛，皮孔小，白色，圆形，稀疏。叶片纺锤形，基部楔形，先端急尖，叶片绿色，叶缘有皱纹，锯齿细、浅，多为复锯齿，叶背主脉淡绿色。花白色，5 瓣，每花芽有 2 ~ 3 朵花。树势中庸，萌芽力强，成枝力弱。3 年生开始结果，8 年生达到盛果期，经济寿命在 35 年左右。在呼和浩特 4 月上旬花芽萌动，5 月上旬或中旬开花，花期 10d 左右，8 月上旬果实开始着色，8 月中旬果实成熟。4 月下旬叶芽萌动，10 月下旬落叶；营养生长期 195d 左右。

综合评价 为古老的农家品种，抗寒力强，丰产，品质优良，是较好的制罐品种。在年平均气温 5.6℃以上的地区均可以栽培，但花期及幼果期往往易遭受晚霜危害。抗蚜虫、红蜘蛛能力较强。

图 4-7 ‘赤峰紫李’局部结果状

7 大玫瑰李
Dameiguili

产地及分布 原名 Great Rosa，原产欧洲。1855 年左右传入中国烟台，现分布于山东、河北、辽宁等地。

图 4-8 ‘大玫瑰李’果形

经济学性状 果实卵圆形，平均单果重 53.7g，最大果重 74.5g，果实纵径 5.13cm 米，横径 4.04cm，侧径 4.38cm。果顶平或微凹，缝合线浅，片肉较对称。梗洼浅。果皮底色绿黄，着鲜红色，果点黄色，小而疏，果皮富有韧性，不易剥离，果粉厚，灰白色。果肉黄色，肉质致密，果汁多，纤维较粗而少，味酸甜，有香气。可溶性固形物 12.8%，pH 值 4.0，总糖 7.5%，总酸 1.4%，单宁 0.3%。离核，核大，长圆形，黄褐色，表面较粗糙，具粗而较深的核纹，顶部钝圆，有微尖，基部狭楔形。种仁较饱满。果可食率 97.7%，鲜食品质上，在常温下果实可贮放 7 ~ 10d。

植物学性状 树形为纺锤形，树姿直立。主干较粗糙，树皮纵裂，深灰色。枝条较密，多年生枝深褐色，1 年生枝紫褐色，直立生长，无绒毛。叶卵圆形，基部宽楔形，先端短突尖，叶色浓绿；叶边缘较平，锯齿粗，钝，多为复锯齿，叶背面主脉绿色，带浅红色。花白色，5 瓣，雄蕊 27 ~ 31 枚，每芽有花 1 ~ 2 朵。树势强壮，根系分布较深，须根较多，萌芽率 67.2%，成枝力 23.5%，自花授粉结实率 10.7%，人工授粉结实率可达 31.5%。栽后 4 ~ 5 年生开始结果，7 ~ 9 年生可进入盛果期，一

图 4-9 ‘大玫瑰李’整株结果状

图 4-10 ‘大玫瑰李’局部结果状

般经济寿命 40 年左右。在国家果树种质熊岳李杏资源圃 4 月中旬花芽萌动，4 月下旬或 5 月上旬盛花，花期持续 6～8d，6 月中或下旬核硬化，8 月中旬果实开始着色，8 月下旬或 9 月上旬果实成熟。4 月中下旬叶芽萌动，11 月上旬落叶，营养生长期 200d 左右。

综合评价 栽培历史悠久，抗寒，抗旱，适应性较强，丰产，果实外观美丽，是晚熟鲜食的优良品种。该品种易流胶，易遭蚜虫、介壳虫及天牛的危害。

8 但丁李

Dandingli

产地及分布 原产欧洲。在中国栽培历史百余年。现在分布于河北、辽宁等地。

经济学性状 果实长圆形，平均单果重 26.7g，最大果重 31.5g，果实纵径 3.9cm，横径 3.1cm，侧径 3.5cm。果顶平或凹，缝合线浅，片肉对称，梗洼浅。果皮底色黄绿，着紫红色，果皮厚，果粉灰白色。果肉黄绿色，肉质致密，纤维中，汁极多，味甜酸，微香。可溶性固形物 16.4%，pH 值 4.2，总糖 9.6%，总酸 1.6%。半离核，核长圆形，表面光滑。果可食率 96.7%，鲜食品质中，在常温下果实可贮放 5d。

植物学性状 树冠倒圆锥形，树势半开张。树势中庸，3 年或 4 年生开始结果，7～9 年生进入盛果期，以短果枝或花束状果枝结果为主。在国家果树种质熊岳李杏资源圃中 4 月上旬花芽萌动，5 月上旬盛花期，花期 4d，8 月下旬果实成熟，果实发育期约 110d。4 月中旬叶芽萌动，10 月末落叶，营养生长期约 190d。

综合评价 抗寒性较差，辽宁中部是其栽培北限，鲜食品质中，是晚熟优良品种。

图 4-11 ‘但丁李’果形

9 大石早生李

Dashizaoshengli

产地及分布 原产日本，1939年由日本福岛县伊达郡大石俊雄氏育成，是台湾李自然授粉杂交的后代，原品系名为‘大石7号’。1981年上海市农业科学院园艺研究所从日本引入我国。现分布于日本及中国的辽宁、河北、上海、山东、福建、江苏、浙江、甘肃、山西、四川、北京等地。2006年12月通过河北省林木品种审定委员会审定，编号为冀S-ETS-PS-001-2006。

经济学性状 果实6月上中旬成熟，发育期65d左右，卵圆形，平均单果重49.5g，果实纵径4.4cm，横径4.2cm，侧径4.2cm。果顶尖；缝合线较深，片肉对称；梗洼较深、圆形、中广。果皮底色黄绿，着鲜红色；果皮中厚，易剥离；果粉中厚，灰白色。果肉黄绿色，肉质细，松软，果汁多，纤维细、多，味甜酸，微香；可溶性固形物14.6%，pH值4.3，总糖7.1%，总酸1.5%，单宁0.5%，蛋白质1.8%，脂肪1.4%。粘核，核椭圆形，淡黄褐色。果可食率98.0%，鲜食品质中上，在常温下果实可贮放5～7d。

图4-12 ‘大石早生李’局部结果状

图4-13 ‘大石早生李’果形

植物学性状 树冠为自然半圆形，树姿半开张。主干树皮条状裂，灰褐色，枝条中密，多年生枝灰褐色，1年生枝红褐色。叶倒披针形，先端短突尖，基部楔形，叶色浓绿；叶缘具细齿，叶面波状，叶背主侧脉间有绒毛，蜜腺圆形，较大，1～4个。花白色5瓣，雄蕊25～30枚。树势较强。萌芽率85.1%，成枝力35.7%。自花不结实，自然坐果率4.3%～12.3%。3年生开始结果，6～7年生可进入盛果期。在河北易县3月中旬花芽萌动，3月末4月初开花，花期持续7d左右，6月10日左右果实成熟。在国家果树种质熊岳李杏资源圃4月上旬花芽萌动，4月下旬盛花，花期持续5～8d，6月底或7月初果实开始着色并成熟；4月中旬叶芽萌动，11月上旬落叶，营养生长期约200d。

综合评价 抗寒、抗旱能力较强。幼树期生长较旺，停长较晚，如管理不善，易发生抽条现象。

10 伏李

Fuli

产地及分布 原产辽宁熊岳，在辽宁各地均有分布。

经济学性状 果实圆形，平均单果重33.1g，最大果重47.0g，果实纵

图 4-14 ‘伏李’局部结果状

径 3.7cm，横径 3.8cm。果顶平，缝合浅，明显，梗洼深圆。果皮底色淡黄，果皮中厚，果粉厚，白色。果肉淡黄色，肉质软，纤维细少，果汁多，味酸甜，无香味。可溶性固形物 12.9%，pH 值 4.2，总糖 8.2%，总酸 1.2%。离核，核椭圆形，表面光滑。在常温条件下，果实可贮放 7d。

植物学性状　树冠倒圆锥形，树姿开张。树势中庸，萌芽率 85.4%，成枝力 18.5%。3 年生开始结果，6 年生进入盛果期，7 年生树株产最高 30.0kg，以短果枝和花束状果枝为主。在国家果树种质熊岳李杏资源圃中，4 月上旬果实成熟，果实发育期约 100d。4 月中旬叶片萌动，10 月下旬落叶，营养生长期约 190d。

综合评价　适应性较强，抗寒、耐旱，丰产性较好，品种中上，果个小，是适于鲜食的优良品种。

11 芙蓉李

Furongli

产地及分布　别名‘夫人李’、‘永泰李’、‘普李’、‘红李’、‘福建李’。原产福建永泰，栽培历史 700 余年。现主要集中分布于福建永泰、闽清、福安、霞普等地。在浙江、江西等省也有栽培。

经济学性状　果实近圆形，平均单果重 58.0g，最大果重 80.0g，果实纵径 4.3cm，横径 4.8cm。果顶平或凹，缝合线由果顶至梗洼逐渐加深，片肉较对称，梗洼浅。果皮底色黄绿，果皮有韧性，不易剥离。果肉紫红色，肉质致密，果汁多，味甜微酸，浓香。可溶性固形物 12.8%，总酸 0.8%。粘核或半离核，核卵圆形，淡黄褐色，表面粗糙。果可食率 97.8%，在常温条件下，果实可贮放 8d。

植物学性状　树冠为自然半圆形，树姿开张。主干粗，灰褐色，皮孔明显，主枝斜生，不具层次，皮色深灰。1 年生枝淡紫，自然斜生，无绒毛。叶长倒卵圆形，基部楔形，先端渐尖，叶色绿有光泽，叶缘有圆钝锯齿，叶背浅绿色、无毛。花白色，5 瓣，雄蕊 32 ~ 34 枚。树势强，根系分布浅，须根发达，3 ~ 4 年开始结果，6 ~ 8 年进入盛果期。在永泰 2 月上中旬花芽萌动，2 月下旬或 3 月上旬初花，3 月上中旬盛花，花期 12 ~ 15d，5 月中旬核硬化，7 月上旬果实成熟，果实发育期约 105d。

综合评价　栽培历史悠久，适宜比较湿润的环境，抗旱能力较强，适应性广，丰产，品质上等，是福建主栽的加工与鲜食品种。主要用于蜜饯。

图 4-15 ‘芙蓉李’果形

12 甘李

Ganli

产地及分布 原产欧洲，在中国栽培历史百余年。现在分布于河北、辽宁等地。

经济学性状 果实椭圆形，平均单果重31.8g，最大果重40.3g，果实纵径3.6cm，横径3.4cm，侧径3.7cm。果顶平，缝合线浅，片肉对称，梗洼窄，浅而圆。果皮底色灰绿，着紫红色，充分成熟时变黄绿色，果皮中厚，果粉白色。果肉淡绿色，肉质软，纤维多，粗，汁液多，味甘甜，微香。可溶性固形物16.2%，pH值4.2，总糖9.9%，总酸1.3%。粘核，核椭圆形，表面中粗。果可食率96.7%，品质中上，在常温下果实可贮放10d。

植物学性状 树势强，萌芽率61.4%，成枝力35.0%。4年生开始结果，6年生进入盛果期，以短果枝结果为主。在国家果树种质熊岳李杏资源圃中4月上旬花芽萌动，5月上旬盛花期，花期6d，8月底9月初果实成熟，果实发育期约120d。4月上旬叶芽萌动，10月下旬落叶，营养生长期约190d。

综合评价 适应性、抗逆性较强，是极晚熟较好的鲜食品种。

13 海城苹果李

Haichengpingguoli

产地及分布 原产辽宁丹东，1987年在辽宁海城通过鉴定并定名。现分布于辽宁的丹东、海城、大连，吉林省的吉林市也有栽培。

经济学性状 果实扁圆形，平均单果重85.3g，最大果重126.8g，果实纵径3.8cm，横径4.4cm，侧径4.6cm。果顶尖，缝合线由果顶至梗洼逐渐加深，片肉不对称，梗洼浅而广。果皮底色黄绿，着紫红色，密布大小不等的黄褐色果点。果皮厚，不易剥离，果粉中多，灰白色。果肉黄色，肉质松脆致密，纤维细而多，果汁多，味甜酸，有香味。可溶性固形物11.1%，pH值3.9，总糖8.1%，总酸1.1%。粘核，核小，圆形，浅褐色，表面较粗糙，具深而皱核纹，顶部尖，基部楔形，种仁较饱满。果实可食率98.8%，鲜食品质上。在常温下果实可贮放10d左右。

植物学性状 树冠为自然开心形或半圆形，树姿较直立。主干较粗糙，树皮条状裂，黄褐色。枝条较密，多年生枝红褐色，1年生枝绿褐色，生长直立，无绒毛。叶片狭椭圆形，基部楔形，先端长突尖，叶色绿，叶边缘平展，锯齿较细，较锐，为复锯齿，叶背面主脉鲜红色。花白色，5瓣，雄蕊21～28枚。树势强壮，根系分布较浅而广，须根发达。萌芽率67.2%，成枝力10.2%。自花授粉结实率可达3.3%。3年生开始结果，5～6年生可进入盛果期，经济寿命40年左右。在国家果树种质熊岳李杏资源圃4月上旬花芽萌动，4月中下旬盛花，花期持续7d左右，8月上旬果实开始着色，8月中下旬果实成熟。4月中旬叶芽萌动，11月上旬落叶。在海城4月中旬花芽萌动，4月末或5月初盛花，花期持续8～10d，8月下旬果实开始着色，9月初果实成熟；4月中旬叶芽萌动，10月末落叶，营养生长期190d。

综合评价 抗寒，抗旱，适应性强，产量高，对栽培技术要求较严格，鲜食品质上，是鲜食的优良品种。抗细菌性穿孔病，易遭蚜虫危害。较适宜的授粉品种为‘红肉李’、‘澳大利亚14号’。

图4-16 ‘甘李’果形

图4-17 ‘海城苹果李’局部结果状

14 黑宝石李
Heibaoshili

产地及分布 原产美国。商品名“布郎”李。1987年由山东省果树研究所从澳大利亚引入中国。现广泛分布于山东、河北、辽宁、河南、江苏、浙江、福建等地。2006年12月通过河北省林木品种审定委员会审定，编号为冀S-ETS-PS-002-2006。

经济学性状 果实扁圆形，平均单果重107.9g，最大果重183.3g。果实纵径5.1cm，横径6.1cm，侧径6.5cm。果顶圆，缝合线明显，片肉对称，梗洼宽、浅。果面紫黑色，无果点，果粉中。果肉乳白色，肉质硬而细脆，果汁多，味甜，无涩味。可溶性固形物12.3%，总糖8.0%，总酸1.6%，Vc含量4.2mg/100g。离核，核小，椭圆形。果实品质上，可食率98.1%。果实耐贮性极强，在常温下可存放20～30d，冷库可贮藏120d。

植物学性状 树冠纺锤形，树姿半开张。1年生枝生长直立，黄褐色，表面光亮，皮孔稀，不明显。主干和多年生枝暗灰色，新梢棕红色。叶片椭圆形，基部楔形，先端短突尖，叶缘锯齿圆钝、细、浅，叶片卷曲，深绿色、较厚、有光泽。叶柄紫红色，叶背主脉黄绿色，蜜腺小、圆形、1个或2个。花单瓣，5瓣，白色，每芽花朵数2～3朵。树势中庸，萌芽率83.4%，成枝力21.3%。自然坐果率28.4%，自花坐果率0.8%。幼树长、中、短果枝均可结果。在河北易县，3月下旬花芽萌动，4月中旬开花，花期4d，9月上旬果实成熟，果实发育期约135d。4月中旬叶芽萌动，11月初落叶，树体营养生长期约210d。

综合评价 抗旱、抗风性强，适宜性强，抗寒性中等。早果性强，极丰产，果个大，耐贮运，货架寿命长，是很有前途的优良品种。缺点是抗细菌性穿孔病弱。可在河北省中南部地区太行山及燕山干旱少雨地区推广。

图4-18 ‘黑宝石李’整株结果状

图4-19 ‘黑宝石李’局部结果状

图4-20 ‘黑宝石李’果形

15 黑琥珀李

Heihupoli

图 4-22 ‘黑琥珀李’局部结果状

产地及分布　原名 Black amber，原产美国。亲本为‘佛瑞尔’(Friar)×‘玫瑰皇后李’(queen rose)。1985 年由辽宁省科学技术委员会王尊伍等从澳大利亚引入，现分布于辽宁、山东、河北等地。2007 年 12 月通过河北省林木品种审定委员会审定，编号为冀 S-ETS-PS-002-2007。

经济学性状　果实扁圆形，平均单果重 65.1g，最大果重 85.2g。果实纵径 4.3cm，横径 5.0cm，侧径 5.2cm。果顶稍凹，缝合线浅，不明显，片肉对称，梗洼中深、广、圆。果皮底色黄绿，着紫黑色，果点大、明显，果粉厚、白色，果皮中厚。果肉淡黄，近皮部为红色，充分成熟肉色变红，肉质松软，纤维细、少，味酸甜，汁多，无香味。可溶性固形物 11.0%，pH 值 3.1，总糖 5.9%，总酸 1.7%，单宁 0.2%。离核，品质中上，常温下果实可贮放 20d 左右。

植物学性状　树冠纺锤形，树姿直立。树势中庸。以短果枝和花束状果枝结果为主，采前落果轻。2～3 年生开始结果，5～6 年生进入盛果期，单株产量 20.0kg。在国家果树种质熊岳李杏资源圃 4 月上旬花芽萌动，5 月上旬盛花期，花期持续 5～8d，8 月上旬果实成熟。4 月中旬叶芽萌动，10 月中旬落叶，营养生长期约 180d。在河北保定 4 月中旬盛花，花期 5～8d。果实发育期 110d，营养生长期 210d。果实于 8 月上旬成熟。

综合评价　抗寒，抗旱，适应性较强，丰产，果实较大，耐贮运，鲜食品质较好，也可加工制罐，但其抗病能力差，易感细菌性穿孔病。

图 4-21 ‘黑琥珀李’整株结果状

16 红心李

Hongxinli

产地及分布　别名‘大青皮’、‘夫人李’、‘嘉庆子’、‘花皮李’，‘太平果李’。原产于浙江诸暨、东阳等地，浙江各地均有分布。江苏、安徽、湖南亦广为栽培。栽培历史 400 余年。

经济学性状　果实近扁圆形，平均单果重 50.0g，最大果重 70.0g，果实纵径 4.3cm，横径 5.0cm。果顶圆，缝合线浅，片肉不对称，梗洼深而窄。果皮底色绿，果皮中厚，果粉厚，灰白色。果肉鲜红色，纤维少，甜味浓，微香。可溶性固形物 9.0%，总糖 7.5%，总酸 0.7%。粘核，核椭圆形。果可食率 98.0%，鲜食品质上。

植物学性状　树冠圆锥形，树势直立。主干光滑，树皮丝状裂，灰白

图 4-23 ‘红心李’局部结果状

图 4-24 ‘锦西秋李’局部结果状

色。叶椭圆形，基部楔形，先端渐尖，叶色绿有光泽，主脉黄绿。每个花芽1～3朵花；花白色；雄蕊23～25枚。树势强，萌芽率为80.0%，成枝力19.0%。3年生开始结果，6年生进入盛果期，以短果枝和花束状果枝结果为主。在诸暨，3月上旬花芽萌动，3月下旬至上旬盛花，花期7d左右，7月上旬果实成熟，果实发育期约为100d。

综合评价　适应性广，易栽培，为鲜食和加工兼用品种。

17 黄蜡李

Huanglali

产地及分布　主产湖南衡山，在衡山萱洲、贺家等地分布较多，产量约占衡山县总产量的40.0%。

经济学性状　果实阔心脏形，平均单果重42.0g，果皮蜡黄色，果皮薄，光滑，易剥离，果粉厚。果实肉橙黄色，质地软面，纤维少，汁多，甜酸适度，香气浓。可溶性固性物8.7%，总糖5.8%，总酸0.8%，Vc含量13.8g/100g。粘核。果可食率96.8%，品质中上。

植物学性状　树冠开心形，树姿开张。树势较强，萌芽率和成枝力中等，一般株产150.0～200.0kg。果实6月中旬成熟。

综合评价　丰产稳定，果形较大，色泽美观，品质中上，可供鲜食或加工，为中熟品种。

18 锦西秋李

Jinxiqiuli

产地及分布　原产辽宁葫芦岛市，是栽培历史悠久的地方良种。现分布于辽宁各地。

经济学性状　果实卵圆形，平均单果重25.8g，最大果重39.0g。果实纵径3.6cm，横径3.6cm，侧径3.5cm。果顶尖，缝合线深，明显，片肉对称，梗洼深、中广，圆形。果皮底色黄绿，着紫红色，果皮厚，难剥离；果粉厚，白色。果肉黄色，肉质韧，果汁多，纤维多，细，味甜酸，稍涩，有清香；可溶性固形物13.1%，pH值3.9，总糖7.2%，总酸1.3%，Vc含量3.2mg/100g。粘核，核较小，椭圆形。果可食率97.5%，鲜食品质中上，在常温下果实可贮放5～10d。

植物学性状　树冠为扁圆形，树姿开张。主干中粗，树皮条状裂，暗灰褐色。枝条密，多年生枝褐色，1年生枝红褐色，自然斜生，无绒毛。叶倒披针形，基部楔形，先端短突尖，叶色绿，叶边缘具细齿，叶面平，叶背面主侧脉间有绒毛。花白色，5瓣，雄蕊20～30枚。树势中庸，根系分布浅，须根发达，萌芽率64.1%，成枝力32.9%。自花授粉结实率2.2%～5.7%，自然授粉结实率10.1%～38.1%。2～3年生开始结果，5～7年生可进入盛果期，一般经济寿命约30年。在国家果树种质熊岳李杏资源圃4月上旬花芽萌动，4月下旬至5月上旬盛花，花期持续6～8d，8月上中旬果实开始着色，8月下旬果实成熟。4月中旬叶芽萌动，11月上旬落叶，营养生长期约200d。

综合评价　栽培历史悠久，抗寒，抗旱，较抗细菌性穿孔病，易遭蚜虫、毛虫、天牛等危害，适应性强，产量较高，树体矮化，对栽培技术要求不严格，鲜食品质中上，是辽宁省的主栽品种之一。

19 九台晚李

Jiutaiwanli

产地及分布 系吉林农家品种，分布于吉林省的九台、德惠。

经济学性状 果实椭圆形，单果重38.4g，最大果重50.0g，果实纵径4.3cm，横径4.0cm，侧径3.9cm。果顶圆凸，缝合线平，片肉对称，果皮黄绿色，果皮厚，不易剥离，果粉薄，白色。果肉淡黄色，肉质硬韧，纤维中，汁液中，甜酸。可溶性固形物11.4%，pH值4.7，总糖8.2%，总酸1.3%。离核，核长圆形。品质中上，常温下可贮放20d左右。

植物学性状 在长春地区，4月中旬花芽萌动，5月上旬开花。8月下旬或9月上旬果实成熟，果实发育期120d。营养生长期185d。3～4年生开始结果，5～6年生进入盛果期。

综合评价 适应性强，抗寒，成熟晚，果实外观美丽，耐贮运，适宜鲜食和加工。

20 理查德早生李

Lichadezaoshengli

产地及分布 原名Richard Early，原产美国。1985年沈阳农业大学付望衡引自美国。现保存于国家果树种质熊岳李杏资源圃。

经济学性状 果实长圆形，单果重41.7g，最大53.0g，果实纵径4.5cm，横径3.5cm，侧径3.8cm。果顶凹，缝合线浅，片肉不对称，梗洼浅而狭。果皮底色绿，着蓝紫色，果粉灰白色，果皮厚，果肉绿色，肉质硬脆，纤维多，味酸甜，汁多，微香。可溶性固形物14.5%，pH值3.7，总糖7.0%，总酸0.9%。离核，核长椭圆形，表面粗糙。果可食率96.5%，品质中，常温下果实可贮放10d天左右。

植物学性状 树冠倒圆锥形，树姿直立。树势强，萌芽率72.0%，成枝力14.0%。以短果枝和花束状果枝结果为主，采前落果轻。李砧嫁接3年生开始结果，7～10年生进入盛果

图4-27 ‘理查德早生李’局部结果状

图4-28 ‘理查德早生李’果形

图4-25 ‘九台晚李’局部结果状

图4-26 ‘理查德早生李’整株结果状

期，经济寿命35年。在国家果树种质熊岳李杏资源圃4月中旬花芽萌动，5月上旬盛花期，花期持续6d，8月下旬果实成熟。4月中下旬叶芽萌动，11月初落叶，营养生长期约200d。

综合评价　抗寒、抗旱性较强，易遭蚜虫的危害。果多用来加工李脯，可在辽宁中北部地区和吉林的盘石县安全越冬，是欧洲李抗寒性较强的栽培品种。

21 龙园秋李

Longyuanqiuli

产地及分布　黑龙江省园艺研究所用‘小黄李’为母本，北京‘大紫李’为父本，杂交选育出的新品系，又名‘晚红’、‘龙园秋红’，在河北、黑龙江、吉林、辽宁、内蒙古等地区已有栽培。2006年12月通过河北省林木品种审定委员会审定，编号为冀S-ETS-PS-004-2006。

经济学性状　果实扁圆形，个大整齐，平均单果重76.2g，最大单果重110.0g。缝合线中深、明显，梗洼深、圆形、较广，果点密、中大，果粉中厚、灰白色；底色黄绿，着鲜红至紫红色，充分成熟基本全面着色，果皮中厚，易剥离。果肉黄色，肉质致密，纤维少，果汁中多，味甜酸而浓。可溶性固形物含量14.5%。粘核，核小。果可食率在95.0%以上，品质极上，耐贮运，可在常温下存放20d左右。

植物学性状　树冠呈自然开心形，生长旺盛，树姿较直立，结果后开张，1年生枝条浅红褐色，2年生枝条棕褐色。叶片倒阔披针形，叶缘复锯齿、钝，色浓绿、无光泽。树势强健，萌芽率86.0%，成枝力11.7%，以中、短果枝和花束状果枝结果为主；自然授粉坐果率较高，栽后第二年结果，早果、极丰产；无采前落果现象。

在吉林省盘石地区4月25日前后花芽萌动，5月初始花，5月5～7日盛花，果实8月下旬着色，9月上旬成熟，果实发育期120d。10月下旬落叶。在国家果树种质熊岳李杏资源圃4月上旬花芽萌动，4月中旬盛花期，花期持续7d左右，8月中下旬果实成熟；4月中旬叶芽萌动，11月上旬落叶。在河北保定4月中旬开花，果实发育期130d，营养生长期230d。果实于8月底成熟。

综合评价　抗寒能力强，适应性强，早果、丰产，果实个大质优，是一个适于高寒地区发展的优良品种，对红点病、细菌性穿孔病、蚜虫、李小食心虫等病虫害有较强的抗性。河北省张家口和承德坝下寒冷地区栽培推广。

图4-30　‘龙园秋李’局部结果状

图4-29　‘龙园秋李’整株结果状

图4-31　‘龙园秋李’果形

22 鲁耶儿李
Luyeerli

产地及分布 原名Mt.Royal，原产美国，栽培历史悠久，属欧洲李。于1985年由沈阳农业大学付望衡从美国引进。目前河北、北京、吉林、河南、江苏、山东均有引种栽培。

经济学性状 果实椭圆形，平均单果重51.2g，最大果重67.5g，果实纵径6.1cm，横径4.3cm，侧径4.2cm。果顶凹陷，缝合线由果顶至梗洼逐渐加深，片肉不对称，梗洼较深。果皮底色绿，着紫红色，密布大小不等的黄褐色果点；果皮厚，易剥离，果粉厚，灰白色。果肉黄绿色，肉质硬脆，细，致密，纤维较粗而少，果汁多，味甜，具浓香。可溶性固形物16.6%，pH值3.2，总糖8.2%，总酸0.5%。离核。核大，果实成熟时核易开裂，种仁露出，核长圆形，表面粗糙，具网状核纹，顶部圆形，基部楔形，种仁较饱满。果可食率97.2%，鲜食品质上，在常温下果实可贮放10d以上。

植物学性状 树冠为圆头形，树姿半开张。主干较粗糙，树皮纵裂，深褐色。枝条较密，多年生枝灰褐色，1年生枝灰褐色，生长较直立，无绒毛，无刺。叶倒卵圆形，基部宽楔形，先端短突尖，叶面网状脉较平，叶色浓绿，叶边缘复锯齿，锯齿较钝，叶背面主脉绿色，带紫红色。花白色，5瓣，雄蕊25～33枚，每芽有1～2朵花，稀3朵。树势中庸，根系分布深而广，须根发达，萌芽率69.0%，成枝力35.0%。自花授粉结实率4.56%，采用人工授粉结实率可达35.7%。栽后3～4年生开始结果，7～8年生进入盛果期，经济寿命30余年。在国家果树种质熊岳李杏资源圃4月上中旬花芽萌动，4月末至5月上旬盛花，花期持续5～7d，8月下旬果实开始着色，9月上旬或中旬果实成熟。4月中旬叶芽萌动，11月上旬落叶，营养生长期约200d。

综合评价 栽培较久，适应性强，产量较高，对栽培技术要求较严格，鲜食品质上，是晚熟鲜食优良品种。不抗红点病，抗细菌性穿孔病，易遭蚜虫危害。

23 玫瑰李
Meiguili

产地及分布 别名‘紫李’。是云南的农家品种，分布于云南昆明郊区的呈贡、晋宁、安宁以及曲靖、楚雄、大理、文山、个旧等地。于1985年引入国家果树种质熊岳李杏资源圃内保存。

经济学性状 果实卵圆形，平均单果重36.0g，最大果重86.0g，果实纵径4.4cm，横径4.2cm，侧径4.2cm。果顶尖或平，缝合线浅，明显，片肉对称，梗洼深而窄。果皮底色绿，着紫红或深紫色，果皮厚而韧，果粉薄，灰白色。果肉黄色，果汁多，纤维细而少，味甜酸，有香味。可溶性固形物11.7%，pH值3.9，总糖6.0%，总酸1.7%，Vc含量6.4mg/100g。粘核，卵圆形。果可食率97.5%。

植物学性状 树冠自然半圆形，树姿开张。主干粗糙，灰褐色，光滑无毛。叶片倒卵圆形，基部宽楔形，先端急尖，叶面浓绿色，叶缘锯齿钝，蜜腺1～2个，肾脏形，红褐色。花芽褐色，花白色，花5瓣，花芽有1～2朵花。树势较强，栽后3～4年生进入结果盛期。在晋宁1月下旬花芽萌动，2月中旬末为盛花期，花期16d，6月上旬至下旬果实成熟，12月上旬落叶。在辽宁熊岳4月初花芽萌动，4月中下旬盛花，7月末果实成熟，果实发育期100d左右，11月下旬落叶。

图4-32 ‘鲁耶儿李’果形

图4-33 ‘玫瑰李’局部结果状

综合评价　抗旱，适应性强，丰产，果实美观。

24 美丽李

Meilili

产地及分布　又名‘盖县大李’，原产美国，由日本传入中国，现广泛分布于辽宁、河北、山东、山西、陕西、云南、贵州、内蒙古等地。2007年12月通过河北省林木品种审定委员会审定，编号为冀S-ETS-PS-003-2007。

经济学性状　果实近圆形或心形，平均单果重87.5g，最大果重156.0g，果实纵径5.0cm，横径4.9cm，侧径5.2cm。果顶尖或平，缝合线浅，但达梗洼处较深，片肉不对称，果皮底色黄绿，着鲜红或紫红色，皮薄，充分成熟时可剥离，果粉较厚，灰白色。果肉黄色，质硬脆，充分成熟时变软，纤维细而多，汁极多，味酸甜，具浓香。可溶性固形物含量12.5%，pH值3.6，总糖7.0%，总酸1.2%，单宁0.1%。核粘或半离核，核小，种仁小而干瘪。果可食率98.7%，鲜食品质上，在常温下果实可贮放5d左右。

植物学性状　树冠为杯状形，树姿半开张。主干粗糙，树皮纵裂，黑褐色，枝条较密，多年生枝紫褐色，1年生枝红褐色，直立，无绒毛。叶倒卵圆形，先端急尖，基部楔形，叶色浓绿，叶缘具细齿；叶背主脉绿色，带紫红晕。花白色5瓣，雄蕊19～30枚，每花芽有2～3朵，稀1或4朵。树势中庸，萌芽率74.6%，成枝力19.5%。栽后2～3年开始结果，4～5年可进入盛果期，自花不结实，需配置授粉树，适宜的授粉品种有‘大石早生李’、‘跃进李’、‘绥李3号’等。在河北易县4年生树平均株产19.8kg，最高株产41.3kg。4月上旬盛花，花期6d。果实发育期85d左右。果实6月底至7月初成熟。

综合评价　抗旱、抗寒能力均较强，一般年份冬季－28.3℃无冻害。与李、杏、毛樱桃均可嫁接。抗病能力弱，极不抗细菌性穿孔病，易遭蚜虫、红蜘蛛及蛀干害虫的危害。河北省中南部地区及燕山地区可推广栽培。

图4-34　‘美丽李’果形

图4-35　‘美丽李’局部结果状

图4-36　‘美丽李’整株结果状

25 棕李

Naili

产地及分布 产于福建省永安县大湖乡。栽培历史50余年。

经济学性状 果实扁圆形，平均单果重20.0g。果皮底色浅绿，阳面着红色。果肉淡黄色，多汁，味甜，有香味。粘核，品质上等。

植物学性状 在当地3月上旬开花，5月末至6月初果实成熟，果实发育期80d。

综合评价 早熟，品质好，唯果实较小。

图4-37 ‘棕李’果形

26 枇杷李

Pipali

产地及分布 别名‘胭脂李’。原产安徽休宁，系农家品种。栽培历史100～200年，是皖南主栽品种之一。主要分布于休宁、歙县一带。

经济学性状 果实卵圆形，平均单果重34.0g，果实纵径3.3cm，横径3.3cm。果顶尖，果皮底色黄绿，着胭脂红色，有白色果粉，果皮薄。果实肉黄色；肉质致密，汁中多，味甜、脆，有香气。总糖9.7%，总酸1.1%。粘核，品质上。

植物学性状 树冠丛状形，树姿较直立。树势中庸偏强，萌芽率为66.7%，成枝力8.3%。3年生开始结果，6年生进入盛果期，以短果枝结果为主。该品种在休宁2月底至3月初花芽萌动，4月上旬盛花期，花期7d左右，7月上旬果实成熟，果实发育期约100d。3月上旬叶芽萌动，11月上旬落叶，营养生长期约210d。

综合评价 丰产，品质上，适宜鲜食。

27 秋姬李

Qiujili

产地及分布 于1997年2月从日本引入我国，现在辽宁、山东、山西、河北等地均有栽培。

经济学性状 果实近圆形，平均单果重150.0g，最大可达350.0g。果实缝合线明显，两侧对称，果面光滑亮丽，完全着色呈浓红色，其上分布黄色果点和果粉，果肉厚，橙黄色，肉质细密，味浓甜且具香味，含可溶性固形物18.5%，离核，核极小。果可食率97.0%，常温条件下可贮藏2

图4-38 ‘秋姬李’整株结果状

图 4-39 ‘秋姬李’局部结果状

周以上。

植物学性状 树冠纺锤形。树干多年生枝呈粉红色，节间较短，芽眼密生饱满，叶片长卵形，较小，叶基呈楔形，先端较尖，叶片浓绿，叶缘锯齿细小。幼树成花早，花芽密集，花粉较少，需配授粉树。树势强健，分枝力强，幼树生长旺盛，新梢生长较直立。鲁南地区4月初萌芽，4月下旬花芽萌动，5月上旬盛花，花期持续1周左右，9月上旬果实开始着色，9月中旬完全成熟，11月上旬落叶。

综合评价 果实大，色泽艳丽，丰产性好，品质优良，抗病耐贮，成熟时间晚。

28 帅李

Shuaili

产地及分布 别名‘串子’。原产山东沂源、沂水。主要分布于河北、北京、山东、辽宁等地。

经济学性状 果实卵圆形，平均单果重70.0g，最大果重100.0g以上。纵径4.9cm，横径5.0cm，侧径5.0cm。果顶圆，缝合线浅，片肉对称，梗洼近圆形，中深中广。果皮底色绿黄，着紫红或暗紫红色；皮厚较韧，难剥离。果粉中厚。果肉淡黄色，肉质致密，细软，纤维少，汁中多，味甜。可溶性固形物16.0%，总糖11.2%，总酸1.6%，Vc含量4.6mg/100g。粘核。可食率97.1%。

植物学性状 树冠呈圆头形，树姿开张。主干灰色，具浅窄纵裂，多年生枝暗灰色，新梢绿色。叶片阔披针形，叶缘锯齿细。树势强，以短果枝结果为主，一般3年生开始结果，10年生株产可达100.0kg。在山东沂源、沂水3月下旬或4月上旬开花，7月中旬成熟；11月上旬落叶。在国家果树种质熊岳李杏资源圃4月初花芽萌动，4月中下旬盛花期，花期持续8天左右，8月初果实成熟。4月中旬叶芽萌动，10月末落叶。

综合评价 树势强健，丰产、稳产，果实大，果实品质上，是优良的鲜食品种。

图 4-40 ‘秋姬李’果形

图 4-41 ‘帅李’局部结果状

29 绥棱红李

Suilenghongli

产地及分布 别名‘北方1号’，系黑龙江省绥棱浆果研究所关述杰等人于1964年以‘小黄李’为母本，以‘台湾李’为父本，通过人工杂交育成。于1976年通过鉴定命名。在黑龙江的南部栽培较多。现分布于黑龙江、吉林、辽宁、河北、内蒙古、宁夏、甘肃、山东、北京、新疆等地。

经济学性状 果实圆形，平均单果重48.6g，最大果重76.5g，果实纵径4.2cm，横径4.2cm，侧径4.3cm。果顶平，缝合线浅，片肉不对称，梗洼深。果皮底色黄绿，着鲜红色或紫红色，果点稀疏，较小，果皮薄，易剥离，果粉薄，灰白色。果肉黄色，肉质细，致密，纤维多而细，果汁多，味甜酸，浓香。可溶性固形物13.9%，pH值4.2，总糖8.3%，单宁0.2%，总酸1.2%。粘核，核较小，长椭圆形，种仁饱满。果可食率97.5%，在常温条件下果实可贮放5d左右。

植物学性状 树冠为自然开心形，树姿较开张。主干较粗糙，树皮纵裂，黑灰色。枝条着生较密，多年生枝灰褐色，1年生枝红褐色，自然斜生，无绒毛，节间长1.6cm，无刺。叶片为椭圆形，基部楔形，先端渐尖，叶面平展，叶色浓绿，叶边缘锯齿钝，多为复锯齿，叶背面主脉绿色，带红晕。花白色，5瓣，雄蕊23～32枚，每芽有1～2朵花，稀3朵。树势中庸，根系分布深而广，须根发达，萌芽率92.3%，成枝力34.2%。自花授粉不结实，人工授粉结实率可达20.5%。3年生开始结果，4～5年生可进入盛果期，其经济寿命约40年。在绥棱地区4月下旬花芽萌动，5月中旬开花，8月中旬果实成熟，10月中旬落叶。在国家果树种质熊岳李杏资源圃4月上旬花芽萌动，4月中旬或下旬盛花，花期持续7d左右，7月中旬果实开始着色，7月中下旬果实成熟，果实发育期约80d。4月上旬叶芽萌动，10月下旬落叶，营养生长期约190d。

综合评价 喜欢冷凉、半湿润的环境，抗寒和抗旱能力强，产量高，对栽培技术要求不严格，是鲜食的优良品种。枝条易染细菌性穿孔病，易遭蚜虫、蛀干害虫的危害。

图4-42 ‘绥棱红李’局部结果状

30 绥李3号

Suili 3 hao

产地及分布 黑龙江省绥棱浆果研究所关述杰等人1973年用寺田李自然杂交种子实生播种选出。1983年通过省级品种审定并命名，现分布于黑龙江、吉林、辽宁等地。

经济学性状 果实扁圆形，平均单果重41.0g，最大果重108.0g，果实纵径3.7cm，横径4.0cm，侧径4.2cm。果顶平，缝合线浅，不太明显，片肉对称，梗洼圆、广、浅。果皮底色绿黄，着鲜红色，皮厚。果粉中厚，白色。果点多、小。果肉黄色，肉质松脆，纤维细小，汁多，味甜酸，经后熟有香味。可溶性固形物12.1%，pH值3.8，总糖6.0%，总酸1.6%，单宁0.1%。粘核，核椭圆形。果可食率96.7%，品质中上，常温下果实可贮放7～10d。

植物学性状 树冠开心形，树姿半开张。叶倒披针形，基部楔形，先端长尾尖。叶面较光滑，叶缘具粗齿；蜜腺圆形，小，1～2个。树势中庸，自花授粉不结实，自然授粉结实率8.6%，雄蕊30枚。以花束状果枝和短果枝结果为主。2年生开始结果，5～7年生进入盛果期，经济寿命30年。在国家果树种质熊岳李杏资源圃

图 4-43 ‘绥李 3 号’整株结果状

图 4-44 ‘绥李 3 号’局部结果状

4 月上旬花芽萌动，4 月下旬盛花期，花期持续 7d 左右，8 月中下旬果实成熟。4 月中旬叶芽萌动，11 月上旬落叶。

综合评价 抗寒性极强，丰产、稳产性好，品质较好，裂果严重，裂果率在 12.0% ~ 80.0%。但裂果较重，且不抗细菌性穿孔病。

31 五香李
Wuxiangli

产地及分布 别名‘五月香李’、‘厚肉’、‘平顶香’、‘别列措夫’等。原产华北地区，栽培历史约 200 余年。现分布于河北、辽宁、北京等地。

经济学性状 果实圆形，平均单果重 27.4g，最大果重 37.0g；果实纵径 3.4cm，横径 3.3cm，侧径 3.7cm。果顶凹，缝合线中深，片肉对称，梗洼深，中广，圆形。果皮底色黄绿，着紫红色，果点小而密，褐色，果皮厚，易剥离；果粉多，白色。果肉黄色，肉质软而细，纤维多、细，果汁多，味酸甜，有浓香。可溶性固形物 11.1%，pH 值 4.5，单宁 0.3%，总糖 8.8%，总酸 0.9%，Vc 含量 5.01mg/100g。粘核，核中大，倒卵形，淡黄褐色，表面中粗，具明显的核翼，顶部尖，基部平，仁苦，不可食。果实可食率 96.3%，鲜食品质上。在常温下，果实可贮放 3 ~ 5d。

植物学性状 树冠为扁圆形或阔圆锥形，树姿开张。主干粗糙，树皮纵裂，暗灰褐色。枝条较密，多年生枝灰褐色，1 年生枝黄褐色，自然斜生，无绒毛，节间长 1.38cm，无刺。叶倒卵或倒披针形，基部楔形，先端短突尖，叶色绿，叶边缘细，锯齿细而多，叶面平，叶背面主脉有绒毛。蜜腺圆形，中等大小。花白色，5 瓣，雄蕊 22 ~ 31 枚。树势中庸，根系分布较浅，须根发达，主要分布于 5 ~ 35cm 深土层处。萌芽率 60.1%，成枝力 33.7%，其中长枝 19.8%，中枝 4.1%，短枝 4.1%，花束状枝 71.9%。自花授粉不结实，自然授粉结实率可达 14.4%。2 ~ 3 年生开始结果，5 ~ 7 年生可进入盛果期，一般经济寿命 30 余年。在国家果树种质熊岳李杏资源圃 4 月上旬花芽萌动，4 月下旬盛花，花期持续 4 ~ 6d，7 月上旬果实开始着色，7 月中旬果实成熟，果实发育期约 80d。4 月中旬叶芽萌动，11 月上旬落叶，营养生长期约 200d。

综合评价 抗寒和抗旱能力较强，一般年份冬季 −20.0℃的情况下不发生严重的枝梢抽干和花芽冻死现象。产量中等，对栽培技术要求不严格，鲜食品质上。不抗李红点病，对细菌性穿孔病抗性较强，易遭蚜虫、毛虫、天牛等危害。

图 4-45 ‘五香李’果形

32 幸运李

Xingyunli

产地及分布 是美国农业部Fresno试验站于1988年育成的李新品种。2001年辽宁盖州陈屯引入并保存于国家果树种质熊岳李杏圃中。

经济学性状 果实椭圆形，平均单果重100.0g，最大单果重160.0g。果顶尖，梗洼中深、广，缝合线浅、广，较明显，片肉较对称。果皮底色黄，果面着色前期呈艳红色，成熟时呈紫红色，果皮厚，不易剥离。果粉厚、白色，果肉黄色，肉质硬，纤维少，果汁中多，味酸甜，微香。设施条件下可溶性固形物12.5%，总糖8.2%，可滴定酸1.0%，Vc含量2.1mg/100g。离核，核椭圆形。果可食率97.0%，品质上等，耐贮性强，常温下果实可贮放15d左右。

植物学性状 树冠纺锤形，树姿直立。1年生枝生长直立，黄褐色，皮孔小而密，主干和多年生枝暗灰色。叶片倒披针形，基部楔形，先端长突尖，叶缘细锯齿，叶片平滑，绿色、有光泽，叶背无茸毛，蜜腺小、肾形，1或2个。两性花，花单瓣，5瓣，白色，花萼绿色，每芽花朵数1～2朵。树势强，在熊岳地区，设施栽培，11月底至12月中旬开始升温，大约35d后进入开花期，4月下旬至5月上旬开始着色，5月中下旬果实成熟，比露地早成熟3个月左右。露地栽培4月初花芽萌动，4月下旬开花，花期4d，7月末开始着色，8月中下旬果实成熟，果实发育期约125d。4月中下旬叶芽萌动，10月中旬落叶，树体营养生长期约180d。

图4-48 ‘幸运李’果形

综合评价 抗寒性、抗病性中等，鲜果货架期长，经济价值高。冬季注意防寒，雨季注意防裂果。

图4-46 ‘幸运李’整株结果状

图4-47 ‘幸运李’局部结果状

33 月光李

Yueguangli

产地及分布 原产日本。栽培历史较久。现分布于辽宁、陕西、上海等地。

经济学性状 果实卵圆形，平均单果重56.3g，最大果重66.5g，果实纵径4.9cm，横径4.4cm，侧径4.5cm。果顶尖，缝合线浅，片肉对称，梗洼深较狭。果皮底色黄，着鲜红色，果皮薄。果粉灰白色；果肉黄色，肉质松脆，纤维多，味酸甜，果汁极多，具微香。可溶性固形物12.3%，pH值3.6，总糖7.2%，总酸1.5%，单宁0.2%。半离核，核长卵圆形，表面粗糙。果可食率97.5%，品质中上，常温下果实可贮放8d左右。

植物学性状 树冠倒圆锥形，树姿直立。树势较强，萌芽率83.0%，成枝力14.0%。以中、短果枝和花束状果枝结果为主，采前落果轻。3年生或4年生开始结果，6～8年生进入盛果期，单株产量50.0kg，经济寿命35年。在国家果树种质熊岳李杏资源圃4月上旬花芽萌动，4月末盛花期，花期8d；8月上旬果实成熟，果实发育期约95d。4月中旬叶芽萌动，10月末落叶，营养生长期约200d。

综合评价 抗寒、抗旱性较强，是优良的鲜食品种。易遭蚜虫危害。

34 跃进李

Yuejinli

产地及分布 是吉林省农业科学院果树科学研究所1956年播种的‘红干核’自然杂交种，1960年初选，1971年定名推广。现分布于吉林、黑龙江、辽宁、河北、宁夏等地。

经济学性状 果实近圆形，平均单果重30.0g，最大果重54.0g，果实纵径3.5cm，横径3.3cm，侧径3.6cm。缝合线浅，不明显，梗洼浅。果皮底色初熟黄绿，着暗紫红色，成熟后全着紫红色，果皮薄，完熟后易剥离。果肉黄色，肉质较脆，后期变软，汁液多，甜味浓。可溶性固形物14.0%，pH值4.0。半离核，核椭圆形。果可食率98.0%，鲜食品质上。

植物学性状 树冠较小，树姿开张。主干灰褐色，树皮有宽条状不规则纵向裂纹。多年生枝红褐色，上覆网状灰白色蜡质，皮孔黄褐色。叶片倒披针形，基部楔形，先端尖，叶面绿色，叶缘整齐，锯齿钝，单或复齿。花白色，5瓣，雌蕊1枚，雄蕊25～30枚。树势中庸，萌芽率55.0%，成枝力19.5%。以短果枝和花束状果枝结果为主。采前落果轻，无裂果，成熟期不一致。3年生开始结果，5～7年生进入盛果期。在吉林中部地区4月中旬花芽萌动，5月上旬开花，花期持续5～6d，8月上旬果实成熟，果实发育期90d左右。5月上旬叶芽萌动，10月中旬落叶，营养生长期180d。在国家果树种质熊岳李杏资源圃4月上旬花芽萌动，4月下旬盛花期，花期持续8d左右，8月初果实成熟。4月中旬叶芽萌动，11月上旬落叶。

综合评价 抗寒性强，矮化，结果早，丰产，是优良的鲜食品种。抗蚜虫、抗红点病能力较弱。

图4-49 ‘月光李’局部结果状

图4-50 ‘跃进李’果形

35 玉皇李

Yuhuangli

产地及分布 原产宁夏。栽培历史悠久，是当地古老农家品种。现分布于宁夏黄河灌区，是灵武、吴忠、青铜峡、永宁、平罗地区的主栽品种。

经济学性状 果实心形，平均单果重 54.0g，最大果重 80.0g，纵径 4.9cm，横径 4.4cm，侧径 4.5cm。果顶凸，缝合线浅，显著，片肉不对称，梗洼中深。果皮金黄色，蜡质厚，果皮厚而脆，难剥离。果肉橙黄色，肉质致密，纤维少，果汁极多，酸甜，浓香。可溶性固形物 13.1%，总糖 8.4%，总酸 1.4%。粘核，核椭圆形。果实可食率 96.8%。

植物学性状 树冠圆形或自然开心形，树姿开张。主干粗糙，树皮块状裂，暗灰色。多年生枝灰褐色，1 年生枝黄褐色，斜生，光滑无毛。皮孔小，疏平。叶片倒卵形或披针形，叶色浓绿，叶面光滑有光泽，抱合，叶缘不整齐，单锯齿浅、钝。花白色，5 瓣，每花芽 1～2 朵花。树势中庸，萌芽率高，成枝力低。以短果枝和花束状果枝结果为主。4～5 年生开始结果，盛果期每株产量达 50.0～100.0kg。在吴忠 3 月下旬花芽萌动，4 月下旬盛花期，花期持续 7～8d，8 月上中旬果实成熟；4 月下旬叶芽萌动，10 月下旬落叶。

综合评价 抗逆性较强，果个大，外观美丽，耐贮运，品质极上，是宁夏古老的农家品种。

36 早生月光李

Zaoshengyueguangli

图 4-52 ‘早生月光李’局部结果状

产地及分布 原产日本。由辽宁省果树所邱毓斌等于 1984 年从日本引入，保存于国家果树种质熊岳李杏资源圃。

经济学性状 果实卵圆形，平均单果重 69.3g，最大果重 95.5g；果实纵径 4.8cm，横径 4.6cm，侧径 4.7cm。果顶尖；缝合线浅，片肉不对称，梗洼深而窄。果皮底色绿黄，着粉红色；果皮厚，不易剥离；果粉薄，灰白色。果肉黄色，肉质硬脆，纤维细而少，果汁极多；味甜，具蜂蜜香味；可溶性固形物 13.4%，pH 值 4.1，总糖 10.0%，总酸 0.9%。粘核，核较小，卵圆形，淡褐色，表面粗糙，具孔状核纹，顶部较圆，微尖，基部楔形；干核重 0.9g，纵径 2.3cm，横径 1.6cm，侧径 0.9cm。种仁较饱满。可食率 98.4%。鲜食品质

图 4-51 ‘玉皇李’局部结果状

图 4-53 ‘早生月光李’整株结果状

图 4-54 ‘早生月光李’果形

图 4-55 ‘槜李’局部结果状

上，在常温下果实可贮放 7d 以上。

植物学性状　树冠为杯形，树姿半开张。主干较粗糙，树皮纵裂，深褐色。枝条着生较密，多年生枝深褐色，1 年生枝黄褐色，自然斜生，无绒毛，无刺。叶倒卵形，基部楔形，先端急尖；叶面有光泽，较平，叶色绿，叶边缘锯齿钝，多为复锯齿，叶背面主脉绿色，带粉红色。花白色，5 瓣，雄蕊 19 ~ 32 枚，每芽有 1 ~ 2 朵花，稀 3 朵。树势中庸，根系分布较深，须根多。萌芽率 85.4%，成枝力 17.9%。自花授粉结实率低，人工授粉结实率可达 19.7%。栽后 2 ~ 3 年生开始结果，5 ~ 6 年生可进入盛果期，经济寿命约 30 年。在国家果树种质熊岳李杏资源圃 4 月上中旬花芽萌动，4 月下旬盛花，花期持续 5 ~ 7d，6 月中旬核硬化，成熟前 7d 左右果实开始着色，7 月中下旬果实成熟，果实发育期约 85d。4 月中旬叶芽萌动，11 月初落叶，营养生长期 200d 左右。

综合评价　适宜冷凉半湿润的环境，抗寒和抗旱能力较强，产量较高，是鲜食优良品种。抗细菌性穿孔病，易遭蚜虫危害。

37 槜李

Zuili

产地及分布　原产浙江桐乡桃源村，栽培历史 2500 余年。曾是历代封建王朝的“贡品”，是极负盛名的优良李品种。现分布于浙江的嘉兴、海宁、海盐、吴兴、长兴、杭州以及江苏、安徽等地。

经济学性状　果实扁圆形，平均单果重 45.0g，最大果重 95.0g，果实纵径 4.5cm，横径 5.2cm。果顶平广微凹，果顶中心常有一条顺缝合线的小裂痕，缝合线由果顶至梗洼逐渐加深，片肉不对称，梗洼深。果皮底色黄绿，着暗紫红色，密布大小不等的黄褐色果点，果皮富有韧性，不易剥离。果粉薄，白色。果肉橙黄色，肉质致密，过熟时变软，果汁极多，纤维粗而多，味甘甜，具浓香。可溶性固形物 14.5%，总糖 5.8%，总酸 1.0%。粘核，核小，倒卵圆形，淡黄褐色，表面粗糙，具粗而深的核纹，仁黄褐色，小而干瘪。果可食率 97.2%，鲜食品质上等，在常温下果实可贮放 6d。

植物学性状　树冠为自然半圆形，树姿开张。主干较光滑，树皮条状裂，暗灰色。枝条较密，多年生枝褐色，自然斜生，无绒毛。叶倒卵圆形或椭圆形，基部楔形，先端渐尖，叶色深绿；叶边缘有皱纹，锯齿细、浅，多为复锯齿，叶背面主脉淡绿色，带浅紫红色。花白色，5 ~ 7 瓣，雄蕊 37 枚，每芽有花 2 朵。树势中庸，根系分布浅而广，须根发达。萌芽率 60.3%，成枝力 24.2%。自花结实率仅 5.4%，采用人工授粉结实率可达 21.8%。3 ~ 5 年生开始结果，8 ~ 10 年生可进入盛果期，一般经济寿命 35 年。在桐乡 2 月中下旬花芽萌动，3 月下旬或 4 月初盛花，花期持续 7 天，5 月中旬核硬化，7 月上旬果实成熟。在国家果树种质熊岳李杏资源圃 4 月下旬盛花，8 月初果实开始着色，8 月上旬果实成熟。4 月中旬叶芽萌动，11 月上旬落叶。

综合评价　栽培历史悠久，适应性不强，产量较低，对栽培技术要求较高，但鲜食品质极上，是古老的优良农家品种。不抗穿孔病和褐腐病，易遭蚜虫、红蜘蛛、蚧壳虫及蛀干害虫危害。

第二节 观赏李种质资源

1 垂枝樱桃李

Chuizhiyingtaoli

产地及分布 原产新疆霍城大西沟的阿倍英沟，现主要分布于新疆。

经济学性状 果实卵圆形，平均单果重4.8g，果实纵径2.2cm，横径1.95cm，侧径2.06cm。果顶圆，有小尖，缝合线中，明显，片肉对称，果实着紫黑色，果粉中多。果肉黄色，肉质柔软，汁液多，味甜酸，可溶性固形物15.6%。核果近球形或椭圆形，粘核，核椭圆形或卵球形，先端急尖，浅褐带白色，表面平滑或粗糙或有时呈蜂窝状，背缝具沟。

植物学性状 树冠丛状扁圆形。叶片椭圆形，基部阔楔形，先端渐尖。花白色，花冠直径1.5cm，花瓣卵形，基部多皱。萼片椭圆形，绒毛少，雌蕊长0.6cm，雄蕊25～30枚，与雌蕊近等长。在霍城4月中旬萌芽，5月上旬开花，8月中旬果实成熟，果实发育期约100d。

综合评价 抗寒，抗旱，适应性强，下垂的枝条上挂满紫黑色的果，可广泛用于城建、园林绿化等。

图4-56 ‘垂枝樱桃李’结果状

2 红叶李

Hongyeli

产地及分布 别名‘红李’、‘观赏李’、‘樱桃李’。原产北京，是樱桃李的一个变型。因果、叶是红色，被广泛用于城建和园林绿化。现分布于北京、辽宁、山东、山西、云南、湖南、湖北、广东、福建、浙江、江苏、四川、陕西、河南、河北等地。

经济学性状 果实圆形，平均单果重12.1g，最大果重13.0g，果实纵径2.5cm，横径3.4cm，侧径2.8cm。果顶平，缝合线浅，不明显，片肉对称，梗洼圆、窄、浅。果皮红色，从幼果至成熟颜色不变，果皮中厚，难剥离；果粉少，白色。果肉红色，肉质软，纤维少，果汁多，味酸甜，无香味。可溶性固形物12.6%，pH值4.4，总糖7.2%，总酸1.9%。粘核，核小，椭圆形，淡黄褐色，表面较光滑，具浅孔状核纹，顶部尖，基部圆或平。果可食率94.7%，鲜食品质中，在常温下果实可贮放3～7d。

植物学性状 树冠圆锥形或纺锤形，树姿直立。主干光滑，树皮暗紫色。枝条密度中等。多年生枝暗灰色，

图 4-57 ‘红叶李’果形

图 4-58 ‘红叶李’叶色

1年生枝自然斜生，淡红褐色，光滑无毛。叶卵形，基部圆，先端渐尖，成熟叶片正面绿，背面紫红色，幼叶正反面均紫红色，叶缘锯齿粗钝，叶面平而无毛，叶背主脉侧有绒毛，较密。花瓣淡粉红色，凋谢时变为红色，5瓣，雄蕊20～30枚，每芽有1朵花，稀2朵。幼果为红色。树势中庸，根系分布浅，须根发达，萌芽率57.0%，成枝力36.0%。自花授粉结实率为零，开花多，坐果率较低。2～3年生开始结果，5～6年生可进入盛果期，经济寿命30年以上。在国家果树种质熊岳李杏资源圃4月中旬花芽萌动，4月下旬盛花，花期持续5～8d，7月底至8月初果实成熟，果实发育期约95d。4月中旬叶芽萌动，11月中旬落叶，营养生长期约210d。

综合评价　花、果、叶均红色，是珍贵的观赏资源，可广泛用于城建、园林绿化等。适应性较广。

图 4-59 ‘红叶李’结果状

3 紫叶矮樱李

Ziyeaiyingli

产地及分布 ‘紫叶李’和‘矮樱’的杂交种，原产美国，我国20世纪80年代由北京植物园从美国引进。现全国各地引种栽培。

植物学性状 落叶灌木或小乔木，树冠丰满，枝条幼时紫褐色，通常无毛，老枝有皮孔，分布整个枝条。单叶互生，厚革质，叶长卵形或卵状长椭圆形，长4.0～8.0cm，先端渐尖，叶基部广楔形，中部渐宽，叶缘有不整齐的细钝齿，叶紫红色或紫色，背面色彩更红。初生叶片紫红亮丽，小枝紫红色。花单生，中等偏小，淡粉红色，花瓣5片，微香，雄蕊多数，单雌蕊，花期4～5月。7月果熟，紫黑色。

综合评价 适应性强，性喜光，耐寒能力较强，抗病力强，生长较慢，耐修剪，半阴条件仍可保持紫红色。适于东北、华北、西北、华东、华中等地区生长，可孤植、丛植、盆栽或用于盆景制作，也是制作绿篱、色带、色球等的上选之材。

4 紫叶李

Ziyeli

产地及分布 原产亚洲西南部，我国华北及其以南地区广为种植，是园林彩化的重要树种。

经济学性状 核果扁球形，径1.0～3.0cm，腹缝线上微见沟纹，无梗洼，熟时黄、红或紫色，光亮或微被白粉，果常早落。

图 4-60 ‘紫叶矮樱李’叶色

图 4-62 ‘紫叶矮樱李’局部结果状

图 4-61 ‘紫叶矮樱李’树体

图 4-63 ‘紫叶李’整株开花状

图 4-64 ‘紫叶李’花

植物学性状 树冠圆形或扁圆形，干皮紫灰色，小枝淡红褐色，均光滑无毛，单叶互生，叶卵圆形或长圆形状披针形，先端短尖，基部楔形，缘具尖细锯齿，羽状脉 5 ~ 8 对，两面无毛或背面脉腋有毛，色暗绿色或紫红，叶柄光滑多无腺体，花单生或 2 朵簇生，白色，雄蕊约 25 枚，略短于花瓣，花期 4 ~ 5 月，果熟期 6 ~ 7 月。

综合评价 稍耐隐蔽，不耐寒，较耐湿。具有一定的抗旱能力。生性强健，对土壤适应性强，根系较浅，萌生力较强。宜配植于庭园中屋旁窗前，草坪上可丛植，与常绿树间植。

第三节 特异李种质资源

1 埃姆普莱斯李

Aimupulaisili

产地及分布 原名 Empress。原产美国。1989 引入国家果树种质熊岳李杏资源圃。

经济学性状 果实圆形，平均单果重 74.0g，最大果重 83.5g，果实纵径 6.2cm，横径 4.7cm，侧径 4.9cm。果顶平，缝合线不明显，片肉对称。果柄长 1.7cm，与果连接较紧，不易取下。梗洼圆，极浅，窄。果实蓝色，果粉厚、白色，果皮厚，难剥离。肉质松脆，纤维多，中粗，汁液多，味酸甜。可溶性固形物 13.0%，pH 值 3.1，总糖 9.2%，总酸 0.8%。粘核，核长椭圆形，表面中粗，呈蜂窝状，核特大，长，背线明显。果可食率 93.0%，品质中，常温下可贮存 10 ~ 15d。

植物学性状 树冠圆头形，树姿较直立。叶片椭圆形，基部圆或宽楔形，先端渐尖，叶面较平滑，叶背有毛，叶缘锯齿粗，蜜腺圆形，中大，1 ~ 2 个。树势中庸，3 年生开始结果，7 年进入盛果期，以花束状果枝结果为主，采前落果轻。在国家果树种质熊岳李杏圃中，4 月上旬花芽萌动，4 月下旬盛花期，花期 6 ~ 8d，9 月中旬果实成熟，果实发育期 140d。4 月中旬叶芽萌动，10 月中旬落叶，树体营养生长期约 180d。

综合评价 适应性较强，丰产性较好，果实较大，成熟期晚，是较好的晚熟鲜食品种。但不抗流胶病。

图 4-65 ‘埃姆普莱斯李’果形

图 4-66 ‘埃姆普莱斯李’局部结果状

2 奥本琥珀李

Aobenhupoli

产地及分布 原名Au-amber。原产欧洲。1989年由张加延从美国农业部东南果树和坚果试验站引入，现保存于国家果树种质熊岳李杏资源圃。

经济学性状 果实椭圆形，平均单果重33.7g，最大果重43.0g，果实纵径3.9cm，横径3.6cm，侧径3.9cm。果顶平，缝合线浅，明显，片肉对称，梗洼浅窄。果皮厚，底色淡黄，着紫黑色，果粉薄、白色，果皮易剥离。果肉淡黄，肉质松软，纤维少而细，汁多，味甜，皮涩，有浓香。可溶性固形物17.8%，pH值4.7，总糖11.7%，总酸1.1%。粘核，核椭圆形，表面中粗，呈蜂窝状，核多裂开，内无种子，子叶退化。果可食率97.0%，品质中上，常温下果实可贮存3～5d左右。

植物学性状 树冠扁圆形，树姿半开张。叶片披针形，基部楔形，先端短尾尖，叶面光滑，叶背主脉及主脉与侧脉间有毛，叶缘具钝齿，蜜腺肾形，较大，2个。树势中庸，2年生开始结果，5年进入盛果期，以短果枝和花束状果枝结果为主，采前落果轻。在国家果树种质熊岳李杏资源圃中4月上旬花芽萌动，4下旬盛花期，花期5～7d，7月初果实成熟，果实发育期70d。4月中旬叶芽萌动，11月上旬落叶，树体营养生长期约205d。

综合评价 适应性较强，丰产性较好，成熟期极早，品质较好，但裂果严重。

3 矬李

Cuoli

产地及分布 吉林市郊区沙河果农从李子梅实生苗中选出，吉林市郊区沙河栽培较多，郊区其他地方也有栽培。

经济学性状 果实圆形，平均单果重15.0～20.0g，最大果重25.0g，果实纵径3.2cm，横径3.0cm，侧径3.3cm。果顶平，缝合线浅，片肉对称，梗洼浅。果皮底色黄，着紫色，果粉厚，白色。果实肉质细，较软，纤维少，果汁中，无香味。可溶性固形物11.5%，pH值4.0，离核，品质中等。

植物学性状 树冠矮小，自然开心形，树姿开张。主干粗糙，树皮条状裂，灰褐色。多年生枝紫褐色。1年生枝斜生，光滑，浅棕色。叶片椭圆形，基部楔形，先端渐尖，叶色深绿，叶片复锯齿。树势中庸，萌芽率94.0%，成枝力16.1%。3年生开始结果，5～6年生进入盛果期，以花束状果枝结果为主。在长春市郊4月下旬花芽萌动，5月初开花，花期7d左右，8月上旬果实成熟，果实发育期约90d。4月末叶芽萌动，10月中旬落叶，营养生长期170～180d。

综合评价 果小，抗寒，结果早，不丰产，树体矮小，适合宅旁栽培。

图4-67 ‘奥本琥珀李’局部结果状

4 大紫李

Dazili

产地及分布 原产河北。栽培历史较悠久。现分布于河北、辽宁等地。

产地及分布 果实长圆形，平均单果重46.0g，最大果重72.0g，果实纵径4.0cm，横径4.0cm，侧径3.9cm。果顶平或凹，缝合线浅，片肉较对称；梗洼深而广。果皮底色黄绿，着紫黑色，果粉灰白色，果皮厚。果肉黄色，肉质松软，纤维少，汁较多，味甜酸，微香。可溶性固形物11.3%，pH值4.0，总糖6.3%，总酸1.6%，单宁0.2%。离核，核椭圆形，表面较粗。果可食率98.3%，品质中上，常温下果实可

图 4-68 ‘大紫李’局部结果状

贮存 6d 左右。

植物学性状 树冠自然半圆形，树姿半开张。树势中庸，萌芽率 78.0%，成枝力 12.0%。3 年生开始结果，5 ~ 7 年进入盛果期，单株产 30.0kg，经济寿命 30 年。以短果枝和花束状果枝结果为主。在国家果树种质熊岳李杏资源圃中，4 月初花芽萌动，4 月下旬盛花期，花期 6d，7 月下旬果实成熟，果实发育期 90d。4 月中旬叶芽萌动，11 月初落叶，营养生长期约 195d。

综合评价 抗寒、抗旱性较强，是鲜食优良品种。易遭蚜虫危害。

5 好莱坞李

Haolaiwuli

产地及分布 原产美国，1989 年引入国家果树种质熊岳李杏资源圃。

经济学性状 果实圆形，平均单果重 35.7g，最大果重 44.0g，果实纵径 3.9cm，横径 3.8cm，侧径 4.0cm。果顶尖，缝合线浅，不明显，片肉对称，梗洼圆、浅、广。果柄长 2.4cm。果皮从幼果时即为紫红色，果皮中厚，难剥离。果粉中厚，白色。果肉红色，肉质松脆，纤纤维中多细，果汁多，味酸甜。可溶性固形物 14.8%，pH 值 3.9，总糖 9.1%，总酸 1.5%。粘核，核椭圆形，表面光滑，侧线凸起，核基楔形。果可食率 97.5%，品质上，常温下可贮存 5 ~ 7d。

植物学性状 树冠圆头形，树姿较直立。花芽花朵数为 1 朵或 2 朵，雄蕊 27 ~ 33 枚。叶片倒披针形，基部圆，先端短尾尖，叶紫红色，叶面波状，叶背主脉侧有毛，叶缘具粗齿，多为复齿。树势强，成枝力强，2 年生开始结果，5 年进入盛果期，以中、短果枝和花束状果枝结果为主。在国家果树种质熊岳李杏资源圃 4 月上旬花芽萌动，4 月下旬盛花期，花期 6 ~ 8d，7 月下旬果实成熟，果实发育期 90d。4 月中旬叶芽萌动，10 月下旬落叶，树体营养生长期约 190d。

综合评价 适应性较强，丰产性好，果中等大，品质上，是较好的早熟鲜食品种。叶果均为紫红色，有一定的观赏价值。

图 4-69 ‘好莱坞李’结果状

6 李王李

Liwangli

图 4-70 ‘李王李’整株结果状

产地及分布 李王是日本果农的主栽和当家品种，在日本被誉为“李中之王”。该品种1992年引入我国，现分布于湖南、湖北、河北、北京、辽宁等地。

经济学性状 果实近圆形，平均单果重102.0g，最大果重158.0g。果皮浓红色，全面着色，果点不明显，外观极美丽。果肉橘黄色，多汁，出汁率达70.0%，香气浓，酸味轻，是李品种中含糖量最高的品种，含糖量达17.0%，可溶性固形物为12.0%～14.0%。品质极上，较耐贮运，采后常温下可贮放7～10d。

植物学性状 树形宜选用自然开心形。一般定植后第二年开花结果，3年生树的亩产量为700.0～1000.0kg，第四年达到丰产，亩产量在2000.0kg以上。该品种以短果枝和花束状果枝结果为主，并以‘圣玫瑰’或‘蜜思李’品种授粉为好，其短果枝占45.0%，花束状果枝占53.0%，自花结实率为7.0%，异花授粉坐果率可达56.0%以上。在河北保定，3月初萌芽，始花期在3月下旬，果实成熟期在6月中旬，果实发育期约75d。

综合评价 结果早、丰产、稳产，无采前裂果和落果现象，抗病虫力较强，成熟期早，品质极上，是一个很有发展前途的极早熟品种。

图 4-71 ‘李王李’局部结果状

图 4-72 ‘李王李’果形

7 女皇李

Nühuangli

产地及分布 属于欧洲李，原产美国。现分布于河北、北京及辽宁等地。

经济学性状 果实长椭圆，平均单果重83.8g，最大果重180.0g，果实纵径6.1cm，横径4.8cm。果顶平，梗洼浅、广，缝合线平，片肉对称。果皮黄，着蓝黑，果粉厚，蓝白色，果皮不易剥离。果肉黄色，肉质硬脆，果汁少，纤维少，味酸甜，无香味，无涩味。可溶性固形物12.4%，总糖9.2%，总酸0.7%。离核，核大，长圆形，表面平滑。鲜食品质中等，在常温下果实可贮放7d。

植物学性状 树姿开张直立，多年生枝红褐色，1年生枝直立，节间长3.0cm。叶椭圆形，基部圆形，先端渐尖，叶色深绿，叶缘粗锯齿，叶皱缩，叶背有茸毛，叶柄无腺体。花萼绿色。花白色，每芽有花1～2朵。树势弱。自然结实率54.7%，自花结实率48.1%。采前落果重。在国家果树种质熊岳李杏资源圃5月初盛花，9月上旬果实成熟，果实发育期130d左右。4月中旬叶芽萌动，10月下旬落叶。

综合评价 自花结实，丰产、稳产、果实大、耐贮运，最宜加工。抗寒、抗旱力较差。不抗穿孔病。

图4-73 ‘女皇李’局部结果状

图4-74 ‘女皇李’果形

第五章
杏主要种质资源

第一节 肉用杏种质资源

1 阿努科卡杏

Anukekaxing

产地及分布 原产新疆巴音郭楞蒙古自治州，新疆南部栽培较多。1985年引入国家果树种质熊岳李杏资源圃内。

经济学性状 果实圆形，平均单果重30.4g，最大果重35.0g，果实纵径3.6cm，横径3.7cm，侧径3.6cm。果顶圆凸，缝合线较深，显著，片肉对称。果皮绿黄或黄色，阳面着1/2～3/4紫红色，果面有茸毛、无果粉、蜡质层明显，果皮较厚，不易与果肉剥离。果肉橙黄色，色泽一致，肉质较软，纤维中多，汁中多，味甜，有香气。可溶性固形物15.8%，pH值4.3，Vc含量7.1mg/100g，总糖10.1%，总酸1.4%。离核，核椭圆，核表面粗糙，网纹明显，仁苦、干瘪。常温下可贮放5～7d。

植物学性状 树冠杯状形，树姿直立。主干较粗糙，树皮条状裂，灰褐色，多年生枝红棕色。1年生枝较粗壮，斜生，阳面棕色，背面灰绿色，光滑无毛。叶片长圆形，叶尖渐尖，基部圆形或截形，叶片绿色，有光泽，背面有茸毛，叶缘整齐，锯齿小、锐、浅，为重锯齿。花5瓣，雌蕊1枚，花粉黄色。树势强。在辽宁熊岳调查，3月上旬花芽萌动，4月末开花，1～2d后进入盛花，花期比一般品种花期晚10d左右，花期7d，果实7月下旬成熟，果实发育期80d。4月上旬叶芽萌动，4月末展叶，10月末落叶，树体营养生长期180d。萌芽率80.0%，成枝力16.0%。3年生开始结果。以短果枝和花束状果枝结果为主。

综合评价 抗寒、抗旱，适应性强。果实宜鲜食，品质上。

图5-1 ‘阿努科卡杏’果形

2 巴斗杏

Badouxing

产地及分布 别名‘大巴斗杏’、‘黄巴斗杏’。原产安徽萧县，是安徽淮北地区古老品种，至今有400余年的栽培历史。已在国家果树种质熊岳李杏资源圃内保存。现主要分布于安徽、河南、山东等地。

经济学性状 果实近圆形，平均单果重52.0g，最大果重75.0g。果顶平，微凹，果实缝合线浅，明显，片肉对称，梗洼深而广。果面底色橙黄色，阳面着红色；果面茸毛多。果肉橙黄色，肉质细，致密，纤维少，汁中等，味酸甜适口，有香味。可溶性固形物14.5%，还原糖4.3%，总酸1.3%。离核，仁甜。

植物学性状 树冠自然圆头形，树姿半开张。主干暗灰色，多年生枝棕褐色，1年生枝深红色，光滑无毛。叶片椭圆形，基部圆形，叶尖渐尖，叶缘波状，单锯齿，大小相间，圆钝。叶色浓绿，有光泽；叶片厚，叶柄紫红色。花蕾粉红色，花白色，5瓣，雌蕊高于雄蕊的花占26.0%，雌蕊与雄蕊等高的花占64.0%，雌蕊低于雄蕊的花占5.0%，雌蕊退化的花占5.0%。树势强。萌芽率54.0%，成枝力48.0%，坐果率50.0%。在国家果树种质熊岳李杏资源圃调查，3月上旬花芽萌动，4月中旬盛花，花期4～6d，7月中旬果实成熟，果实发育期85d左右。3月下旬叶芽萌动，11月中旬落叶，树体营养生长期约210d。在安徽淮北地区调查，3月上旬花芽萌动，4月初盛花，花期4～6d，6月中下旬果实成熟，果实发育期约85d。3月底叶芽萌动，11月中旬落叶。

综合评价 果实酸甜适口，品质上，是优良的鲜食和加工兼用品种，适应性广，抗寒、抗旱与抗病性均强，较丰产。

图5-2 ‘巴斗杏’整株结果状

图5-3 ‘巴斗杏’局部结果状

图5-4 ‘巴斗杏’果形

3 白砘轱辘杏

Baidunguluxing

产地及分布　原产河北衡水的故城，系农家品种。在河北衡水各县有栽培。

经济学性状　果实扁圆形，平均单果重 28.8g，果实纵径 3.2cm，横径 3.7cm，侧径 3.5cm。果顶圆平，中央稍凹，缝合线深、中宽，显著，片肉对称。果皮黄白色，具紫红色果点。果肉黄白色，肉质细、柔软，纤维少，汁中等，味甜，香蕉气味浓。可溶性固形物 14.5%。离核，核圆形，鲜核重 1.3g，仁苦，短圆锥形。

植物学性状　树冠自然半圆形，树姿开张。主干粗糙，灰黑色。多年生枝灰褐色。1年生枝黄绿色。叶片卵圆形，基部心形，先端渐尖。叶色浅绿；叶缘下垂整齐，单锯齿，浅而钝，主脉黄绿色。雌蕊 1 枚，雄蕊 27 ~ 30 枚，花药黄色。树势较弱。在故城调查，3 月中旬花芽萌动，4 月上旬盛花，花期 7d，6 月中旬果实成熟，果实发育期约 70d。4 月上旬叶芽萌动，11 月上旬落叶，树体营养生长期约 210d。萌芽率 64.0%，成枝力 55.0%。4 年生开始见果，9 年生进入盛果期，成龄树株产 200.0 ~ 250.0kg。以短果枝和花束状果枝结果为主。

综合评价　抗旱、抗风。丰产、稳产。品质上，是较好的鲜食品种。果实很小。

图 5-5 ‘白砘轱辘杏’结果状

4 白果杏

Baiguoxing

产地及分布　原产于辽宁熊岳，主要分布于辽宁南部。1983 年引入国家果树种质熊岳李杏资源圃内。

经济学性状　果实卵圆形，平均单果重 55.8g，最大果重 79.5g，果实纵径 4.4cm，横径 4.8cm，侧径 4.5cm。果顶平，微凹，缝合线浅、广，片肉不对称。果皮底色淡绿黄，阳面着红色。果面斑点大、稀。果肉黄白色，近核处白色，肉质脆硬，纤维中多，汁多，味酸甜，香气浓。可溶性固形物 12.2%，pH 值 4.2，Vc 含量 9.7mg/100g，单宁 0.2%，果胶 0.3%，总糖 6.6%，总酸 1.0%。粘核，核阔卵圆形，仁苦，饱满。可食率 90.0%，在常温下果实可存放 3 ~ 5d。

植物学性状　树冠自然半圆形，树姿半开张。春季嫩梢红色。夏季叶片平展。花 5 瓣，白色，雌蕊与雄蕊等高的花占 35.0%，雌蕊低于雄蕊的花占 37.0%，退化花占 28.0%。树势中庸。在熊岳地区调查，3 月下旬至 4 月上旬花芽萌动，4 月中下旬盛花，花期 5d，7 月中旬果实成熟，果实发育期约 80d。4 月下旬叶芽萌动，10 月中旬落叶，树体营养生长期 170d。萌芽率为 48.0%，成枝力 37.0%。3 年生开始结果，以花束状果枝结果为主。

综合评价　抗寒、抗旱，适应性一般，较丰产。果实较大，外形美观，汁多，香气浓，品质中，不耐运输，是中晚熟鲜食品种。

图 5-6 ‘白砘轱辘杏’果形

图 5-7 ‘白果杏’局部结果状

5 白沙杏

Baishaxing

产地及分布 陕西商州古老品种，陕西南部和河南西部有分布，以商州地区最著名。现保存于国家果树种质熊岳李杏资源圃中。

经济学性状 果实圆形，平均单果重39.0g，果实纵径4.2cm，横径4.2cm，侧径4.2cm。果顶凹，缝合线深，显著，片肉不对称。果面底色黄白，阳面淡黄，有斑点，果肉黄白色，肉质较粗，纤维少，汁少，味甜，有香气。可溶性固形物11.5%，pH值5.0，Vc含量13.8mg/100g，单宁0.2%，总糖7.5%，还原糖4.2%，总酸0.9%。离核，核纺锤形，仁甜，饱满。果实在常温下可贮放7d。

植物学性状 树冠圆头形，树姿开张。主干树皮条状裂，暗灰色。多年生枝灰褐色。1年生枝粗壮，斜生，淡红色，光滑无毛。叶片圆形，基部楔形，叶尖急尖，叶片较厚，叶色淡绿，有光泽，叶缘不整齐，重锯齿，圆钝。花白色5瓣，雌蕊1枚，雄蕊30枚。树势中庸。在河南辉县调查，3月上旬花芽萌动，3月中旬盛花，花期7～10d，6月上旬果实成熟，果实发育期80d。3月中旬叶芽萌动，11月上旬落叶，树体营养生长期约230d。萌芽率33.0%，成枝力56.0%。4年生开始结果，7～8年生进入盛果期，以短果枝结果为主。

综合评价 抗旱，抗寒，适应性强，较丰产。果实甜而汁少，具香气，品质上，为优良中熟鲜食品种。

6 白真杏

Baizhenxing

产地及分布 河南省滑县地方品种，分布于该县城关等乡。

经济学性状 果实卵圆形，平均单果重17.4g，最大果重21.4g，果顶圆形，缝合线浅、显著，片肉不对称。果面黄色，着1/3红色，果面有红色斑点，茸毛中多。果皮中厚，难剥离。果肉黄色，肉质细、中密、软，纤维细，味甜酸适度，有香气。可溶性固形物10.5%，pH值4.0，Vc含量12.3mg/100g，单宁0.2%，总糖5.0%，还原糖1.2%，总酸1.6%。离核，核扁圆形，仁甜，饱满。可食率90.0%，常温下可贮放4～5d。

图5-10 ‘白真杏’局部结果状

植物学性状 树冠自然圆头形，树姿半开张。主干粗糙，树皮丝状裂，暗灰色。多年生枝褐色。1年生枝斜生、棕色，有光泽，无茸毛。叶片卵圆形，基部截形，叶尖渐急尖，叶色绿，有光泽，叶缘不整齐，单锯齿，中、大、粗钝。树势中庸。在滑县调查，3月中下旬花芽萌动，3月底盛花，花期5～7d，6月中旬果实成熟，果实发育期75d。3月下旬叶芽萌动，10月下旬落叶，树体营养生长期约200d。萌芽率42.0%，成枝力35.0%。3～4年生开始结果，成龄树株产150.0kg，大小年明显。以短果枝结果为主。

综合评价 适应性强，果实成熟期不一致，能延续7～8d，果实品质上，为中熟的鲜食品种。

图5-8 ‘白沙杏’局部结果状

图5-9 ‘白真杏’果形

7 棒锤杏
Bangchuixing

产地及分布　原产河北，地方品种。分布河北、辽宁。在河北广宗有栽培。1985 年引入国家果树种质熊岳李杏圃中。

经济学性状　果实椭圆形，平均单果重 66.0g，最大果重 75.0g。果皮绿黄色，阳面着粉红霞。果肉橙黄色，近核处橙黄色，肉质硬，纤维中粗、味酸甜。可溶性固形物 16.0%，pH 值 3.9，Vc 含量 8.6mg/100g，总糖 5.2%，总酸 1.8%。粘核，仁苦。

植物学性状　辽宁熊岳地区 7 月上旬果实成熟。

综合评价　中晚熟品种。适应性一般，果实个大，品质中上。

图 5-11　‘棒锤杏’果形

8 宝石红杏
Baoshihongxing

产地及分布　‘宝石红’杏是河北农业大学 2006 年在张家口阳原县要家庄乡西辛庄 3 年生桃树实生苗中发现的优良单株，2008 年 12 月通过河北省林木品种审定委员会认定，在石家庄、保定、衡水等地有栽培。

经济学性状　果实近圆形，果顶微尖，平均单果重 47.8g，果面茸毛细短，较光滑，底色黄色，阳面 70% 着红晕，有红色果点，外观美丽。果皮中厚，果肉黄色，肉质细嫩，纤维少，汁液较多，风味甜，具香气，可溶性固形物含量 19.4%，果实可溶性糖 18.3%，淀粉 0.3%，蛋白质 0.70mg/g，可滴定酸 0.8%，Vc 含量 6.5mg/100g，氨基酸（以氨基态氮计）8.9mg/100g。离核，耐贮运。

植物学性状　幼树生长势强旺，萌芽力、成枝力强。结果后形成大量中短枝和花束状果枝，趋向中庸。早果性强，定植第三年开花株率和结果株率均为 100%。以短果枝结果为主，成龄树短果枝占果枝总量的 85.0% 以上，中长果枝和花束状果枝占 15.0% 左右。

综合评价　抗裂果。耐旱，耐瘠薄，丰产稳产。

9 贝贝壳杏
Beibeikexing

产地及分布　原产法国，原名为 Bebeco。1981 年北京市农林科学院林业果树研究所覃兰英等从法国引进，1984 年引入国家果树种质熊岳李杏资源圃。

经济学性状　果实圆形，平均单果重 38.9g，最大果重 58.8g，果实纵径 4.0cm，横径 4.2cm，侧径 4.0cm。果顶平或微凹，缝合线浅、广，片肉对称，梗洼深、广。果皮黄色，阳面着红色；果面斑点极多、紫色，果面茸毛多。果肉黄色，肉质密、硬，纤维中多，汁少，味甜酸，有余苦。可溶性固形物 11.1%。pH 值 4.2。离核，有空腔，仁苦，品质中。

植物学性状　在熊岳调查，4 月初花芽萌动，4 月中下旬开花，4 月下旬盛花，7 月中旬果实成熟，果实发育期约 85d。4 月中旬叶芽萌动，5 月初展叶，11 月初落叶，树体营养生长期约 200d。雌蕊高于雄蕊的花占 28.0%，雌蕊与雄蕊等高的花占 47.0%，雌蕊低于雄蕊的花占 11.0%，雌蕊退化的花占 14.0%。萌芽率 40.0%，成枝力 67.0%。

综合评价　果实小，品质中，果肉宜加工杏罐头，是鲜食、加工兼用品种。

图 5-12　‘贝贝壳杏’局部结果状

10 北寨红杏
Beizhaihongxing

产地及分布 原产于北京平谷北寨，北京其他地区也有少量栽培。

经济学性状 果实圆形，平均单果重37.0g，果实纵径3.8cm，横径4.0cm。果顶平，缝合线浅，不显著，片肉稍不对称，果皮底色橙黄，果面茸毛少，果皮中厚、韧，难剥离。果肉橙黄色，肉质细，纤维少，汁液中多，酸甜适口。可溶性固形物14.0%，Vc含量11.3mg/100g，总糖9.0%，总酸1.3%。离核，核椭圆形，仁饱满，香甜。可食率95.4%，品质上等。

植物学性状 树冠自然圆头形，树姿开张。主干树皮粗糙，灰褐色，皮深纵裂。多年生枝棕褐色。1年生枝褐色，直立，有光泽。叶片长圆形，基部圆形，叶尖急尖，叶深绿色，叶面平展，略有抱合。叶缘锯齿钝。树势中庸。在原产地3月中下旬花芽萌动，4月初开花，花期5d，6月中旬果实成熟，果实发育期约70d。4月上中旬叶芽萌动，11月上旬落叶，营养生长期约210d。以短果枝结果为主。

综合评价 结果早，丰产，连续结果能力强，果实成熟一致，果形整齐，果肉色泽鲜艳，核小，肉厚，可食率高，是良好的加工品种。

11 比瓦之杏
Biwazhixing

产地及分布 原产澳大利亚，原名为Beowze Tipmyrobaian。1999年4月辽宁省果树科学研究所张加延、伊凯等人从澳大利亚引入国家果树种质熊岳李杏资源圃内。

经济学性状 果实卵圆形，平均单果重7.7g，最大果重9.0g，果实纵

图5-13 ‘北寨红杏’整株结果状

图5-14 ‘北寨红杏’局部结果状

图5-15 ‘北寨红杏’果形

图 5-16 ‘比瓦之杏’果形

年引入国家果树种质熊岳李杏资源圃。

经济学性状 果实阔圆形，平均单果重 33.5g，最大果重 47.7g，果实纵径 4.3cm，横径 4.6cm，侧径 4.1cm，果顶圆，缝合线浅，片肉不对称，梗洼波状，中深、广。果皮绿黄色，阳面着黄红晕。果面斑点紫色，果面密被茸毛。果肉橘黄色，肉质硬，致密，略脆，有粗纤维，汁中，味酸甜，味浓。Vc 含量 8.6mg/100g，总糖 6.5%，总酸 1.2%。仁甜，品质中。

植物学性状 树冠半圆形，树姿较开张，花 5 瓣，粉白色，雌蕊 1 枚，雄蕊 25 枚。树势中庸。在熊岳调查，4 月上旬开花。7 月中旬果实成熟，果实发育期为 90d。雌蕊高于雄蕊的花占 12.0%，雌蕊与雄蕊等高的花占 81.0%，雌蕊低于雄蕊的花占 2.0%，雌蕊退化的花占 5.0%。萌芽率 39.0%，成枝力 62.0%。

综合评价 果实小，品质中，可作为资源保存。

径 2.3cm，横径 2.2cm，侧径 2.2cm。果顶圆，缝合线浅。果皮底色黄，果面有果粉、厚。果肉红色，可溶性固形物 10.4%，总糖 5.7%，总酸 3.3%，Vc 含量 13.8mg/100g。粘核。

植物学性状 在辽宁熊岳地区 4 月上旬花芽萌动，4 月下旬开花，7 月中旬果实成熟，果实发育期约 78d。高接后第二年就开花结果。

综合评价 结果早，极丰产，可做砧木资源。

12 博哥罗杏

Bogeluoxing

产地及分布 原产法国，原名为 Bergero。1981 年北京市农林科学院林业果树研究所覃兰英等从法国引进，1984

图 5-17 ‘博哥罗杏’局部结果状

13 菜籽黄杏
Caizihuangxing

产地及分布 别名‘早麦黄’、‘菜籽杏’、‘早春杏’。主产于山东梁山、郓城、菏泽、曹县一带及安徽淮北一带。

经济学性状 果实近圆形，平均单果重27.0g，纵径3.5cm，横径3.7cm，侧径3.6cm。果顶平，微凹，缝合线浅，不明显，片肉对称，梗洼浅、广。果皮黄色，阳面着红色，果面斑点小、较密，果面茸毛少，皮薄，易与果肉分离。果肉橙黄色；肉质细软，纤维中等，汁少，味酸甜。可溶性固形物11.0%，pH值5.5，Vc含量10.1mg/100g，总糖2.3%，总酸2.7%。离核，核圆形，仁苦，饱满。品质中下。常温下可贮放3～5d。

图5-18 ‘菜籽黄杏’果形

植物学性状 树冠自然圆头形，树姿半开张。主干灰褐色，纵裂细而浅。1年生枝红褐色，直立，光滑，皮孔中大、凸起、较密、圆形。叶片近圆形，先端渐尖，叶基圆形，叶绿色，叶面平展，叶缘单锯齿、粗钝。花5瓣，粉白色，雌蕊与雄蕊等高的花占24.0%，雌蕊与雄蕊等高的花占68.0%，雌蕊低于雄蕊的花占4.0%，雌蕊退化花占4.0%。树势中庸。在安徽亳县调查，3月上旬花芽萌动，4月初盛花，花期7d，5月底果实成熟，果实发育期约58d。3月下旬叶芽萌动，4月上旬展叶，11月中旬落叶，树体营养生长期220d。自然坐果率50.0%。萌芽率为81.0%，成枝力45.0%。以中、短果枝结果为主。

综合评价 分布广，适应性强，抗旱，特别是对早春低温有一定的抵抗能力。坐果率高，较丰产、稳产，成熟期极早，果实很小，品质一般，可在城郊及工矿区周围适当发展。

图5-19 ‘菜籽黄杏’整株结果状

图5-20 ‘菜籽黄杏’局部结果状

14 草坯杏
Caopixing

图 5-23 ‘草坯杏’果形

产地及分布 别名‘四平杏’。原产陕西乾县泔河河谷及礼泉赵渡一带。1984 年引入国家果树种质熊岳李杏圃内。

经济学性状 果实扁圆形，平均单果重 45.9g，最大单果重 62.7g，果实纵径 3.9cm，横径 4.4cm，侧径 4.4cm。果顶凹或平，缝合线浅、广，片肉对称。果皮黄色，阳面有红果点、大、明显。果面茸毛少，果皮中厚，不易剥皮。果肉橙黄色，肉质松软、纤维细少，汁多，味酸甜适度。可溶性固形物 11.5%，pH 值 4.1，Vc 含量 7.0mg/100g，总糖 7.3%，总酸 1.3%。半离核，核圆形，仁甜，饱满。可食率 97.0%，常温下果实可贮放 3 ~ 5d。

植物学性状 树冠自然圆头形，幼树呈不规则形，树姿半开张。春季嫩梢绿色。叶片大，长圆形，叶较薄，淡绿色，叶缘锯齿钝。花 5 瓣，白色。雌蕊高于雄蕊的花占 78.0%，雌蕊与雄蕊等高的花占 3.0%，雌蕊低于雄蕊的花占 2.0%，雌蕊退化的花占 17.0%。树势中庸。在辽宁熊岳调查，3 月下旬花芽萌动，4 月中下旬盛花，7 月上旬果实成熟，果实发育期约 72d；4 月中下旬叶芽萌动，10 月下旬落叶，树体营养生长期约 200d。在陕西乾县调查，3 月上旬花芽萌动，3 月下旬开花，4 月上旬叶芽萌动。6 月中旬果实成熟。11 月上旬落叶，果实发育期约 80d，树体营养生长期约 210d。萌芽率 39.0%，成枝力 16.0%。3 年生开始结果，7 ~ 8 年生进入盛果期。以花束状果枝和短果枝结果为主。

综合评价 抗霜，较丰产。品质上，不耐贮运，是优良的中熟鲜食品种，可以在华北、西北及辽宁的南部栽培。

图 5-21 ‘草坯杏’整株结果状

图 5-22 ‘草坯杏’局部结果状

图 5-24 ‘曹杏’整株结果状

图 5-25 ‘曹杏’局部结果状

15 曹杏
Caoxing

产地及分布 原产甘肃省庆阳市镇原县，属中熟鲜食杏优良品种，主要分布于甘肃、陕西等地。20 世纪 80 年代甘肃省农业科学院林果花卉所进行全省果树资源普查时，发现并确定为甘肃地方优良品种。现保存于甘肃省农业科学院林果花卉所杏种质资源圃。

经济学性状 果实扁圆形或近圆形，平均单果重 42.5g，最大单果重 65.0g。果顶平，微凹，果实缝合线明显、中深，片肉对称；梗洼中深、广。果实底色橘黄，阳面鲜红晕。果肉橙黄色，肉质较细软，汁液中多，香味浓。果肉可溶性固形物含量 11.0% ~ 14.5%。离核，核圆形，仁甜，饱满。

植物学性状 树冠自然圆头形，树姿半开张。主干深褐色，多年生枝褐色，1 年生枝较粗壮，紫褐色。叶片近圆形，叶基圆形，叶尖渐尖，叶缘锯齿粗钝。叶面平展，深绿色，有光泽，有红褐色圆形蜜腺 2 ~ 5 个。花色粉红。树势强健。栽后 3 年开花结果，6 年生进入盛果期，连续结果能力强，以中短果枝结果为主。在兰州安宁杏资源圃调查，3 月下旬花芽萌动，4 月上旬开花，花期 5 ~ 7d，果实 7 月中旬成熟，果实发育期约 88d。4 月上旬叶芽萌动，11 月上中旬落叶，树体营养生长期约 220d。

综合评价 抗性强，结果早、丰产，果实品质上、较耐贮运，可鲜食、加工制脯。

图 5-26 ‘曹杏’果形

16 昌黎白果杏
Changlibaiguoxing

产地及分布 原产河北昌黎，系地方品种，分布河北、辽宁等地。1984 年引入国家果树种质熊岳李杏资源圃内。

经济学性状 果实心形，平均单果重 40.9g，最大果重 66.3g。果顶突尖，柱头残存明显，缝合线浅、广，片肉不对称。果皮绿白色，阳面着红色，果面斑点紫色。果肉白色，肉质细，松软，汁多，味酸甜。可溶性固形物9.2%，pH值4.0，总糖10.2%，总酸2.2%，Vc含量19.0mg/100g。仁苦。

植物学性状 在原产地，3月下旬花芽萌动，4月中旬开花，花期7d，6月中旬果实成熟，果实发育期约75d。4月上旬叶芽萌动，4月下旬展叶，11月初落叶，树体营养生长期约200d。花5瓣，粉白色。雌蕊高于雄蕊的花占17.0%，雌蕊与雄蕊等高的花占23.0%，雌蕊低于雄蕊的花占14.0%，雌蕊退化的花占46.0%，萌芽率22.0%，成枝力65.0%。

综合评价 果实较小，不耐贮，但品质较好，可作鲜食品种在当地少量栽培。

17 昌黎大白杏

Changlidabaixing

产地及分布 原产河北昌黎，系地方品种，分布河北、辽宁等地。已引入国家果树种质熊岳李杏资源圃内。

经济学性状 果实卵圆形，平均单果重34.6g，最大果重44.6g。果实纵径4.0cm，横径4.0cm，侧径3.8cm。果顶圆，缝合线浅平、不显著，片肉较不对称，梗洼中深、广。果皮绿白色，阳面着暗红色。果面斑点少、紫色。肉质松软，纤维极多，汁少，味酸甜有余苦。可溶性固形物13.7%，pH值4.0，总糖4.6%，总酸2.8%，Vc含量5.5mg/100g。半离核，仁苦。

植物学性状 在熊岳调查，3月下旬花芽萌动，4月中下旬开花，4月下旬盛花，花期7d；7月上旬果实成熟，果实发育期约72d。4月上旬叶芽萌动，5月上旬展叶，11月上旬落叶，树体营养生长期约200d。雌蕊与雄蕊等高的花占94.0%，雌蕊退化的花占6.0%，萌芽率57.0%，成枝力35.0%。

综合评价 果实小，品质下，不宜发展。

18 昌黎大红杏

Changlidahongxing

产地及分布 原产河北昌黎，系地方品种，分布于河北、辽宁等地，1983年引入国家果树种质熊岳李杏资源圃内。

经济学性状 果实圆形，平均单果重48.4g，最大果重68.5g。果顶凹陷，缝合线浅、平，不显著，片肉对称，梗洼深广。果皮绿黄色，阳面着红色。果面斑点少、紫色，果面茸毛少，果肉黄色，肉质粗、密，纤维多，汁中多，味酸、微涩。可溶性固形物11.0%，pH值3.9，Vc含量4.9mg/100g，总糖6.9%，总酸1.3%，果胶0.1%。粘核。仁苦。品质中上，常温下果实可贮放3～5d。

植物学性状 在辽宁熊岳调查，3月下旬花芽萌动，4月中下旬开花，4月下旬盛花，花期5d，7月初果实成熟，果实发育期约70d。4月中旬叶芽萌动，5月初展叶，11月上旬落叶，树体营养生长期约210d。花粉白色，雌蕊1枚，雄蕊28.0枚，雌蕊与雄蕊等高的花占85.0%，雌蕊低于雄蕊的花占5.0%，雌蕊退化的花占10.0%。萌芽率60.0%，成枝力49.0%。

综合评价 果实中大，品质中上，可在河北、辽宁南部等地栽培。

图5-27 ‘昌黎大白杏’果形

图5-28 ‘昌黎大红杏’局部结果状

19 昌黎大黄杏

Changlidahuangxing

产地及分布 原产河北昌黎，系地方品种。分布于河北、辽宁，1983年引入国家果树种质熊岳李杏资源圃内。

经济学性状 果实长圆形，平均单果重24.8g，最大果重29.5g。果顶尖，缝合线浅、广，片肉不对称。果皮橙黄色，阳面着红色，果面斑点小，紫色，茸毛少。果肉浅黄色，肉质松软，汁极少，味甜酸。可溶性固形物11.0%，pH值4.1，Vc含量11.5mg/100g，单宁0.1%，总糖8.9%，总酸1.5%，果胶0.1%。离核，仁苦。

植物学性状 在熊岳调查，3月下旬花芽萌动，4月中下旬开花，4月中下旬盛花，花期6d，6月末果实成熟，果实发育期约70d。4月中旬叶芽萌动，5月初展叶，10月末落叶，树体营养生长期约190d。花白色，雄蕊33枚，雌蕊高于雄蕊的花占3.0%，雌蕊与雄蕊等高的花占90.0%。雌蕊低于雄蕊的花占2.0%，雌蕊退化的花占5.0%。萌芽率62.0%，成枝力30.0%。

综合评价 成熟期早，但果实小，品质中。不耐贮。

图5-29 ‘昌黎大黄杏’局部结果状

20 昌黎真核香白杏

Changlizhenhexiangbaixing

产地及分布 原产河北昌黎，系地方品种。1984年引入国家果树种质熊岳李杏资源圃内。

经济学性状 果实近圆形，平均单果重63.4g，最大果重85.9g。果顶平，缝合线浅，片肉对称，梗洼深广。果面茸毛少，果皮黄白，阳面着红色，果面斑点少、紫色。果肉橙黄色，肉质较粗、密，汁少，味甜酸；可溶性固形物10.3%，pH值4.0，Vc含量5.2mg/100g，总糖5.6%，总酸1.6%，果胶0.1%。离核，仁甜。品质上，常温下果实可贮放3～5d。

植物学性状 在熊岳调查，4月初花芽萌动，4月中下旬开花，4月下旬盛花，花期5d，7月中旬果实成熟，果实发育期约80d。4月中旬叶芽萌动，5月初展叶，10月末落叶，树体营养生长期约190d。花白色，雄蕊30枚，雌蕊高于雄蕊的花占25.0%，雌蕊与雄蕊等高的花占13.0%，雌蕊低于雄蕊的花占17.0%，雌蕊退化的花占45.0%。萌芽率31.0%，成枝力49.0%。

图5-30 ‘昌黎真核香白杏’果形

综合评价 适应性强，果大，质优，丰产。仁甜，是优良的中熟鲜食、加工、仁用兼用品种，可在华北地区及辽宁南部栽培。

21 昌黎杏梅杏

Changlixingmeixing

产地及分布 原产河北昌黎，属地方品种。1986年引进入国家果树种质熊岳李杏资源圃内。

经济学性状 果实近圆形，平均单果重37.1g，最大果重95.0g，果实纵径3.7cm，横径4.0cm，侧径4.0cm。果顶平，缝合线浅、广，片肉对称。果皮黄色，微着红色，果点红色，大，多。果面光亮，蜡质层厚，有短茸毛。果肉黄色，肉质致密、细，纤维细、少，汁中多，多酸、微涩，充分成熟味酸甜，具李香味。可溶性固形物9.8%，pH值3.5，Vc含量6.5mg/100g，总糖5.5%，总酸1.3%。粘核，核卵圆形，表面粗糙，有小点孔，顶端突尖，基部圆平，核脊宽厚，两翼成深沟，仁苦，干瘪。品质上，常温下果实可贮放 7d。

植物学性状　树冠自然圆头形，树姿半开张。主干粗糙，树皮爆裂，裂纹深广。1 年生枝红褐色，自然斜生，无茸毛，无刺。叶片椭圆形，基部楔形，先端渐尖，叶色绿，平展；叶缘单锯齿，细、浅。花白色，5 瓣，雌蕊高于雄蕊的花占 90.0%，雌蕊与雄蕊等高的花占 3.0%，雌蕊低于雄蕊的花占 20.0%，雌蕊退化花占 5.0%。树势中庸。在辽宁熊岳调查，4 月初花芽萌动，4 月中下旬盛花，花期 5d，7 月初果实成熟，果实发育期约 100d。4 月中下旬叶芽萌动，5 月初展叶，10 月末落叶，树体营养生长期约 190d。萌芽率 70.0%，成枝力 13.0%。4 年生开始结果，7 年生进入盛果期。

综合评价　抗旱，抗寒，冬季最低温度达 -28.3℃时，安全过冬。较丰产。品质上，适宜加工糖水罐头。

22 串枝白杏

Chuanzhibaixing

产地及分布　产于河北昌黎，系地方品种。1984 年引入国家果树种质熊岳李杏圃内。在河北省及辽宁省南部有栽培。

经济学性状　果实长圆形，平均单果重 53.3g，最大果重 74.3g，果实纵径 4.7cm，横径 4.3cm，侧径 4.3cm。果顶微凹，缝合线浅狭、显著，片肉不对称。果皮黄色，阳面着鲜红色。果面茸毛少，光亮。果肉橙黄色，密硬，汁中多，味甜酸。可溶性固形物 12.7%，pH 值 3.9，总糖 5.5%，总酸 1.6%，Vc 含量 9.2mg/100g。半离核，仁甜。

植物学性状　在辽宁熊岳调查，3 月下旬花芽萌动，4 月中下旬开花，4 月下旬盛花，花期 7d，7 月上旬果实成熟，果实发育期约 75d。4 月上旬叶芽萌动，5 月上旬展叶，11 月上旬落叶，树体营养生长期约 200d。花 5 瓣，雄蕊 30 枚，花白色。雌蕊与雄蕊等高的花占 64.0%，雌蕊低于雄蕊的花占 18.0%，雌蕊退化的花占 18.0%。萌芽率 22.0%，成枝力 48.0%。

综合评价　较丰产，果实较大，品质中，宜在河北、辽宁南部等地栽培。

图 5-31　‘昌黎杏梅杏’局部结果状

图 5-32　‘昌黎杏梅杏’果形

图 5-33　‘昌黎杏梅杏’结果状

图 5-34　‘串枝白杏’果形

23 串枝红杏
Chuanzhihongxing

产地及分布 原产河北巨鹿，已有300多年的栽培历史，因果实红艳，密集成串，故取名为‘串枝红杏’。2000年农业部定该品种为优异种质资源，2005年通过河北省林木品种审定委员会审定。现分布于河北、辽宁、山东、北京、甘肃、山西、四川和黑龙江等地。已在国家果树种质熊岳李杏圃内和石家庄果树研究所杏种质资源圃内保存。

经济学性状 果实卵圆形，平均单果重52.5g，最大果重150.0g。果顶微凹，果实缝合线浅，显著，片肉不对称，梗洼深窄。果皮底色橙黄色，着紫红色。果肉橙黄色，肉质硬脆，纤维细、少，汁少，味甜酸，可食率96.0%。可溶性固形物10.2%，pH值3.0，硬度17.3kg/cm^2，总糖7.1%，总酸1.6%，Vc含量9.1mg/100g。离核，仁苦。

植物学性状 树冠半圆形，树姿开张。主干褐紫色，多年生枝紫褐色，1年生枝粗壮、直立，阳面红褐色，背面绿褐色。叶片卵圆形，基部圆形，先端突尖，叶缘整齐，锯齿单、钝。叶片深绿色，较厚，有光泽。花白色，5瓣；雌蕊高于雄蕊的花占31.0%，雌蕊与雄蕊等高的花占20.0%，雌蕊低于雄蕊的花占2.0%，雌蕊退化花占47.0%。树势中强。3年开始结果，4年丰产，6～7年生产达

图5-35 ‘串枝红杏’整株结果状

图5-36 ‘串枝红杏’局部结果状1

图5-37 ‘串枝红杏’局部结果状2

图5-38 ‘串枝红杏’果形

3500～4000kg / 667m^2，以短果枝和花束状果枝结果为主。坐果率8.0%，萌芽率44.0%，成枝力6.0%。在河北省石家庄地区，2月下旬花芽萌动，3月下旬开花，6月末果实成熟，果实发育期90～95d。3月下旬叶芽萌动，11月上旬落叶，树体营养生长期经220d。在国家果树种质熊岳李杏资源圃调查，3月下旬花芽萌动，4月中旬开花，7月下旬果实成熟，果实发育期约95d。3月下旬叶芽萌动，11月中旬落叶，树体营养生长期约215d。

综合评价 极丰产、稳产，果个大，外观美，耐贮运，品质优，是鲜食和加工兼用品种。适宜加工杏茶、杏脯、杏浆、杏干、杏酱、杏丹皮、杏汁和杏罐头等。适应性强，抗寒，抗旱。适宜在华北温带杏区、西北干旱带杏区和西南高原杏区等小气候好的地方栽培。

24 脆佳娜丽杏

Cuijianalixing

产地及分布 别名为‘曲汝克佳丽娜’。原产新疆和田地区洛浦县。

经济学性状 果实倒卵圆形，平均单果重36.0g，果实纵径4.2cm，横径4.1cm，侧径3.7cm。果顶圆，微凹陷，缝合线中深、明显，片肉不对称。果皮橘黄色，阳面具鲜红霞。果面光滑、无毛，果皮中厚，与果肉不易剥离。果肉浅黄色，肉质硬脆，汁液中多，甜酸适度。可溶性固形物18.0%。离核，仁甜，饱满，部分为双仁。

植物学性状 树冠圆形，树姿半开张。主干粗糙，树皮条状裂，暗灰色。1年生枝较细，节间短，阳面红褐色，斜生。叶片阔卵圆形，基部圆形，先端急尖。叶色深绿，有光泽。叶缘锯齿钝、粗，为单锯齿。树势中。3月中旬花芽萌动，3月底始花，4月初盛花，花期5～7d，6月20日左右果实成熟，果实发育期75d。叶芽萌动期3月下旬，展叶期4月上旬，落叶期10月下旬，树体营养生长期205～210d。4年生开始结果，10年生进入结果盛期，成龄树株产70.0kg。以长中果枝结果为主。

综合评价 较丰产，果实较耐贮运，宜鲜食及加工。

图5-39 ‘脆佳娜丽杏’局部结果状

图5-40 ‘脆佳娜丽杏’果形

25 大巴达杏

Dabadaxing

图 5-42 ‘大巴达杏’果形

产地及分布 原产于北京房山北车营，是当地的主栽品种。

经济学性状 果实纺锤形，平均单果重 26.3g，最大果重 39.0g，果实纵径 3.7cm，横径 3.7cm，侧径 3.5cm。果顶圆，缝合线中深，显著，片肉对称。果皮底色橙黄，阳面着小片鲜红色，果面有稀疏红色果点，皮薄，难剥离。果肉橙黄色，肉质稍粗，纤维粗，汁中多，味甜酸。可溶性固形物 12.0%，Vc 含量 5.0mg/100g，总糖 6.3%，总酸 1.1%。离核，核椭圆形，核面光滑，仁甜。可食率 92.9%，品质中。

植物学性状 树冠圆头形，树姿半开张。主干树皮粗糙，黑褐色，深纵裂。多年生枝灰褐色。1 年生枝斜生，直立，红褐色，光滑。枝上皮孔较密，圆形、中大。叶片椭圆形，略抱合，叶基圆，叶尖渐尖，叶色绿色有光泽，叶缘整齐，锯齿圆钝。树势强。在房山地区 3 月中下旬花芽萌动，4 月上旬盛花，花期 5 ~ 7d，5 月下旬果实成熟，果实发育期 50 ~ 55d。4 月上旬叶芽萌动，11 月初落叶，营养生长期约 210d。成龄树株产 100kg 左右。以短果枝结果为主，连续结果能力强，丰产。

综合评价 果实成熟特早，上市集中，是北京周边地区的主栽品种。

图 5-41 ‘大巴达杏’整株结果状

图 5-43 ‘大巴达杏’局部结果状

26 大丰杏
Dafengxing

产地及分布 原产于河北省平乡县王铁庄。2005 年通过河北省林木品种审定委员会审定。现保存于石家庄果树研究所杏种质资源圃内。

经济学性状 果实长圆形，平均单果重 71.0g，最大果重 115.0g。果顶圆平，缝合线浅、显著，片肉不对称，梗洼浅而广。果皮底色橙黄，彩色紫红，果面洁净光亮无斑点。果肉橙黄色，肉质软，纤维中多，味酸甜，微香。可溶性固形物 11.3%，总糖 7.0%，总酸 1.0%，Vc 含量 14.7mg/100g，品质中上。常温下果实可存放 5d 左右。半离核，仁苦，饱满。

植物学性状 树冠圆头形，树姿开张，主干褐紫色。多年生枝褐色。1 年生枝粗壮，阳面暗红色，背面绿褐色，光滑无毛。叶片卵圆形，先端突尖，基部圆形。叶柄紫红色。叶片厚，深绿色，有光泽，主脉黄绿色。叶缘整齐，锯齿中大。花蕾白色，花冠白色，5 瓣，完全花率 49.3%。树势强。定植后第三年开始结果，第五至第六年进入初果期，第七年后进入盛果期，极丰产。以短果枝和花束状果枝结果为主。萌芽率 78.0%，成枝力 4.9%。在河北省石家庄市郊，2 月下旬花芽萌动，3 月下旬开花，花期 4 ~ 6d，6 月中下旬成熟，果实发育期约 80d。3 月下旬叶芽萌动，11 月上旬落叶，树体营养生长期约 220d。

综合评价 果个大，极丰产，品质中上，但有裂果现象。适宜在华北温带杏区栽培。

图 5-45 ‘大丰杏’局部结果状

图 5-44 ‘大丰杏’整株结果状

图 5-46 ‘大丰杏’果形

27 大接杏

Dajiexing

产地及分布 别名为大楼杏。产于山东费县、蒙阴、沂水。

经济学性状 果实椭圆形，平均单果重 55.0g，果实纵径 4.8cm，横径 4.6cm，侧径 4.4cm。果顶平，微凹，缝合线明显，浅、宽，两侧不对称。果皮底色淡黄，阳面有红晕，果皮薄，难剥离。果肉淡黄色，质中细，汁多，味酸甜。可溶性固形物 10.5%。离核，核扁卵形。

植物学性状 树冠自然圆头形，树姿开张。3 月下旬开花，6 月上旬果实成熟，果实发育期约 70d。以中、短果枝结果为主。

综合评价 适应性强，较丰产，成熟早，果大型，品质好，是很受欢迎的早熟鲜食品种。

图 5-49 ‘大接杏’整株结果状

图 5-47 ‘大接杏’果形

图 5-48 ‘大接杏’局部结果状

28 大棚王杏

Dapengwangxing

产地及分布 美国育成，亲本不详。山东省果树研究所 1993 年从美国引入接穗，2000 年定名为‘大棚王’。已保存在河北省农林科学院石家庄果树研究所杏种质资源圃内。

图 5-50 ‘大棚王杏’整株结果状

经济学性状 果实长圆形，平均单果重100g。果顶稍凹，一侧常突起，缝合线一侧深，一侧近于无，梗洼深广。果实底色橘黄，2/3果面着鲜红色，果面有细短绒毛，较光滑，果皮中厚。果肉黄色，肉厚，肉质细嫩，纤维少，汁液较多，风味甜，香气中等。可溶性固形物12.5%，可滴定酸1.13%，较耐贮运。离核，仁苦。

植物学性状 树姿开张。主干粗糙，黑褐色，枝条光滑粗壮，红褐色。叶片心脏形，叶基戟形，叶缘锯齿浅而钝，叶色黄绿，叶脉网状。花大型，蕾期花瓣红色，初开时先端粉红色，盛花期浅粉色。定植第二年开花株率和结果株率均为100%，4～5年后进入盛果期，单株产量可达45.0kg，各类果枝均能结果，以短果枝结果为主。萌芽力、成枝力中等。在山东泰安3月上旬萌动，初花期3月20日前后，盛花期3月24日前后，花期持续5～6d。6月初果实成熟，果实发育期65d。11月上旬落叶，年营养生长期210～220d。

综合评价 开始结果早，丰产稳产，品质较‘凯特杏’好。适宜露地和保护地栽培。

29 大拳杏

Daquanxing

产地及分布 原产于辽宁旅顺，系地方品种，主要分布于辽宁南部地区。1983年引入国家果树种质熊岳李杏资源圃内。

经济学性状 果实扁圆形，平均单果重49.9g，最大果重62.3g，果实纵径4.2cm，横径4.6cm，侧径4.6cm。果顶平，缝合线深、中广，显著，片肉对称。果皮底色绿黄，阳面有片红。果肉黄色，肉质硬，纤维少、粗，汁少，酸甜。可溶性固形物11.4%，pH值4.1，Vc含量8.5mg/100g，总糖6.9%，总酸2.1%。半离核，核近圆形，仁甜，较饱满。常温下可贮存3～5d。

植物学性状 树冠半圆形，树姿半开张。春季嫩梢红色。夏季叶片平展。花5瓣，白色，雌蕊高于雄蕊的花占20.0%，雌蕊与雄蕊等高的花占11.0%，雌蕊低于雄蕊的花占42.0%，雌蕊退化的花占27.0%。树势强。在辽宁熊岳地区调查，4月下旬花芽萌动，4月下旬进入盛花期，花期6d，7月上旬果实成熟，果实发育期约75d。4月下旬叶芽萌动，11月中旬落叶，树体营养生长期210d。萌芽率59.0%，成枝力31.0%，3年生开始结果。以短果枝和中长果枝结果为主。

综合评价 抗旱，抗寒，较丰产。果实甜酸，汁少，品质中，果实较耐运输。可以在华北地区和辽宁南部栽培。

图5-53 ‘大拳杏’局部结果状

图5-51 ‘大棚王杏’果形

图5-52 ‘大拳杏’果形

30 大真核杏

Dazhenhenxing

产地及分布 原产辽宁辽阳。分布于辽宁的中南部地区。1983年引入国家果树种质熊岳李杏资源圃内。

经济学性状 果实圆形，平均单果重34.7g,果实纵径3.9cm,横径4.0cm,侧径4.0cm。果顶平，微凸，缝合线深、窄，显著，片肉近对称。果皮黄色，阳面着红色，果面上散生大量小红果点，果面有褐斑。果肉橙黄色，肉质松软，纤维粗，汁中，味甜、香、偏淡。可溶性固形物11.6%，pH值4.6，Vc含量7.9mg/100g. 总糖8.5%，总酸1.2%。半离核，核椭圆形，仁甜，饱满。可食率95.0%，常温下果实可贮放3～5d。

植物学性状 树冠半圆形，树姿半开张。春季嫩梢绿色。夏季叶片平展。花5瓣，白色，雌蕊高于雄蕊的花占70.0%，雌蕊与雄蕊等高的花占15.0%，雌蕊低于雄蕊的花占8.0%，雌蕊退化的花占7.0%。树势中庸。在辽宁熊岳调查，3月下旬花芽萌动，4月中下旬盛花，花期5d，7月中旬果实成熟，果实发育期约82d。4月中下旬叶芽萌动，11月上旬落叶，树体营养生长期约200d。萌芽率59.0%，成枝力31.0%。3年生开始结果，以短果枝和花束状果枝结果为主。

综合评价 较丰产，果实甜香，品质中，是中晚熟鲜食品种。可以在辽宁中南部栽培。

图5-54 ‘大真核杏’果形

31 吊枝干杏

Diaozhiganxing

产地及分布 别名‘吊枝白’。原产河北景县姜园村。主要分布于河北景县、深州等地。

经济学性状 果实卵圆形，平均单果重83.2g，果实纵径5.4cm，横径5.3cm，侧径5.1cm。果顶圆平，缝合线较深而窄，显著，片肉不对称，梗洼深广。果皮橙黄色，果肉橙黄色，肉质中粗、硬，纤维中多，果汁多，味酸甜，微香。可溶性固形物12.3%，pH值4.0，Vc含量7.4mg/100g，单宁0.13%，总糖6.4%，还原糖2.0%，总酸1.1%。离核，核椭圆形，仁苦，饱满。常温下果实可贮放5d左右。

植物学性状 树冠圆头形，树姿开张。主干粗糙，树皮纵裂，灰褐色，多年生枝紫褐色，1年生枝粗壮、直立，阳面暗红色，背面绿褐色，光滑无毛。皮孔较稀、大，黄褐色，凸起，椭圆形。叶片卵圆形，基部圆形，先端突尖；叶片厚，绿色，有光泽，叶缘整齐，单锯齿钝。花5～6瓣，雌蕊1枚，雄蕊27～31枚，雌蕊高于雄蕊的花占8.0%，雌蕊与雄蕊等高的花占4.0%，雌蕊低于雄蕊的花占11.0%，雌蕊退化的花占77.0%。萌芽率62.0%，成枝力4.0%。4年生结果，成龄树株产100kg左右。以短果枝结果为主。树势较弱。在石家庄果树研究所调查，3月上旬花芽萌动，3月末至4月上旬盛花，花期4～8d，6月下旬至7月上旬果实成熟，果实发育期90d左右。3月下旬叶芽萌动，11月上旬落叶，树体营养生长期209d左右。

综合评价 果实极大，较丰产，品质上。适应性强，是良好的晚熟品种。

32 东宁2号杏

Dongning 2 haoxing

产地及分布 原产黑龙江东宁，系1973年在黑龙江省牡丹江地区东宁县东宁镇万鹿沟村发现的自然杂交实生良种。主要分布于黑龙江、吉林、辽宁等地。在黑龙江东宁、鸡西、宝清、友谊、泰来、肇源等地栽培较多。现保存于国家果树种质熊岳李杏资源圃内。

经济学性状 果实卵圆形，平均单果重37.9g，最大果重75.0g，果实纵径4.0cm，横径4.2cm，侧径4.0cm。果顶平，微凹，缝合线中深、广，明显，片肉不对称。果皮黄色，阳面着2/4～3/4红色，果面上有少量小红果

图 5-55 ‘东宁 2 号杏’局部结果状

图 5-56 ‘东宁 2 号杏’果形

点，不明显。果肉黄色，肉质硬，纤维多、粗，汁中多，味甜酸。可溶性固形物 11.6%。pH 值 4.6，Vc 含量 7.9mg/100g，总糖 5.6%，总酸 1.7%。粘核，核卵圆形，仁甜、香。可食率 95.0%，品质中上，常温下果实可贮放 8 ~ 10d。

植物学性状 树冠半圆形，树姿开张。主干粗糙、紫灰色，多年生枝紫褐色，1 年生枝红褐色，有蜡被，无明显皮孔，春季嫩梢红色。叶片近圆形，先端突尖，基部圆形，叶色浓绿，叶片较厚，光滑无毛，叶缘单锯齿，钝而不整齐。花 6 瓣，白色，雌蕊高于雄蕊的花占 68.0%，雌蕊与雄蕊等高的花占 23.0%，雌蕊退化的花占 9.0%。树势中强。在辽宁熊岳 3 月下旬花芽萌动，4 月中下旬盛花，花期 5d，7 月中旬果实成熟，果实发育期约 83d。4 月中下旬叶芽萌动，10 月下旬落叶，树体营养生长期约 180d。坐果率 36.0%，萌芽率 61.0%，成枝力 47.0%。3 年生开始结果，以花束状果枝和短果枝结果为主。

综合评价 极抗寒、抗病，丰产。果实小，外观美，品质中上，耐贮运，是优良的晚熟鲜食品种。可以在东北的大部分地区栽培。

33 豆茬杏

Douchaxing

产地及分布 原产河北故城，系农家品种。在故城的庙灵、辛庄和山东临清、武城一带有少量栽培。

经济学性状 果实扁圆形，平均单果重 25.0g，果实纵径 3.1cm，横径 3.5cm，侧径 3.6cm。果顶圆，微凹，缝合线宽而浅，显著，片肉不对称，梗洼中深而广，有皱。果皮橙黄色，着红色并有紫红色斑点。果肉黄色，肉质细、柔软，纤维中多，果汁中，味极甜，香味浓。可溶性固形物 16 .0%。粘核，核卵圆形，仁苦，圆锥形。

植物学性状 树冠自然圆头形，树姿开张。主干粗糙，灰黑色。多年生枝紫褐色，1 年生枝阳面暗色，背面绿色。皮孔少，圆形。叶片圆形，基部圆形，先端突尖，叶色绿，叶缘整齐、复锯齿，小而钝。主脉浅绿。花粉红色，雌蕊 1 枚，雄蕊 32 枚。萌芽率 61.0%，成枝力 49.0%。4 年生开始结果，8 年生进入盛果期，成龄树株产 100kg 左右。以中果枝和短果枝结果为主。树势中庸。在河北故城庙灵调查，3 月中旬花芽萌动，4 月上旬盛花期，花期 7d，7 月中旬果实成熟，果实发育期 95d 左右。4 月上旬叶芽萌动，11 月中旬落叶，树体营养生长期约 220d。

综合评价 抗旱、抗风，果实艳丽。味极甜，品质是极晚熟鲜食兼加工优良品种。

34 吨葫芦杏

Dunhuluxing

产地及分布　原产河北昌黎，系地方品种。1984年引入国家果树种质熊岳李杏资源圃内。

经济学性状　果实圆形，平均单果重27.0g，最大果重36.0g，果实纵径3.4cm，横径4.0cm，侧径3.9cm。果顶凹，缝合线浅、广，片肉稍不对称，梗洼深、中广。果皮橙黄色，果面有褐点、褐斑。果肉橙黄色，肉质面软，纤维中粗，汁中，味甜，略涩，有香气。可溶性固形物12.4%，pH值4.9，Vc含量6.6mg/100g，总糖5.8%，总酸1.3%。半离核，核圆形。仁苦，饱满。可食率94.5%，品质中，常温下果实可贮放3～5d。

植物学性状　树冠圆头形，树姿半开张，春季嫩枝绿色。叶片平展。花5瓣，白色。雌蕊高于雄蕊的花占3.0%，雌蕊与雄蕊等高的花占46.0%，雌蕊低于雄蕊的花占27.0%，雌蕊退化的花占24.0%。萌芽率60.0%，成枝力21.0%，3年生开始结果，10年生以后进入盛果期，以花束状果枝结果为主，丰产。树势中庸。在辽宁熊岳调查：3月下旬花芽萌动，4月中下旬盛花期，花期6d，6月下旬果实成熟，果实发育期约67d。4月中下旬叶芽萌动，11月中旬落叶，树体营养生长期约205d。

综合评价　果实品质中，有香气，适宜加工杏罐头。

35 二红杏

Erhongxing

产地及分布　原产河北大名，系地方品种。为大名县的主栽品种。2005年通过河北省林木品种审定委员会审定。现保存于石家庄果树研究所杏种质资源圃内。

经济学性状　果实卵圆形，平均单果重46.4g，最大果重55.0g。果顶稍凹，缝合线深而宽，梗洼深广。果实底色金黄，着紫红色。果肉浅金黄色，近核处较深，肉质细，纤维少，多汁，味甜，有香味。可溶性固形物13.0%，总糖5.6%，总酸2.8%。离核，仁苦。

植物学性状　树冠自然伞形，树姿半开张。主干黑褐色，多年生枝灰褐色，1年生枝自然斜生，阳面红褐色，背面红绿色，光滑无毛。叶片卵圆形，先端渐尖，基部广楔形，叶缘整齐，单锯齿，小而浅，叶色浓绿，有光泽。花瓣白色，5瓣，少数6瓣。在河北大名调查，3月下旬花芽萌动，4月初

图5-57 ‘二红杏’果形

图5-58 ‘二红杏’局部结果状

图 5-59 ‘二红杏’树形

盛花期，6月中旬果实成熟，果实发育期75d左右。10月下旬落叶，树体营养生长期约230d。树势强。3～4年生结果，成龄树株产200.0～250.0kg。完全花率高，坐果率36.0%。萌芽率32.0%，成枝力31.0%。

综合评价　丰产，优质，是优良的鲜食兼加工品种。

36 二接杏

Erjiexing

产地及分布　原产于河北万全，系地方品种。分布于万全、怀安、阳原、蔚县。为河北万全的主栽品种。

经济学性状　果实近圆形，平均单果重32.1g，最大果重40.0g，果实纵径3.6cm，横径4.1cm，果皮黄色，着红色。茸毛少，果皮易剥离。果肉深黄色，肉质细、软、多汁，甜酸适中。可溶性固形物11.1%。离核，核卵圆形，单核干重2.5g。仁苦，品质上。

植物学性状　树冠自然半圆形，树姿开张。主干粗糙，树皮条状裂，灰黑色。多年生枝灰白色。1年生枝红褐色，光滑。叶片卵圆形，基部圆形，先端突尖。叶色深绿，背面浅绿；叶缘整齐，单锯齿，浅钝，两侧向上反卷。萌芽力强，发枝力弱。3～4年生开始结果，盛果期单株平均产量150kg。以花束状和短果枝结果为主。结果年龄可达百年以上。树势中庸。在河北万全调查，4月初萌芽，4月下旬开花，7月初果实成熟，果实发育期70d左右；10月中下旬落叶，树体营养生长期200d左右。

综合评价　丰产稳产，耐贮运。果实酸甜爽口，汁多肉细，是优良的早熟鲜食加工兼用品种。

37 法库核包杏

Fakuhebaoxing

产地及分布　原产辽宁法库，系地方品种。主要分布于辽宁各地。1983年引入国家果树种质熊岳李杏资源圃内。

经济学性状　果实卵圆形，平均单果重36.0g，果实纵径4.3cm，横径4.1cm，侧径3.9cm。果顶圆，缝合线浅、广，片肉较对称。果实黄绿色，着少量红色。果肉橙黄色，肉质松软，纤维少、粗，果汁中少，味淡，有余苦。可溶性固形物10.2%，pH值4.0，总糖5.9%，总酸1.9%，Vc含量5.7mg/100g。离核，核近椭圆形，核面光滑，点纹不明显，仁苦，较饱满。可食率90.4%，常温下果实贮放3d左右。

植物学性状　树冠杯状形，树姿开张。多年生枝黄褐色。1年生枝斜生，红褐色，有光泽，无茸毛。春季嫩梢绿色。叶片近圆形，基部心形，叶尖渐尖，叶色绿，有光泽，叶面平滑、抱合，叶背无茸毛，主脉与侧脉夹角处有茸毛，叶缘单锯齿，钝、浅，整齐。花5瓣，白色，雌蕊高于雄蕊的花占22.0%，雌蕊与雄蕊等高的花占44.0%，雌蕊低于雄蕊的花占29.0%，雌蕊退化的花占5.0%。树势中庸。在辽宁熊岳调查，3月下旬花芽萌动，4月中下旬盛花，果实发育期71d。4月中下旬叶芽萌动，10月下旬落叶，树体营养发育期约185d。萌芽率48.0%，成枝力34.0%。3～4年生开始结果，7年生进入盛果期。以短果枝和花束状果枝结果为主。

综合评价　抗寒、抗旱，适应性强。极丰产，但果实品质差，不耐贮运，加工性能较好，可作为加工品种发展。

图 5-60 ‘法库核包杏’局部结果状

38 丰园红杏

Fengyuanhongxing

产地及分布　西安丰园果业科技有限公司提供支持，西安市杏果研究所选育，2008年已通过陕西省果树品种审定委员会审定。现保存于河北省农林科学院石家庄果树研究所杏种质资源圃内。

经济学性状　果实卵圆形，平均单果重47.0～62.0g，最大单果重110.0g。果顶圆形，缝合线中深，片肉对称或稍不对称，果实底色橙黄，阳面着片状浓红色，着色面积60.0%。果肉较硬，纤维中等，完全成熟后多汁。可溶性固形物13.4%，Vc含量7.3mg/100g果肉，总糖7.6%，总酸0.9%。离核，仁甜。可食率96.0%。果实在常温下可存放7d，耐碰压。

植物学性状　树冠自然半圆形，树姿半开张。主干和多年生枝暗褐色，1年生枝阳面红褐色。叶片圆形，基部截形，叶尖短尾形，叶缘锯齿粗钝，叶色较金太阳杏深绿。花瓣粉红至浅粉红色，雌蕊高于雄蕊的花占92.0%。树势强。最早结果年龄2年。幼树生长期多次摘心后第二年副梢大量结果。5年生树花束状果枝占4.0%、短果枝占39.0%、中果枝占32.0%、长果枝占25.0%。在河北省石家庄市郊，2月下旬花芽萌动，3月下旬开花，花期4～6d。5月下旬至6月初果实成熟，果实发育期约60d。3月下旬叶芽萌动，11月上旬落叶，树体营养生长期约220d。

综合评价　该品种与金太阳杏相比，更早熟，色浓红，仁香甜，抗晚霜。

39 甘玉杏

Ganyuxing

产地及分布　河北省农林科学院石家庄果树研究所于1992～2001年从河北省杏资源中选出。于2002年11月通过河北省林木品种审定委员会审定。现保存于石家庄果树研究所杏种

图5-61　‘丰园红杏’局部结果状

图5-62　‘丰园红杏’果形

图5-63　‘丰园红杏’整株结果状

图5-64　‘甘玉杏’局部结果状

图5-65　‘甘玉杏’果形

图 5-66‘甘玉杏’整株结果状

质资源圃内。

经济学性状 果实圆形，平均单果重 49.5g，最大单果重 65.0g。果顶圆平，果皮底色黄白，阳面着鲜红晕。果肉黄白色，肉质细，纤维少，商品成熟期果肉较硬，充分成熟后柔软多汁，风味酸甜，香气浓，可溶性固形物 13.04%，可溶性总糖 7.6%，总酸 1.6%，Vc 含量 14.8mg/100g。常温下商品成熟期的果实可存放 3 ~ 5d，鲜食品质上。充分成熟后离核，种仁苦，饱满。

植物学性状 树冠圆头形，树姿开张，1 年生枝细，叶片圆形，急尖，叶柄紫红色，叶较厚，色浅绿，有光泽，叶缘全。树势强。幼树开始结果早，定植后 2 ~ 3 年见果，成花力较强，完全花率 62.9%，自然坐果率 29.1%，以短果枝结果为主，生理落果轻。在河北省石家庄市郊，2 月下旬花芽萌动，3 月下旬开花，花期 4 ~ 6d，5 月下旬至 6 月初果实成熟，果实发育期 56 ~ 60d。3 月下旬叶芽萌动，11 月上旬落叶，树体营养生长期约 220d。

综合评价 结果早，丰产，果实品质好，是一个极早熟优良鲜食杏品种。适宜在华北温带杏区有灌溉条件的地方栽培。

40 嘎杏

Gaxing

产地及分布 原产辽宁东港，系地方品种，主要分布于辽宁东部和南部地区。1983 年引入国家果树种质熊岳李杏资源圃内保存。

经济学性状 果实近圆形，平均单果重 37.1g，最大果重 52.0g。果顶平，果实缝合线浅，明显，片肉不对称；梗洼波状、浅、广。果皮底色淡黄。果肉黄色，肉质松软，纤维少，汁少，味酸甜。可溶性固形物 10.9%，pH 值 3.9，Vc 含量 8.6mg/100g，总糖 7.4%，总酸 1.5%。离核，仁甜，饱满。

植物学性状 树冠半圆形，树姿半开张。春季嫩梢绿色。夏季叶片大、平展。花白色，5 瓣，雌蕊高于雄蕊的花占 34.0%，雌蕊与雄蕊等高的花占 18.0%，雌蕊低于雄蕊的花占 10.0%，雌蕊退化的花占 38.0%。3 年生开始结果，6 年生树株产 7.4kg。萌芽率 48.0%，成枝力 35.0%。在国家果树种质熊岳李杏资源圃调查，4 月上旬花芽萌动，4 月下旬盛花期，6 月下旬果实成熟，果实发育期约 62d。4 月下旬叶芽萌动，11 月上旬落叶，树体营养生长期约 200d。

综合评价 果实风味酸甜，汁少，丰产，较耐贮运，品质中上，是优良的早熟鲜食及加工品种。

图 5-67 ‘嘎杏’果形

41 供佛杏
Gongfoxing

产地及分布 原产河北阳原，系农家品种。在河北省张家口地区广泛栽培。

经济学性状 果实圆形，平均单果重71.7g，最大果重106.0g，果实纵径5.2cm，横径5.6cm，侧径5.1cm。果顶凸出，缝合线浅、显著，片肉对称，梗洼深。果皮黄色，着紫红斑点。果肉浅黄色，近核处橙色，肉质细、柔软，多汁，味甜，香味浓。可溶性固形物14.8%，pH值5.4，Vc含量12.2mg/100g，可溶性糖5.2%，总酸1.0%。离核，核椭圆形，仁甜，饱满。常温下果实可存放5d左右。

植物学性状 树冠自然半圆形，树姿半开张。主干粗糙，树皮灰黑色。多年生枝灰白色，1年生枝较粗壮，直立，阳面紫红色，背面红色。叶片圆形，基部圆形，先端突尖，叶深绿色，有光泽；叶缘两侧向上反卷，主脉黄绿色。花粉红色，5瓣，雌蕊1枚，雄蕊25～30枚，花药黄色，雌蕊高于雄蕊的花占46.0%，雌蕊与雄蕊等高的占45.0%，雌蕊低于雄蕊的花占6.0%，雌蕊退化的花占3.0%。树势中庸。在阳原南口调查，4月初花芽萌动，4月下旬盛花期，花期5～7d，7月中下旬果实成熟，果实发育期80d左右；4月中旬叶芽萌动，10月落叶，树体营养生长期200d左右。坐果率30.0%～50.0%。萌芽率为85.0%，成枝力30.0%。4～5年生开始见果，成龄树株产50.0～300.0kg。以短果枝和花束状果枝结果为主。

综合评价 适应性较强，丰产，果实大。品质上，是当地重点发展的鲜食、加工优良品种。

图5-68 ‘供佛杏’局部结果状

图5-69 ‘供佛杏’果形

图5-70 ‘供佛杏’整株结果状

42 国丰杏

Guofengxing

产地及分布 辽宁果树研究所以‘串枝红’（原产河北巨鹿，优良的地方品种）为母本，晚熟杏为父本进行杂交培育而成，2008年12月通过国家林木品种委员会省定，现主要分布于辽宁、北京、河北等地。

经济学性状 果实近圆形，果顶平或微凹，梗洼浅而广，缝合线浅，片肉较对称，平均单果重47.0g，大果可达93.4g；果实整齐度好，颜色艳丽，果皮底色黄色，成熟时红晕，有茸毛，不易剥离；果肉橙色，肉质松脆，纤维中，果汁多，风味甜，完熟时香味浓；可溶性固形物14.8%，可溶性糖7.7%，可溶性酸1.7%，Vc含量5.1mg/100g；常温下可贮藏3～5d，品质上；离核，甜仁，核卵圆形，核面粗糙。

植物学性状 树姿半开张，1年生枝红褐色，斜生，有光泽，无茸毛，皮孔大而少；叶片近圆形，叶尖突尖，叶基圆形；叶缘中深，钝锯齿，不整齐；叶面平滑，叶片薄，绿色，无茸毛。花蕾粉红色，花瓣白色，单瓣，5瓣，圆形，萼片暗红色。树势中庸，萌发率中等，成枝力中等，早果性好，嫁接翌年始果，各类果枝均能结果，初果期以中长果枝结果为主，盛果后以中短果枝结果为主，复花芽居多，占75.0%以上，自然坐果率18.3%，非常丰产，6年生树株产10.0～15.0kg。在辽宁熊岳地区正常年份3月下旬花芽萌动，4月中下旬开花，花期6～7d，7月初开始着色，7月11日前后开始成熟，7月12～15日可完全成熟，果实发育期约80d。10月末开始落叶，树体营养生长期约200d。

综合评价 ‘国丰杏’抗寒、抗旱能力较强，‘国丰杏’对病虫害也有较强的抗性。

图5-71 ‘国丰杏’局部结果状

图5-72 ‘国丰杏’果形

43 国强杏

Guoqiangxing

产地及分布 辽宁果树研究所以‘串枝红’为母本，‘金太阳’为父本通过杂交培育而成。2008年12月通过国家林木品种委员会审定，现主要分布于辽宁、北京、河北等地。

经济学性状 果实卵圆形，平均单果重46.3g，最大果重可达76.8g。果顶平，梗洼浅，缝合线浅，片肉对称，颜色艳丽，果皮底色橙黄色，完熟时果皮呈橙色，并有红晕，有茸毛，不易剥离；果肉橙色，肉质硬脆，纤维细，果汁中多，风味酸甜，完熟时有香味。可溶性固形物14.8%，可溶性糖1.9%，可溶性酸1.7%，Vc含量5.7mg/100g；常温下可贮藏5～7d，品质中上；离核，苦仁，核卵圆形，核面粗糙。

图5-73 ‘国强杏’局部结果状

植物学性状 树姿半开张，树体紧凑，1年生枝红褐色，斜生，有光泽，无茸毛，节间长度2.4cm，皮孔小而少；叶片卵圆形，长4.8cm，宽3.2cm；叶尖长尾尖，叶基圆形，叶缘粗锯齿，不整齐，叶面平滑，叶片薄，绿色，有茸毛，叶柄紫红色，无茸毛，柄长2.5cm，无蜜腺。花蕾期时粉红色，盛花时白色，单瓣，5瓣，圆形，萼片暗红色。树势中庸，萌发率中等，成枝力中等，不易萌发副梢。早果性好，嫁接当年即可形成花芽，翌年始果，各类果枝均能结果，初果期以中长果枝结果为主，盛果后以中短果枝结果为主，复花芽居多，占70.0%以上，自然坐果率21.4%，丰产。在辽宁熊岳地区正常年份3月下旬花芽萌动，4月中下旬开花，花期6～7d，7月初开始着色，7月10日前后开始成熟，7月12～15日可完全成熟，果实发育期约80d。10月末开始落叶，树体营养生长期约200d。

综合评价 抗寒、抗旱、抗病虫能力较强，能适应辽宁省杏产区的不同气候条件，可作为主栽品种在辽西北寒旱地区或以南及相近地区发展。

44 果子杏

Guozixing

产地及分布 别名为‘平顶香’。原产天津蓟县。在河北、辽宁等地均有分布。1983 年引入国家果树种质熊岳李杏资源圃内。

经济学性状 果实扁圆形，平均单果重 32.7g，最大果重 50.0g，果实纵径 3.6cm，横径 4.2cm，侧径 3.9cm。果顶平，缝合线浅、窄、明显，片肉不对称。果实底色黄，阳面着紫红色及小紫点，果面有褐腐、褐斑。果肉淡黄色，肉质硬，纤维细、多，味甜、有余苦。可溶性固形物 11.8%，pH 值 4.5，总糖 6.4%，总酸 1.9%，Vc 含量 5.5mg/100g。半离核，核扁圆形，仁苦，饱满。可食率 89.5%，品质中，常温下果实贮放 3d 左右。

植物学性状 树冠半圆形，树姿开张。花 5 瓣，白色，雌蕊高于雄蕊的花占 59.0%，雌蕊与雄蕊等高的花占 28.0%，雌蕊低于雄蕊的花占 12.0%，雌蕊退化的花占 1.0%。春季嫩梢绿色。夏季叶片平展。树势中庸。在辽宁熊岳调查，3 月下旬花芽萌动，4 月中下旬盛花，7 月上旬果实成熟，果实发育期 73d；4 月中下旬叶芽萌动，10 月下旬落叶，树体营养生长期约 185d。萌芽率 64.0%，成枝力 21.0%。3 年生开始结果，成龄树株产 100.0 ~ 150.0kg。以花束状果枝结果为主。

综合评价 抗旱，适应性较强，丰产。但果实不抗病，果面常有褐斑。

图 5-74 ‘果子杏’局部结果状

45 海东杏

Haidongxing

产地及分布 原产陕西西安，地方品种。主要分布于陕西西安、青海民和与辽宁熊岳等地。已在国家果树种质熊岳李杏资源圃内保存。

经济学性状 果实近圆形，平均单果重 54.0g。果顶平，果实缝合线中深而广，显著，片肉对称，梗洼深而较广。果面底色深黄，阳面略带紫色晕。果肉深黄色，肉质细，采收时较硬，存放后柔软、多汁，纤维中多，味酸甜。可溶性固形物 11.6%，pH 值 4.0，Vc 含量 6.9mg/100g，总糖 6.0%，还原糖 2.0%，总酸 2.6%。离核，仁甜，饱满。

图 5-75 ‘海东杏’局部结果状

植物学性状 树冠半圆形，树姿极开张。主干暗灰色，多年生枝深褐色，1 年生枝粗壮，斜生，阳面淡红褐色，背面深绿色。叶片近圆形或圆形，基部为楔形或近圆形，先端渐尖，叶缘整齐，圆钝，单锯齿。叶色浓绿，有光泽。花蕾粉红色，花白色，5 瓣，雌蕊 1 枚，雄蕊 35 枚左右。树势中庸，5 年生开始结果，以短果枝结果为主。萌芽率为 76.0%，成枝力为 33.4%。在国家果树种质熊岳李杏资源圃调查，3 月上旬花芽萌动，4 月中旬开花，7 月中旬果实成熟，果实发育期 90d，花期 7d。4 月初叶芽萌动，4 月下旬展叶，11 月上旬落叶，树体营养生长期约 200d。在青海民和地区调查，3 月上旬花芽萌动，4 月中旬盛花期，花期 10d 左右，7 月中下旬果实成熟，果实发育期约 90d。4 月中旬叶芽萌动，11 月上旬落叶，树体营养生长期 204d 左右。

综合评价 果实较大，色泽鲜艳，味酸甜，品质中上等，且适应性广，抗寒、抗旱、抗病性均强，是一个丰产性能较好的优良鲜食品种。适宜在华北温带杏区栽培。

46 海桃红杏

Haitaohongxing

产地及分布　原产于河北蔚县，系地方品种。在张家口地区有栽培。

经济学性状　果实短卵圆形，平均单果重27.8g，果实纵径4.3cm，横径4.4cm，侧径4.1cm。果顶尖，似桃。缝合线深，显著，片肉不对称，梗洼深而窄。果皮浅黄绿色，着红色。果肉橙黄色，肉质细、硬，纤维少，汁少，味甜微酸，微香。可溶性固形物12.5%，pH值4.1，Vc含量16.6mg/100g，可溶性糖7.7%，总酸1.3%。离核，核纺锤形。仁苦，饱满。常温下果实可贮放7d。

植物学性状　在河北蔚县调查，4月初花芽萌动，4月25日左右盛花期，花期7d，7月12日左右果实成熟，果实发育期70d左右；4月下旬叶芽萌动，10月下旬落叶，树体营养生长期180d左右。萌芽率50.0%，成枝力13.0%。4年生开始结果，成龄树株产100.0kg左右，以短果树和花束状果枝结果为主。

综合评价　花期比一般品种晚2～3d，有一定抗冻花能力。丰产、稳产。外观美丽，味甜，耐贮运，品质上，是优良鲜食兼加工品种。

47 海州红杏

Haizhouhongxing

产地及分布　别名'海带红'。系河北新河地方古老品种。在河北石家庄、邢台、保定等地区有栽培。

经济学性状　果实扁圆形，平均单果重60.4g，果实纵径5.1cm，横径5.8cm，侧径4.8cm。果顶平，缝合线广、浅，片肉对称。果皮橙红色，彩色紫红晕。果肉橙黄色，近核橙红色，肉质中，纤维中，汁液少，酸甜，香味浓。可溶性固形物20.5%，总糖7.3%，总酸0.9%，Vc含量9.5mg/100g。离核，仁苦，沟纹明显，鲜仁重1.1g。

植物学性状　树冠圆头形，树姿半开张。主干树皮灰褐色，丝状裂。多年生枝红褐色。1年生枝弯曲，紫红色光滑无茸毛。花芽圆锥形，肥大。茸毛少，单芽占26.0%，复芽占74.0%。叶片近圆形，叶面平展，浓绿色，叶柄红色，蜜腺2～4个，叶缘单锯齿。花粉白色，花药黄色。雌蕊1枚，雄蕊29～31枚。树势强。在原产地调查，3月中旬花芽萌动，4月上旬开花，花期7～8d，7月上旬果实成熟，果实发育期80d左右。11月中下旬落叶，树体营养生长期220d左右。萌芽率70.0%，成枝力19.0%。4年见果，10年后进入盛果期，成龄大树单株产150.0～200.0kg。以花束状结果枝结果为主。

综合评价　适应性强，抗寒，耐旱较丰产。果实个大，味香，色泽好，品质极上，是鲜食加工兼用良种，适宜大面积推广。

48 荷包杏

Hebaoxing

产地及分布　原产于山东济南。是从自然杂种中选育出来的一个特早熟品种，在河北、辽宁和山东省等地有栽培。现已保存于国家果树种质熊岳李杏资源圃和石家庄果树研究所杏种质资源圃内。

经济学性状　果实椭圆形，平均单果重45.0g，最大果重70.0g。果顶微凹，果实缝合线明显。果实底色橙红，阳面着紫色；果皮较厚，难与果肉剥离。果肉橙红色，肉质细，果汁较少，味甜酸，香气浓。可溶性固形物11.5%，总糖7.8%，Vc含量4.1mg/100g，总酸1.8%。

植物学性状　树冠圆头形，树姿开张。主干灰黑色，多年生枝暗灰色，当年生枝阳面棕褐色，背面灰褐色。短果枝占61.0%，中长果枝占33.0%，花束状果枝占6.0%。花芽中大，顶端钝尖，紫红色。花冠较大，直径2.9cm，花药较大，花粉多，花萼长而厚，蜜盘橘黄色。树势中庸。较丰产，适应性强。在国家果树种质李杏资源圃调查，4月初花芽萌动，4月中下旬开花，4月下旬盛花，6月下旬果实成熟，果实发育期约60d。4月中旬叶芽萌动，5月上旬展叶，10月末落叶，树体营养生长期约200d。在山东济南调查，3月底开花，花期4d，5月下旬果实成熟，果实发育期60d。在河北省石家庄市郊，2月下旬花芽萌动，3月下旬开花，花期4～6d。果实5月底成熟，果实发育期55～60d；3月下旬叶芽萌动，11月上旬落叶，树体营养生长期约220d。

综合评价　果实整齐美观，品质较好，较耐贮运，经济价值较高，适合鲜食及加工的品种。近年利用该品种作亲本选育出了'新世纪'、'试管红光1号'、'试管红光2号'、'试管红光3号'、'试管桃杏1号'、'试管甜丰'、'试管早荷1号'等新品种。适宜在华北温带杏区栽培。

49 黑叶杏

Heiyexing

产地及分布 原产新疆叶城，是当地主栽品种。

经济学性状 果实椭圆形，平均单果重45.1g。果顶偏斜，小突尖，果实缝合线浅，片肉对称，梗洼中深、较广。果皮底色绿黄色，阳面有片状红晕，果面无茸毛。果肉浅黄色，肉质松软，纤维中，汁中多，味甜，微香。可溶性固形物16.5%，总糖16.0%，总酸0.8%，Vc含量14.4mg/100g。离核，仁甜，饱满。

植物学性状 树冠幼龄期直立，成龄树半开张。主干灰褐色，1年生枝粗壮，斜生，枝条阳面紫红色，背面绿褐色。叶片卵圆形或圆形，基部宽楔形或圆形，叶尖短突尖，叶缘锯齿浅、钝，不整齐，近先端多复锯齿。叶片绿色，有光泽，背面全具灰白茸毛。花粉黄色，5瓣，雌蕊高于雄蕊或等长的花占51.0%。树势强。定植后4年生开始结果，12年生进入盛果期，株产60.0kg，以短果枝结果为主。自然坐果率低，萌芽率39.0%，成枝力18.0%。在新疆叶城调查，4月2日始花，4月9日盛花末期，6月底果实成熟，果实发育期80～85d。4月上旬展叶，10月底落叶，树体营养生长期200～205d。

综合评价 果实中大，制干、制脯均宜，种仁达1.0g以上，是仁、肉兼用的优良品种。

图5-76 ‘黑叶杏’局部结果状

50 衡水麦黄杏

Hengshuimaihuangxing

产地及分布 河北衡水古老品种，在衡水一带有栽培。

经济学性状 果实扁圆形，平均单果重29.1g，果实纵径3.9cm，横径4.1cm，侧径3.7cm。果顶钝，缝合线显著，果梗短而粗，梗洼浅、缓入，无皱褶。果底淡黄色，阳面有红霞。果肉黄色，肉质较粗，纤维中多，果汁中等，味微甜，微香。可溶性固形物11.0%。离核，核椭圆形，平均单核重2.2g。仁苦，饱满。

植物学性状 在衡水阜城调查，3月中旬花芽萌动，4月上旬盛花，花期4d，雄雌蕊等高，6月上旬果实成熟，果实发育期约60d。4月上旬叶芽萌动，11月上旬落叶，树体营养生长期约210d。4年生开始见果，10年生进入盛果期，成龄大树株产80.0kg左右。以短果枝和花束状果枝结果为主。

综合评价 抗旱、抗风，适应性强，色泽鲜艳，果肉微甜，品质中等，产量较稳定，是生食兼加工早熟品种，可适量发展。

图5-78 ‘衡水麦黄杏’局部结果状

图5-77 ‘黑叶杏’果形

图5-79 ‘衡水麦黄杏’果形

51 核桃杏

Hetaoxing

产地及分布 系河北深泽县农家品种，在深泽有栽培。

经济学性状 果实扁圆形，平均单果重43.2g。果顶圆平，中央稍凹，缝合线浅，不显著，梗洼窄、较深，有皱褶。果皮底色黄，阳面有红色斑点。果肉橙黄色，肉质细，柔软，纤维少，汁中多，味甜，有香气。可溶性固形物15.0%。离核，核短卵圆形，仁苦。

图 5-80 ‘核桃杏’局部结果状

植物学性状 在深泽县调查，3月中旬花芽萌动，4月上旬盛花，花期6d，6月中旬果实成熟，果实发育期约70d。4月上旬叶芽萌动，11月上旬落叶，树体营养生长期约210d。

综合评价 较丰产，品质上，是优良的鲜食兼加工品种。

52 红八达杏

Hongbadaxing

产地及分布 原产北京怀柔、延庆一带。在河南、河北、山西、辽宁等均有栽培。1983年引入国家果树种质熊岳李杏资源圃内。

经济学性状 果实卵圆形，平均单果重42.7g，最大果重51.0g，果实纵径4.1cm，横径4.1cm，侧径4.3cm。果顶扁，微凹，缝合线浅、窄，片肉对称，梗洼中深、较广。果实底色黄，阳面着紫红色，散生紫色小果点、不明显。果肉橙黄色，肉质致密，纤维中多、中粗，汁极多，味甜酸，略涩。可溶性固形物11.7%，pH值3.9，总糖6.0%，总酸1.3%，Vc含量6.0mg/100g。

图 5-81 ‘红八达杏’整株结果状

图 5-83 ‘红八达杏’局部结果状

粘核，核椭圆形，仁甜、香。可食率95.0%，品质中上，常温下果实可贮放5～6d。

植物学性状 树冠阔圆锥形，树姿开张。春季嫩梢红色。夏季叶片平展。树势中庸。在辽宁熊岳3月下旬花芽萌动，4月中下旬盛花，7月中旬果实成熟，果实发育期80d；4月中下旬叶芽萌动，11月中旬落叶，树体营养生长期20d左右。坐果率49.0%。萌芽率29.0%，成枝力49.0%。3年生开始结果，成龄大树100～150kg。以短果枝及花束状果枝结果为主。

综合评价 丰产，果实外观美，品质上，耐贮运，是较优良的中熟鲜食、加工品种。

图 5-82 ‘红八达杏’果形

53 红花接杏
Honghuajiexing

产地及分布 原产河北昌黎，系地方品种。1983年引入国家果树种质熊岳李杏资源圃内。

经济学性状 果实扁圆形，平均单果重48.7g，最大果重102.5g。果顶凹陷，缝合线浅、广，片肉对称，梗洼极深、狭。果皮黄色，阳面着鲜红，果面斑点红色，果面茸毛中多。果肉黄色，肉质密、硬、较脆、汁多，味甜酸、有余苦。可溶性固形物12.5%，pH值3.8，Vc含量5.8mg/100g，总糖6.9%，总酸1.7%，果胶0.2%。离核，核圆形，仁苦。

植物学性状 树冠圆头形，树姿半开张，主干极粗糙，树皮灰褐色，多年生枝灰白色，1年生枝阳面暗褐色，背面光滑无毛，皮孔稀，黄褐色。叶片卵圆形，基部圆形，叶尖先端渐尖，叶缘整齐，单锯齿、浅而小。花5瓣，雌蕊1枚，雄蕊27枚，花粉色，雌蕊与雄蕊等高的花占14.0%，雌蕊低于雄蕊的花占67.0%，雌蕊退化的花占19.0%。树势中庸。3月下旬花芽萌动，4月中下旬开花，4月下旬盛花，花期5d，7月中旬果实成熟，果实发育期约80d。4月中旬叶芽萌动，5月初展叶，10月末落叶，树体营养生长期约190d。萌芽率66.0%，成枝力54.0%，4年生开始结果。

综合评价 果实中大，品质中上，可在河北、山东、辽宁等地栽培。

54 红火梅子杏
Honghuomeizixing

产地及分布 原产北京海淀北安河一带，在延庆有少量栽培。1983年引入国家果树种质熊岳李杏圃内。

经济学性状 果实圆形，平均单果重36.7g，最大果重55.0g，果实纵径3.9cm，横径4.1cm，侧径4.0cm。果顶平，微凹，缝合线深，明显，片肉对称。果皮底色橙黄，阳面着深红色，茸毛中多，难剥离。果肉橙黄色，肉质松软，纤维中多，汁多，味甜酸。可溶性固形物12.3%，pH值3.8，Vc含量8.5mg/100g，总糖含量7.8%，总酸1.7%。离核，核近圆形，核面凸鼓，平滑，仁苦。品质中上。

植物学性状 树冠圆头形，树姿开张。主干树皮黑色。多年生枝棕褐色。1年生枝紫红色，较细、直立，有光泽。叶片圆形，叶基圆，叶尖急尖，叶缘整齐，锯齿钝，叶脉黄绿色。树势中庸。在原产地3月下旬花芽萌动，4月上旬盛花，花期5～7d，6月上旬果实成熟，果实发育期约65d。4月上旬叶芽萌动，11月初落叶，营养生长期约210d。以中短果枝结果为主。

图5-86 ‘红火梅子杏’局部结果状

图5-87 ‘红火梅子杏’整株结果状

图5-84 ‘红花接杏’局部结果状

图5-85 ‘红火梅子杏’果形

综合评价 适应性强，较丰产。在粗放管理条件下大小年结果明显。果实大小整齐。外观美丽。较耐贮运，除鲜食外，可加工杏脯或罐头。

55 红接杏

Hongjiexing

产地及分布 别名‘红甜杏’。原产河北新河，在河北省石家庄、邢台、保定等地栽培较多。1983 年引入国家果树种质熊岳李杏资源圃内。

经济学性状 果实椭圆形，平均单果重 53.7g，最大果重 60.0g，果实纵径 4.7cm，横径 4.1cm，侧径 3.7cm。果顶凹，果顶柱头残存明显。缝合线浅、广、明显，片肉对称，梗洼中深、广，波状。果皮黄色，着红色，果面较光亮，果点小密，皮中厚，易剥离。果肉橙黄色，肉质细，汁少，味酸甜，有香气。可溶性固形物 14.5%，Vc 含量 9.0mg/100g，总糖 7.4%，总酸 1.2%。离核，核椭圆形，仁苦，饱满，出仁率 29%。品质中上。

植物学性状 树冠圆头形，树姿开张。主干丝状裂，灰褐色。多年生枝斜生，暗褐色。1 年生枝直立，紫红色，光滑无毛。叶片圆形，先端微尖，叶缘波纹状，浅、小。花粉白色 5 瓣，花药黄绿色，雌蕊 1 枚，雄蕊 25 ~ 31 枚。树势强。在新河调查，3 月中下旬花芽萌动，4 月中旬盛花期，花期 8 ~ 9d，7 月上中旬果实成熟，果实发育期 80d 左右。4 月中旬叶芽萌动，11 月上中旬落叶，树体营养生长期 220d 左右。

综合评价 丰产优质，是鲜食加工兼用品种。

图 5-88 ‘红接杏’局部结果状

图 5-89 ‘红接杏’果形

图 5-90 ‘红金臻杏’果形

56 红金臻杏

Hongjinzhenxing

产地及分布 原产山东招远。1988 年 7 月通过山东省农作物省品种委员会审定定名。已在国家果树种质熊岳李杏资源圃内保存。

经济学性状 果实卵圆形，平均单果重 80.0g，最大果重 120g。果顶圆或平，果实缝合线明显，片肉较对称，梗洼中广、深。果实底色橙红色，果面光洁，阳面有红晕。果肉橙红色，肉质较细，汁多，味酸甜，有香气。可溶性固形物 13.9%，总糖 6.6%，总酸 1.4%，Vc 含量 10.2mg/100g。离核，仁甜。

植物学性状 树冠自然圆头形，树姿开张。主干灰黑色，多年生枝暗灰色，1 年生枝紫褐色。叶片圆形，叶尖渐尖，叶缘锯齿钝圆。叶柄紫红色，有 1 ~ 3 个蜜腺。树势较强。结果较早，一般定植后 3 年开始结果；较丰产，初果期中、长果枝较多，成龄树以短果枝结果为主。萌芽率与成枝力均高。在国家果树种质熊岳李杏资源圃调查，3 月上旬花芽萌动，4 月中旬开花，7 月中旬果实成熟，果实发育期 90d。4 月初叶芽萌动，4 月下旬展叶，11 月上中旬落叶，树体营养生长期约 200d。在山东招远调查，4 月上中旬开花，7 月中旬果实成熟，果实发育期 90d 左右。

综合评价 结果早，丰产，果实个大、整齐，加工性能好，制脯片大，出脯率高达 25.8%，品质优良。抗逆性较强，为优良的晚熟鲜食、加工兼用杏。

57 红甜核杏

Hongtianhexing

产地及分布 原产河北南部，系古老品种。河北南部地区栽培较多，昌黎也有栽培。1984 年引入国家果树种质熊岳李杏资源圃内。

经济学性状 果实卵圆形，平均单果重 61.7g，最大果重 97.5g，果实纵径 4.7cm，横径 4.6cm，侧径 5.0cm。果顶平，缝合线浅，显著，片肉不对称，梗洼窄深。果皮黄绿色，着深红色，果面斑点紫色，果面茸毛多。果肉橙黄色，肉质细，柔软、纤维少，果汁少，味甜，微香。可溶性固形物 10.6%，pH 值 4.5，Vc 含量 3.3mg/100g，单宁 0.04%，总糖 6.1%，还原糖 2.3%，总酸 1.2%。半离核，核椭圆形。仁甜，饱满。品质中上。果实常温下可贮放 4d 左右。

植物学性状 在辽宁熊岳调查，4 月初花芽萌动，4 月中下旬开花，4 月下旬盛花，7 月上旬果实成熟，果实发育期约 75d。4 月中旬叶芽萌动，5 月上旬展叶，11 月初落叶，树体营养生长期约 200d。雌蕊高于雄蕊的花无，雌蕊与雄蕊等高的花占 68.0%，雌蕊低于雄蕊的花占 16.0%，雌蕊退化的花占 16.0%。萌芽率 51.0%，成枝力 39.0%。3 年生结果，10 年生进入盛果期。以短果枝和花束状果枝结果为主。

综合评价 抗寒、抗旱，果实大，较丰产，品质中上，是优良的中熟鲜食品种。但近年来感染杏焦边病严重。

图 5-92 ‘红甜核杏’整株结果状

图 5-93 ‘红甜核杏’局部结果状

图 5-91 ‘红甜核杏’果形

58 红香蜜杏

Hongxiangmixing

产地及分布 原产山东淄博市淄川和博山山区，为当地主要栽培品种之一。1983 年引入国家果树种质熊岳李杏资源圃内。

经济学性状 果实扁卵圆形，平均单果重 48.0g，果实纵径 4.6cm，横径 4.5cm，侧径 4.4cm。果顶狭圆，缝合线浅而宽，明显，果肉对称。果皮橙黄色，阳面浓红，美观，皮与肉难剥离。果肉橙色，质稍粗，稍硬而脆，不溶质，汁中多，味甜微酸，香气浓。可溶性固形物 12.0%，总糖 6.9%，Vc 含量 6.2mg/100g，总酸 2.0%。核长卵形，仁苦。可食率 94.0%。

植物学性状 树冠圆头形，树姿开张。树势强，树体高大。主干灰黑色，树皮大块纵裂，1 年生枝紫红色，具 0～2 个小蜜腺。花 5 瓣，白色，雌蕊与雄蕊等高或略高。叶片近圆形。在当地 4 月上旬盛花，6 月下果实成熟，果实发育期约 80d。萌芽率低，成枝力较强，枝条在树冠内分布稀疏。以短果枝结果为主。

图 5-94 ‘红香蜜杏’果形

综合评价 果实外观美丽，品质上，较耐贮运，较丰产，为当地主要鲜食优良品种，亦适于加工。

图 5-95 ‘红香蜜杏’的树型

图 5-96 ‘红香蜜杏’局部结果状

59 红玉杏

Hongyuxing

产地及分布 别名‘红峪杏’、‘大峪杏’。原产山东历城、长清，为当地主要栽培品种，俗称‘大会杏’。已有2000多年的栽培历史，早年作为贡品，被汉武帝食后誉为杏中佳品，故又称为“汉武杏”。1987年被农业部定为杏的名特优品种之一。现保存于国家果树种质熊岳李杏资源圃内。

经济学性状 果实卵圆形，平均单果重85.0g，最大单果重125.0g。果顶平，微凹，果实缝合线浅、广，片肉对称，梗洼深，中广。果实底色橙红色，阳面有片红，果皮茸毛少，有光泽，整洁美观。果肉橙黄色，肉质硬脆，纤维细，果汁中多，酸甜可口，有清香。可溶性固形物10.8%，pH值4.0，总糖5.8%，总酸2.1%，Vc含量7.1mg/100g。离核，仁苦。

植物学性状 树冠自然圆头形，树姿半开张。主干灰黑色，多年生枝灰褐色，1年生枝粗壮，紫褐色。叶片卵圆形，叶尖突尖，叶基圆形或截形，叶缘锯齿大、浅、复齿。叶面平展，深绿色。花瓣白色，5瓣，雌蕊与雄蕊等高或略低。4年生开始结果，6～7年进入盛果期，以短果枝结果为主，丰产，连续结果能力很强。萌芽率63.6%，成枝力24.3%。在国家果树种质熊岳李杏资源圃调查，3月下旬花芽萌动，4月中旬开花，花期3～5d，6月末果实成熟，果实发育期约68d。4月中、下旬叶芽萌动，11月中下旬落叶，树体营养生长期210d左右。在山东调查，3月底4月初开花，6有中旬成熟，果实生育期70d左右。

综合评价 果实较大，色泽鲜艳，风味佳美，品质极上，且耐运输，极丰产，适应性强，是鲜食和加工兼用的优良品种，为山东省出口杏的主要栽培品种。

图 5-97 ‘红玉杏’局部结果状

图 5-98 ‘红玉杏’果形

60 胡安娜杏

Huannaxing

产地及分布 产于新疆南疆各地区，霍城县有栽培。

经济学性状 果实圆形，果形不整齐，平均单果重 34.0g，大果重 39.0g。果实缝合线浅。果实底色淡橙色，果面光滑无毛。果肉橙黄色，肉质软，纤维多，汁少，味甜。离核，仁甜，饱满。

植物学性状 树势强。果实 6 月底成熟。萌芽力、发枝力均强。

综合评价 适宜鲜食及制干。

图 5-101 ‘胡安娜杏’局部结果状

61 葫芦杏

Huluxing

产地及分布 产地不详，分布新疆伊宁。

经济学性状 果实心脏形，平均单果重 31.8g，果实纵径 4.6cm，横径 3.8cm，侧径 3.6cm。果顶钝圆，突尖，缝合线浅，明显，片肉不对称。果皮橙黄色，蜡质少，果皮中厚，韧，剥皮较易。果肉橙黄色，肉质软，纤维粗，汁中多，味甜酸，微苦。可溶性固形物 15.0%。离核，倒卵圆形，仁甜，饱满。

植物学性状 树冠阔圆锥形，树姿开张。树势强。在新疆伊宁，6 月 30 日果实成熟。萌芽率 71.0%，成枝力 31.0%。

综合评价 耐旱性强，适宜加工。

图 5-99 ‘胡安娜杏’整株结果状

图 5-102 ‘葫芦杏’局部结果状

图 5-100 ‘胡安娜杏’果形

图 5-103 ‘葫芦杏’果形

图 5-104 ‘葫芦杏’整株结果状

62 华县大接杏

Huaxiandajiexing

图 5-105 ‘华县大接杏’结果状

产地及分布 原产陕西华县。现分布于河北、陕西、甘肃、宁夏、北京、辽宁和河南等地。已保存于国家果树种质熊岳李杏资源圃内和石家庄果树研究所杏种质资源圃内。

经济学性状 果实扁圆形，平均单果重 104.0g，最大果重 155.0g。果顶平，微凹，果实缝合线浅、广，较显著，片肉较对称，梗洼中深、宽。果皮黄色，果实阳面着生小红果点，茸毛多。果肉橙黄色，肉质松软，纤维细、少，汁多，味酸甜，有香气。果肉可溶性固形物 13.0%，总糖 7.9%，总酸 0.9%，Vc 含量 7.5mg/100g。离核，仁甜。

植物学性状 树冠圆头形，树姿半开张。树势强。主干紫褐色，多年生枝灰褐色，当年生枝粗壮，阳面黄褐色，背面绿色，光滑无毛。叶片卵圆形，基部心形，叶尖短突尖，叶缘平展，锯齿单，圆钝。叶色浓绿，叶片厚。花瓣白色，5 瓣，雌蕊高于雄蕊的花占 10.0%，雌蕊与雄蕊等高的花占 31.0%，雌蕊低于雄蕊的花占 20.0%，雌蕊退化花占 39.0%。3 年生开始结果，7 年生进入盛果期，以短果枝和花束状果枝结果为主。萌芽率 59.0%，成枝力 18.0%，坐果率 4.0%。辽宁熊岳国家李杏资源圃调查，3 月下旬花芽萌动，4 月中下旬盛花，7 月上中旬果实成熟，果实发育期 79d。4 月中下旬叶芽萌动，11 月中下旬落叶，树体营养生长期 210d 左右。在陕西省华县调查，3 月上旬花芽萌动，3 月下旬开花，6 月上、中旬果实成熟，果实发育期 80d 左右；4 月上旬展叶，11 月上旬落叶，营养生长期 210d。在河北省石家庄市郊，2 月下旬花芽萌动，3 月下旬开花，花期 4 ~ 6d。6 月中下旬果实成熟，发育期 79 ~ 82d。3 月下旬叶芽萌动，11 月上旬落叶，树体营养生长期约 220d。

综合评价 树体呈半矮化状，果实极大，品质极上，适应性广，在华北、西北和辽宁南部地区均丰产、稳产。是优良的中熟鲜食品种。

图 5-106 ‘华县大接杏’果形

63 怀来大杏

Huailaidaxing

产地及分布 原产河北怀来，系地方良种。1983 年引入国家果树种质熊岳李杏资源圃内。

经济学性状 果实卵圆形，平均单果重 57.1g，最大果重 72.5g。果顶圆，偏突尖，缝合线浅、广，不显著，片肉对称，梗洼中深、中广。果皮黄色，阳面着红色；果面上有少量小红果点。果肉黄色，肉质松软，纤维粗、多，汁多，味酸甜。可溶性固形物 12.4%，pH 值 4.7，Vc 含量 5.7mg/100g，总糖 7.6%，总酸 1.3%。离核，核椭圆形。仁甜，香，饱满。可食率 96.5%，常温下果实可贮放 3 ~ 5d。

植物学性状 树冠半圆形，树姿半开张。春季嫩梢绿色。夏季叶片厚、平展。花 5 瓣，白色，雌蕊高于雄蕊的花占 44.0%，雌蕊与雄蕊等高的花占 10.0%，雌蕊低于雄蕊的花占 7.0%，雌蕊退化的花占 39.0%。树势中庸。在辽宁熊岳地区调查，3 月下旬花芽萌动，4 月中下旬盛花，花期 6d，7 月上中旬果实成熟，果实发育期约 79d。4 月中下旬叶芽萌动，11 月上中旬落叶，树体营养生长期约 204d。萌芽率 51.0%，成枝力 30.0%。3 年生开始结果，7 ~ 8 年生进入盛果期。以花束状果枝结果为主。

综合评价 适应性强，较丰产。果实较大，外观美丽，品质优良，是优良的中熟鲜食品种。

图 5-107 ‘怀来大杏’局部结果状

图 5-108 ‘怀来麦黄杏’果形

64 怀来麦黄杏

Huailaimaihuangxing

产地及分布 原产河北怀来，系地方良种。1983 年引入国家果树种质熊岳李杏资源圃内。

经济学性状 果实圆形，平均单果重 62.7g，最大果重 95.5g。果皮绿黄色，阳面着少量红色。果肉橙黄色，近核处黄色，肉质硬，纤维细，汁多，味酸甜。可溶性固形物 12.5%，总糖 3.9%，总酸 2.5%，Vc 含量 6.9mg/100g。半离核，仁苦。

植物学性状 树势中庸。在辽宁熊岳 4 月初花芽萌动，4 月下旬开花，7 月上旬果实成熟，果实发育期约 65d。雌蕊与雄蕊等高的花占 12.0%，雌蕊低于雄蕊的花占 14.0%，雌蕊退化的花占 74.0%。

综合评价 果实大，品质上，早熟，但雌蕊退化花比率高。

65 怀来香白杏

Huailaixiangbaixing

产地及分布 原产河北怀来，系地方品种。1983 年引入国家果树种质熊岳李杏资源圃内。

图 5-109 ‘怀来香白杏’果形

经济学性状 果实长圆形，平均单果重 59.3g，最大果重 79.8g，果顶圆，缝合线浅、广，片肉对称，梗洼深、中广。果皮绿白色，果面斑点多，紫色，果面较光滑，茸毛少。果肉白色，肉质松软，纤维多，汁极多，味甜酸、微涩。可溶性固形物 11.6%，pH 值 4.5，总糖 6.5%，总酸 1.9%，Vc 含量 10.9mg/100g。仁甜。

植物学性状 在辽宁熊岳调查，4 月初花芽萌动，4 月中下旬开花，4 月下旬盛花，7 月初果实成熟，果实发育期约 70d。4 月中旬叶芽萌动，5 月上旬展叶，10 月末落叶，树体营养生长期约 190d。雌蕊高于雄蕊的花占 1.0%，雌蕊与雄蕊等高的花占 1.0%，雌蕊低于雄蕊的花占 2.0%，雌蕊退化的花占 96.0%。萌芽率 34.0%，成枝力 75.0%。

综合评价 果实较大，汁极多，味甜酸，品质中上，雌蕊退化花比率高。是鲜食兼加工品种。

66 黄甜核杏

Huangtianhexing

产地及分布 别名‘山药杏’。原产河北省魏县，在河北、内蒙古及辽宁等地均有分布。现保存于国家果树种质熊岳李杏资源圃内。

图 5-110 ‘黄甜核杏’整株结果状

图 5-111 ‘黄甜核杏’局部结果状

经济学性状 果实圆形，平均单果重 56.5g。果顶圆凸，缝合线浅而广，不明显，片肉不对称，梗洼中深而狭。果实底色橙黄，阳面着红色，果面斑点紫色，茸毛少，果皮厚，光滑，不易剥离。果肉橙黄色，肉质细密，纤维少，汁中多，味酸甜。可溶性固形物 13.9%，pH 值为 4.0，总糖 6.7%，Vc 含量 6.6mg/100g。半离核，仁甜，饱满。

植物学性状 树冠圆头形，树姿开张。树势中庸。主干褐紫色，多年生枝紫褐色，1 年生枝较粗壮，阳面暗红色，背面褐绿色，光滑无毛。叶片卵圆形，先端突尖，基部心脏形，叶缘整齐，单锯齿钝，叶色绿，有光泽。花 5～6 瓣，雌蕊高于雄蕊的花占 19.0%，雌蕊与雄蕊等高的花占 54.0%，雌蕊低于雄蕊的花占 6.0%，雌蕊退化的花占 21.0%。4 年生树开始结果，8 年生左右树进入盛果期。以短果枝结果为主。萌芽率 46.0%，成枝力 24.0%。在原产地，3 月初花芽萌动，3 月中下旬盛花，花期 6d；6 月上旬果实成熟，果实发育期约 80d。4 月上旬叶芽萌动，4 月下旬展叶，10 月末落叶，树体营养生长期约 190d。

综合评价 丰产，果实较大，色泽鲜艳，酸甜适口，品质上等，且较抗寒、抗旱，适应性强，是优良的中熟鲜食加工兼用品种。适宜在华北温带杏区栽培。

67 惠阳白杏

Huiyangbaixing

产地及分布 原产朝鲜。1986 年引进。分布于辽宁等地，现保存于国家果树种质熊岳李杏资源圃内。

经济学性状 果实圆形，平均单果重 57.7g，最大果重 81.5g，果实纵径 4.4cm，横径 4.6cm，侧径 4.6cm。果顶圆，缝合线浅、狭，不显著，片肉不对称。果皮绿白色，阳面着紫红色，果面斑点紫色、密。果肉白色，肉质粗、松，硬脆，汁多，味酸、淡，微涩。可溶性固形物 9.4%，pH 值 4.4，Vc 含量 6.5mg/100g，总糖 5.5%，总酸 1.3%。粘核，仁甜，品质中下。

植物学性状 树冠半圆形，树姿半开张。树势中庸。多年生枝灰褐色。1 年生枝红褐色，皮孔黄褐色，疏、小。叶片阔卵形，基部近圆形，叶尖短突尖，叶色浓绿，有光泽，背面着茸毛，叶缘单锯齿，整齐。花 5 瓣，粉白色，雌蕊高于雄蕊的花占 3.0%，雌蕊与雄蕊等高的花占 73.0%，雌蕊低于雄蕊的花占 4.0%，雌蕊退化的花占 20.0%。在辽宁熊岳调查：4 月初花芽萌动，4 月中下旬盛花，花期 5d，7 月初果实成熟，果实发育期约 75d。4 月中下旬叶芽萌动，10 月末落叶，树体营养生长期约 190d。萌芽率 63.0%，成枝力 39.0%。3 年生开始结果，10 年生进入盛果期，以短果枝结果为主。

综合评价 果实较大，汁多，味酸，品质中下，只可作资源保存或作加工品种，不宜推广发展。

图 5-112 ‘惠阳白杏’局部结果状

68 焦家杏

Jiaojiaxing

产地及分布 原产山西新绛，系地方良种。以万安乡柏壁村和峨眉岭一带栽培较为集中。因母株原产"焦家"而得名。

经济学性状 果实圆形或扁圆形，平均单果重47.0g，最大果重70.0g。果顶平，果实缝合线浅，显著，片肉不对称；梗洼浅而广平。果皮底色橙黄色，着红色。果肉浅黄色，纤维少，汁多，酸甜适中，有香味。pH值3.4，总糖6.7%，总酸1.6%，还原糖1.2%。半离核，仁苦。

植物学性状 树冠圆头形，树姿较开张。树势较弱。主干黑褐色，多年生枝灰褐色，1年生枝红褐色。叶片长椭圆形，基部楔形，叶尖突尖，叶缘锯齿细、密。花白色，5瓣；雄蕊31～33枚，雌蕊低于雄蕊、退化花约占10.0%。幼树以中长果枝结果为主，成龄树以花束状果枝结果为主，果枝连续结果能力强。百年以上老树仍结果累累。在焦家调查，3月下旬开花，6月上旬果实成熟，果实发育期约70d。

综合评价 果个大，外观美丽，甜酸适中，有香味，品质上。早熟、丰产，是一个很有发展的鲜食品种。

图5-113 '冀光杏'整株结果状

图5-114 '冀光杏'局部结果状

图5-115 '冀光杏'果形

69 冀光杏

Jiguangxing

产地及分布 河北省农林科学院石家庄果树研究所于1987年采用有性杂交（'串枝红'×'二红'）育成的中晚熟鲜食加工兼用杏新品种。2001年12月通过河北省林木品种审定委员会审定并定名。

图 5-116 ‘冀光杏’果实外观及离核状

图 5-117 ‘金黄杏’果形

经济学性状 果实圆形，平均单果重 58.3g，最大果重 70.0g。果顶微凸，缝合线浅。果实底色橙黄，阳面有红晕，成熟一致，果面光洁。果肉橙黄色，组织致密，纤维少，汁液中等，有韧性，酸甜可口，香气浓。可溶性固形物 12.9%，可溶性糖 7.4%，可滴定酸 1.8%，Vc 含量 81.6mg/100g。离核，仁苦。

植物学性状 树冠圆头形，树姿开张。主干紫褐色，1 年生枝条紫红色，皮孔小，棕褐色。叶片椭圆形，平展，叶色浓绿。花蕾粉红色，花瓣粉白色，5 ~ 6 瓣，花药黄色。树势强。定植后 2 ~ 3 年结果，4 ~ 5 年生进入丰产期，平均株产 25.0 ~ 30.0kg，盛果期株产可达 100.0kg。果实可采期长，无采前落果，以短果枝和花束状果枝结果为主。萌芽率及成枝力中等。在石家庄果树研究所，2 月下旬花芽萌动，3 月下旬开花，花期 4 ~ 6d，果实 6 月中下旬成熟，果实发育期 85d 左右；3 月底叶芽萌动，11 月上旬落叶，树体生长期约 220d。

综合评价 外观美，品质好，丰产稳产，适应性强，是鲜食加工兼用的杏优良品种。

70 金黄杏

Jinhuangxing

产地及分布 原产河北昌黎，1983 年引入国家果树种质熊岳李杏资源圃内。

经济学性状 果实近圆形，平均单果重 34.6g，最大果重 44.0g。果实纵径 4.0cm，横径 4.1cm，侧径 4.0cm。果顶微凹，缝合线浅平，不显著，片肉对称，梗洼中深、中广。果皮黄色，阳面着鲜红色；果面茸毛多。果肉橙黄色，肉质中粗松软、汁多，味甜酸有余苦。可溶性固形物 10.2%，pH 值 4.5，Vc 含量 7.2mg/100g，总糖 5.6%，总酸 1.5%。仁苦。

植物学性状 在熊岳调查，4 月初花芽萌动，4 月中下旬开花，花白色，4 月下旬盛花，花期 7d，6 月末至 7 月初成熟，果实发育期约 70d。4 月中旬叶芽萌动，5 月上旬展叶，11 月上旬落叶，树体营养生长期约 210d。萌芽率 21.0%，成枝力 53.0%。

综合评价 果实小，品质中，不宜发展。

图 5-118 ‘金黄杏’局部结果状

71 金奎杏
Jinkuixing

产地及分布 原产辽宁熊岳，系地方品种。主要分布于辽宁南部，1983 年引入国家果树种质熊岳李杏资源圃内。

经济学性状 果实阔圆形，平均单果重 61.4g，最大果重 76.2g，果实纵径 4.7cm，横径 4.8cm。果顶圆，微凹，缝合线一侧稍高，缝合线浅、广，片肉稍不对称，梗洼深、广，圆形。果皮绿黄色，阳面着暗红色，有紫点，茸毛多。果肉橙黄色，肉质致密，细，汁多，甜酸味浓；可溶性固形物 13.5%，pH 值 3.7，总糖 5.3%，总酸 1.4%，Vc 含量 7.5mg/100g。粘核，纵径 2.9cm，横径 2.7cm，仁苦。

植物学性状 树冠自然圆头形，树姿半开张。春季嫩梢绿色。花 5 瓣，白色，雌蕊与雄蕊等高的花占 30.0%，雌蕊低于雄蕊的花占 15.0%，雌蕊退化的花占 55.0%。萌芽率 44.0%，成枝力 64.0%。3 年生开始结果，6 年生即进入盛果期。以花束状果枝和短果枝结果为主。树势强。在辽宁熊岳调查，4 月初花芽萌动，4 月中下旬盛花，花期 5～7d，7 月上旬果实成熟，果实发育期约 78d。4 月中旬叶芽萌动，11 月上旬落叶，树体营养生长期约 197d。

综合评价 果实大，品质优，外观美丽，结果早，较丰产，但不耐涝，是优良的中熟鲜食品种。

72 金寿杏
Jinshouxing

产地及分布 原产美国，现分布于我国河北张家口、山东、辽宁等地。

经济学性状 平均单果重 175.0g，最大果重 298.0g。果实圆形平顶，底色橘黄，向阳面有红晕，果面光滑，艳丽非常。果肉细嫩多汁，含糖量高，有香气，口味纯正，品质极上。果实较耐贮运，成熟采果，自然环境下货架期 7～10d。

植物学性状 果实发育期 70～75d，大棚内 4 月初上市，露天栽培山东中部 6 月 15 日成熟。‘金寿杏’生长强健，早果性强，大小苗栽后次年均能开花结果。丰产性很强，无大小年。自花结实力强，大棚内坐果率 37.0%，露地栽培坐果率 70.0% 以上。

综合评价 果大、质优，早果性强、极丰产、抗寒、适应性强，露天栽植表现很好，更适宜于大棚栽植。

图 5-119 ‘金奎杏’局部结果状

图 5-120 ‘金奎杏’果形

图 5-121 ‘金寿杏’局部结果状

图 5-122 ‘金寿杏’果形

73 金太阳杏
Jintaiyangxing

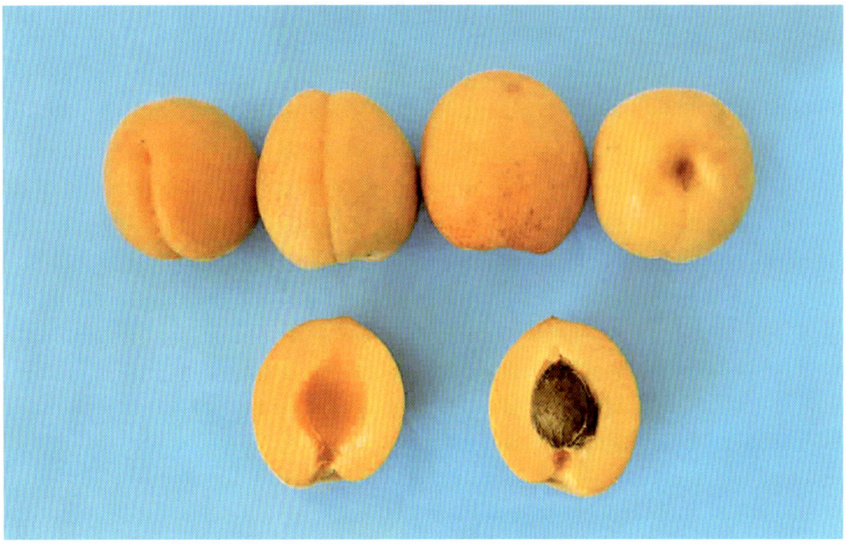

图 5-124 ‘金太阳杏’果形

产地及分布 原产欧洲。山东果树所引进。已在国家果树种质熊岳李杏资源圃和河北省农林科学院石家庄果树研究所杏种质资源圃内保存。

经济学性状 果实近圆形，平均单果重 66.9g，最大果重 90.0g。果顶平，果实缝合线浅平，片肉对称。果皮底色金黄色，阳面着红晕，果面光滑。果肉黄色，肉质细，纤维少，汁液较多。在保护地内，可溶性固形物 8.9%，总糖 5.9%，总酸 2.1%，Vc 含量 7.5mg/100g。在露地调查，可溶性固形物 13.5%，总糖 12.1%，总酸 1.3%。离核，仁苦。

植物学性状 树势中庸，树姿开张。多年生枝皮粗糙，当年生枝红褐色，粗壮。叶片卵圆形，基部圆形或截形，叶尖突尖。叶色深绿，叶面光滑，有光泽。花芽肥大、饱满，复芽占 95% 以上，花浅粉色，花器发育完全，大多数花雌蕊柱头略高或等高于雄蕊。结果早，丰产。自花结实力强，自然结实率为 26.8%，萌芽力中等，成枝力强。在国家果树种质熊岳李杏资源圃保护地栽培，12 月上旬升温，1 月上旬开花，在 4 月下旬果实成熟，比露地提前 50 ~ 60d 上市。在国家果树种质熊岳李杏资源圃调查，4 月初花芽萌动，4 月中旬开花，6 月下旬果实成熟，果实发育期约 65d。4 月中旬叶芽萌动，5 月初展叶，10 月末落叶，树体营养生长期约 200d。在山东泰安露地栽培，3 月上旬花芽萌动，盛花为 3 月下旬，花期持续 6 ~ 7d，5 月下旬成熟，发育期约 60d。11 月上旬落叶，营养生长期约 210 ~ 220d。在河北省石家庄地区，2 月下旬花芽萌动，3 月下旬开花，花期持续 4 ~ 7d；6 月初果实成熟，果实发育期 60 ~ 62d；11 月上旬落叶，营养生长期约 220d。

综合评价 成熟早，可自花结实，适于露地和保护地栽培的早熟品种。适应性强，宜在华北温带杏区、西北干旱带杏区及东北寒带杏区南部地方作保护地栽培。也适宜在华北温带杏区进行露地栽培。

图 5-123 ‘金太阳杏’整株结果状

图 5-125 ‘金太阳杏’局部结果状

74 锦西大红杏

Jinxidahongxing

产地及分布 别名'大红杏'。原产辽宁葫芦岛连山区，是地方优良品种。分布于辽宁、河北和山东等地，在辽宁西部栽培最多。已在国家果树种质熊岳李杏资源圃内保存。

经济学性状 果实扁圆形，平均单果重50.2g，最大果重60.0g。果顶圆凸，果实缝合线深广，显著，片肉不对称，梗洼浅广。果皮黄色，阳面着红色，果面斑点小、少，红褐色，果面有茸毛，果皮较薄，易与果肉剥离。果肉橙黄色，肉质细、密、硬，纤维细、少，汁中多，味甜酸适度，无香气。可溶性固形物13.5%，pH值4.6，总糖8.0%，总酸1.8%，Vc含量10.0mg/100g。离核，仁苦，饱满。

植物学性状 树冠自然开心形，树姿半开张。树势中庸。主干红褐色，多年生枝灰褐色，1年生枝斜生，阳面红棕色，背面黄绿色。叶片圆形，叶尖钝尖，叶缘不整齐，锯齿中大、钝、浅，单锯齿。叶色暗绿，有光泽，背面无茸毛。花芽多双生，花5瓣，花粉黄色。4年生开始结果，以短果枝和花束状果枝结果为主。萌芽率50.0%，成枝力20.0%。在辽宁熊岳国家李杏资源圃调查，3月上旬花芽萌动，4月中旬开花，7月中旬果实成熟，果实发育期90d。4月初叶芽萌动，4月下旬展叶，10月下旬落叶，树体营养生长期约190d。

综合评价 果个中等，甜酸适度，品质上等，制成糖水罐头块形完整光滑、大小均匀、色泽橙黄、有光泽，为加工鲜食兼用品种。较抗寒、抗旱，适应性强，且抗病虫害。适宜在华北温带杏区栽培。

图5-126 '锦西大红杏'局部结果状

图5-127 '锦西大红杏'果形

75 锦西李子杏

Jinxilizixing

产地及分布 原产辽宁葫芦岛连山区，系地方良种。分布于辽宁各地。1983年引入国家果树种质熊岳李杏资源圃内。

经济学性状 果实卵圆形，果实纵径4.3cm，横径4.7cm，平均单果重48.4g，最大果重64.0g。果顶平圆，缝合线浅、广，片肉不对称。梗洼深、广。果皮黄色，阳面着2/4红色；果面上的果点小、不明显。果肉橙黄色，肉质硬脆，纤维细，汁多，味甜酸，有香气。可溶性固形物10.9%，pH值3.9，Vc含量4.2mg/100g，总糖5.9%，总酸1.4%。离核，核卵圆形，仁苦，饱满。可食率95.0%，常温下果实可贮放5d左右。

植物学性状 树冠半圆形，树姿开张，半矮化。春季嫩梢绿色。夏季叶片平展。花5瓣，白色，雌蕊高于雄蕊的花占44.0%，雌蕊与雄蕊等高的花占38.0%，雌蕊低于雄蕊的花占18.0%。萌芽率64.0%，成枝力33.0%。3年生开始结果，6～7年生进入盛果期。以花束状果枝和短果枝结果为主。树势较弱。在辽宁熊岳调查，3月下旬花芽萌动，4月中、下旬盛花期，花期6d，7月上旬果实成熟，果实发育期75d；4月中、下旬叶芽萌动，10月末落叶，树体营养生长期约185d。

综合评价 果实甜酸，汁多，有香味，品质中上，较丰产，但不耐运输，是优良的中熟鲜食品种。

图5-128 '锦西李子杏'果形

图 5-129 ‘锦西李子杏’局部结果状

图 5-130 ‘金杏’局部结果状

76 金杏

Jinxing

产地及分布　别名‘黄接杏’、‘京杏’。原产内蒙古包头。内蒙古地区的主要推广品种，在 1984 年内蒙古自治区杏果实鉴评会上名列第一名，1990 年通过农业部鉴定，被列为优异品种。现已保存于国家果树种质熊岳李杏资源圃内。在辽宁和内蒙古地区有栽培。

经济学性状　果实卵圆形，平均单果重 32.1g，最大果重 45.2g。果顶圆形，微凸，果实缝合线明显，中深、狭窄，片肉不对称，梗洼深而广。果实底色淡黄，散生几个小红点，果面茸毛少，果皮厚。果肉黄色，松脆，纤维粗、多，汁丰富，味甜酸适度。可溶性固形物 11.3%，pH 值 4.1，总糖 6.3%，总酸 1.9%，Vc 含量 8.4mg/100g。离核，仁苦。

植物学性状　树冠半圆形，树姿半开张。树势强。主干暗灰色，多年生枝灰褐色，1 年生枝粗壮，阳面红褐色，背面黄褐色，新梢红黄色。叶片近圆形，基部圆形，叶尖突尖，叶缘单锯齿，圆钝。叶面绿色，有光泽。花瓣白色，5 瓣，雌蕊高于雄蕊的花占 41.7%，雌蕊与雄蕊等高的花占 33.9%，无雌蕊低于雄蕊的花，雌蕊退化的花占 24.4%。4 年生开始结果，7 年生达盛果期，成龄大树株产 100 ~ 150kg，以短果枝和花束状果枝结果为主。萌芽率 69.0%，成枝力 23.0%。在辽宁熊岳国家李杏资源圃调查，3 月下旬花芽萌动，4 月中旬开花，花期 3 ~ 5d，果实 6 月下旬至 6 月末成熟，果实发育期 67d。4 月中下旬叶芽萌动，10 月下旬落叶，树体营养生长期 180d。

综合评价　抗旱力强，早熟，丰产，是品质优良的鲜食品种。特殊低温年份，花期及幼果期易受晚霜危害。在辽宁和内蒙古地区栽培均表现良好。可在年平均气温 7℃以上的地区发展。

77 金亚杏

Jinyaxing

产地及分布　系山西省农业科学院果树研究所从 1998 年引自亚美尼亚的一批杏优良品种中选出。2004 年 2 月通过山西省农作物品种委员会审定并命名。新疆、山西、山东、甘肃等杏产区均可种植。

经济学性状　果实椭圆形，平均单果重 86.0g，最大果重 120.0g。果顶尖凸，缝合线浅而明显，片肉对称，梗洼浅窄。果实底色黄白，阳面稍具红晕，光洁漂亮。果肉厚，浅黄，细嫩，味甜，汁液丰富，有香气，可溶性固形物 18.0%。离核，仁甜。

植物学性状　树姿较开张。1 年生枝阳面红色，阴面黄绿色。花大型，花瓣粉红，偏淡白，完全花比例 95.0% 以上。叶片近圆形，大而平展，深绿色。树体长势强健。萌芽率高，成枝力强。在晋中地区，3 月上中旬花芽萌动，3 月底 4 月初开花，6 月底 7 月初果实成熟，果实发育期 90d。11 月初落叶，树体营养生长期 220d。

综合评价　适栽范围广，是我国杏产区更新换代的优良品种。

图 5-131 ‘金亚杏’局部结果状

图 5-132 ‘金亚杏‘果形

78 九道眉杏

Jiudaomeixing

产地及分布 别名'歪屁股'。产于河北涿鹿、怀来、涞源及北京市房山。1983年引入国家果树种质熊岳李杏资源圃内。

经济学性状 果实椭圆形，平均单果重31.6g，最大果重43.5g，果顶平，缝合线深、广，明显，片肉不对称，梗洼浅、广。果皮橙黄色，阳面着红色并夹杂红果点。果肉橙黄色，肉质细硬，纤维少，汁中多，味甜酸，微涩。可溶性固形物11.2%，pH值3.5，总糖5.7%，总酸1.7%，Vc含量13.6mg/100g。离核，核长卵形，干核重2.2g，出核率15.0%。仁甜、香、饱满，仁斜长圆形，干核出仁率30%。鲜食品质中等。

植物学性状 树冠圆头形，树姿半开张。春季嫩梢绿色，微红。夏季叶片平展。花5瓣，白色，雌蕊高于雄蕊的花占49.0%，雌蕊与雄蕊等高的花占17.0%，雌蕊低于雄蕊的花占6.0%，雌蕊退化的花占28.0%。萌芽率42.0%，成枝力30.0%。3年生开始结果，10年生以后进入盛果期。树势强，以短果枝和花束状果枝结果为主。在辽宁果树研究所调查，3月末至4月初花芽萌动，4月中下旬盛花，7月上中旬果实成熟，果实发育期75～80d。4月中下旬叶芽萌动，11月上旬落叶，树体营养生长期约200d。

综合评价 抗寒、抗旱，丰产，但有大小年结果现象。果肉可鲜食或制干、制脯，仁甜，饱满，较大。鲜食、加工、仁用兼用品种。

79 巨蜜王杏

Jümiwangxing

产地及分布 原产山东苍山，现分布于河北、山东、河南等地。

经济学性状 果实卵圆形，果实特大，平均单果重140.0g，最大果260.0g。果实橘黄，果面黄色带有红色斑点，阳面有红晕，肉黄桔红色，果肉厚，肉质细嫩，汁液多，浓香味甜，品质极上等。离核。

植物学性状 树姿开张、树势中庸，多年生枝皮面粗糙，1年生枝阳面微红，枝条皮面光滑，叶片卵圆形，呈深绿色，叶面光滑且具光泽，叶缘单锯，排列均匀，叶柄较粗，稍带紫红色，花芽肥大饱满密生，花蕾粉红色，盛花时粉白色。在原产地果实6月上旬成熟，早果性强，1年生苗定植后第二年结果株率100%，第三年即进入盛果期，自花结实，坐果率高，丰产稳产。

图5-135 '巨蜜王杏'局部结果状

综合评价 适应性强，抗旱耐瘠薄，粗放管理生长结果正常，花期抗晚霜能力很强。结果早，自花结实，坐果率高，果个大，丰产稳产，是一很有发展前途的鲜食品种。

80 凯里大杏

Kailidaxing

产地及分布 原产贵州凯里，系地方优良品种。主要分布于贵州凯里。1985年引入国家果树种质熊岳李杏资源圃内。

经济学性状 果实阔卵圆形，果个不整齐，平均单果重72.1g，果实纵

图5-133 '九道眉杏'果形

图5-134 '巨蜜王杏'果形

图 5-136 ‘凯里大杏’果形

径 4.8cm，横径 5.0cm，侧径 4.8cm。果顶平，微凹，柱头残存，缝合线浅、广、明显，片肉对称。果皮黄色，果面光滑，有茸毛。果肉橙黄色，肉质致密，纤维细，汁中，味甜酸，略涩。可溶性固形物 11.4%，pH 值 3.5，总糖 6.5%，总酸 1.6%，Vc 含量 6.2mg/100g。半离核，核阔卵圆形，仁苦，饱满。常温下果实可贮放 7 ~ 10d。

植物学性状 树冠圆头形，树姿半开张。树势中强。主干灰褐色，纵裂。多年生枝灰褐色。1 年生枝红褐色，春季嫩梢绿色，芽基部凸起，夏季叶片平展。花 5 瓣，白色。在辽宁熊岳调查，3 月末 4 月初花芽萌动，4 月中下旬盛花，7 月上旬果实成熟，果实发育期约 73d。4 月中下旬叶芽萌动，11 月上旬落叶，树体营养生长期约 200d。萌芽率 46.0%，成枝力 40.0%。3 年生开始结果，10 年生进入盛果期。中、短果枝及花束状果枝均可结果。

综合评价 果个大，较丰产，品质中上，味甜酸，耐贮运，是鲜食与加工兼用品种。

81 凯特杏

Kaitexing

产地及分布 原名 Katy，原产美国加利福尼亚州。山东省果树研究所从美国加州引入。已在河北、辽宁、山东、山西、陕西和北京等地进行保护地和露地栽培。在国家果树种质熊岳李杏资源圃和河北省农林科学院石家庄果树研究所杏种质资源圃内保存。

经济学性状 果实椭圆形，平均单果重 87.8g，最大果重 150g。果顶较平圆，果实缝合线中深、明显，片肉不对称，梗洼深、中广。果皮橙黄色，果面红果点多，阳面有少量红晕。果肉橙黄色，肉质硬脆，纤维细，汁多，果味酸甜，无香气。在保护地内调查，可溶性固形物 10.0%，总糖 10.9%，总酸 0.9%。在露地调查，可溶性固形物 12%，总糖 7.4%，总酸 2.0%，Vc 含量 7.3mg/100g。离核，仁苦。

植物学性状 主干和多年生枝灰褐色，嫩梢深红色，当年生枝红褐色。叶形圆形，叶基圆形，叶尖长尾尖，叶缘粗。叶面波状，叶色绿。树势中庸。栽后第二年开始结果，第四年生密植园亩产 2916.8kg。萌芽力、成枝力均较强，成花容易，自花结实。在国家果树种质李杏资源圃保护地栽培，12 月上旬升温，1 月上旬开花，果实 4 月下旬至 5 月上旬果实成熟。在国家熊岳李杏资源圃调查，4 月初花芽萌动，4 月中旬开花，6 月末果实成熟，果实发育期约 70d。4 月中旬叶芽萌动，5 月初展叶，10 月末落叶，树体营养生长期约 200d。在山东泰安调查，4 月上旬开花，6 月下旬果实成熟，果实发育期约 69d。在河北省石家庄市郊，2 月下旬花芽萌动，3 月下旬开花，花期 4 ~ 6d；6 月中旬果实成熟，果实发育期 70d。3 月下旬叶芽萌动，11 月上旬落叶，树体营养生长期约 220d。

综合评价 适应性强，对土壤要求不严格，耐瘠薄，抗盐碱，阴湿，品质中。保护地适宜在华北温带杏区、西北干旱带杏区和东北寒带杏区南部地方栽培。露地适宜在华北温带杏区栽培。

图 5-137 ‘凯特杏’果形

图 5-138 ‘凯特杏’局部结果状

图 5-139 ‘凯特杏’整株结果状

82 库车 3 号杏

Kuche 3 haoxing

产地及分布 原产新疆，是当地的中晚熟品系。1985 年引入国家果树种质熊岳李杏资源圃内。

经济学性状 果实扁圆形，平均单果重 20.6g，最大果重 27.5g，果实纵径 3.4cm，横径 3.7cm，侧径 3.6cm。果顶平凹，缝合线中深、广，片肉对称。果皮橙黄色，果面光滑，无茸毛。果肉黄色，肉质硬脆，汁多，味甜、浓。可溶性固形物 10.4%，总糖 5.2%，总酸 1.1%，Vc 含量 8.0mg/100g。离核，核椭圆形，仁甜。在常温下果实可贮放 5d 左右。

植物学性状 树冠圆头形，树姿较开张。树势弱。1 年生枝红褐色。叶片近圆形，叶背、叶腋处有茸毛。花粉白色，5～7 瓣，雌蕊高于雄蕊的花占 30.0%，雌蕊与雄蕊等高的花占 32.0%，雌蕊低于雄蕊的花占 23.0%，雌蕊退化的花占 15.0%。在辽宁熊岳调查，4 月上旬花芽萌动，4 月下旬开花，7 月中上旬果实成熟，果实发育期约 78d。4 月中下旬叶芽萌动，10 月上旬落叶，树体营养生长期约 160d。萌芽率 41.0%，成枝力 33.0%。4 年生开始结果，6～7 年生进入盛果期。以中、短果枝结果为主，无生理落果和采前落果。

综合评价 果实极小，外观美，品质上等，适宜加工，极丰产，极抗旱。可在西北、华北以及辽宁南部地区发展。

图 5-140 ‘库车 3 号杏’局部结果状

83 辣椒杏

Lajiaoxing

产地及分布 别名‘乐曼玉吕克’。原产新疆，在库车有少量栽培，1997 年引入国家果树种质熊岳李杏资源圃。因其果形似辣椒，故得名。

经济学性状 果实长圆形，平均单果重 24g，最大果重 27g，果实纵径 4.3cm，横径 2.8cm，侧径 2.8cm。果顶尖圆、微凹，缝合线中深，显著，片肉不对称。果面绿黄色，不平滑，无彩色，果皮薄，光滑无毛，不易与果肉剥离。果肉黄白色，近核处橙黄色，肉质细软，味酸甜，有微香。可溶性固形物 16.1%，Vc 含量 9.7mg/100g，总糖 11.7%，总酸 1.0%，果胶 5.06%。离核，核长圆形，仁甜，饱满。

植物学性状 树冠圆形，树姿半开张。生长势弱。主干粗糙，灰褐色。多年生枝褐色，1 年生枝较细，斜生，阳面褐色，光滑无毛。叶片椭圆形，基

图 5-143 ‘辣椒杏’局部结果状

图 5-141 ‘库车 3 号杏’果形

图 5-142 ‘辣椒杏’果形

部楔形，叶尖渐尖，叶色浅绿，无光泽，背面茸毛中多；叶缘不整齐，锯齿中大、钝，为单锯齿。花5瓣，雌蕊1枚，雄蕊30枚，花粉黄色，雌蕊高于雄蕊或等于雄蕊等长的花占52.0%，雌蕊低于雄蕊的花占48.0%。在库车调查，4月1日开花，4月3日盛花，花期6d，6月末果实成熟，果实发育期75～80d。3月下旬叶芽萌动，4月15日展叶，11月中旬落叶，营养生长期约210d。萌芽率51.0%，成枝力29.0%。4年生开始结果，10年进入盛果期。以短果枝和花束状果枝结果为主。

综合评价 抗旱、抗寒，较丰产，果实形状特殊，但肉薄，可食率低，品质中下，可作为一个具有特殊性状的资源保存。

84 兰州大接杏

Lanzhoudajiexing

产地及分布 原产甘肃省兰州市，属中熟鲜食杏优良品种，主要分布于兰州市郊。20世纪80年代甘肃省农业科学院林果花卉所进行全省果树资源普查时，发现并确定为甘肃地方优良品种。现保存于甘肃省农业科学院林果花卉所杏种质资源圃。

经济学性状 果实长卵圆形，平均单果重82.5g，最大果重125.0g。果顶圆，果实缝合线明显、中深，片肉对称，梗洼深、广。果实底色橙色，彩色为鲜红色晕。果肉橙黄色，汁液中多，肉质柔软，纤维中多，风味浓而甜，有香味。果肉可溶性固形物含量13.0%～15.0%。离核，纺锤形，仁甜，饱满。

植物学性状 树冠自然圆头形，树姿开张。树势强。主干深褐色，多年生枝褐色，1年生枝长势中庸，紫红色。叶片近圆形，叶基圆形，叶尖短尖，叶缘锯齿浅钝。叶面平展，浓绿色，有光泽，有红褐色圆形蜜腺1～3个。花色粉红，雌雄蕊同高者约占50.0%。栽后2年开花结果，6年生进入盛果期，连续结果能力强，以中短果枝结果为主。在兰州安宁杏资源圃调查，3月下旬花芽萌动，4月上旬开花，花期5～7d，果实7月中旬成熟，果实发育期约85d；4月上旬叶芽萌动，11月上中旬落叶，树体营养生长期约220d。

综合评价 抗性强，结果早、丰产，果个大、品质上，可在熟前雨少地区大量发展。

图5-144 ‘兰州大接杏’整株结果状

图5-145 ‘兰州大接杏’局部

图5-146 ‘兰州大接杏’果形

图 5-147 ‘兰珠红杏’果形

85 兰珠红杏

Lanzhuhongxing

产地及分布 原产陕西，系地方品种。分布于陕西、辽宁。1983 年引入国家果树种质熊岳李杏资源圃。

经济学性状 果实扁圆形，平均单果重 58.9g，最大果重 68.2g，果实纵径 4.4cm，横径 5.1cm，侧径 4.7cm。果顶凹陷，缝合线浅，片肉较不对称。果皮淡黄色，阳面着暗红色。果面斑点少，紫色，果面茸毛少。果肉浅黄色，肉质中粗、松，纤维较多，味甜酸。可溶性固形物 10.2%，pH 值 3.7，Vc 含量 9.1mg/100g，单宁 0.07%，总糖 7.2%，总酸 1.1%，果胶 0.07%。仁苦，离核。

植物学性状 4 月初花芽萌动，4 月中下旬开花，4 月下旬盛花，花期 5d，6 月末果实成熟，果实发育期约 70d。4 月中旬叶芽萌动，5 月初展叶，10 月末落叶，树体营养生长期约 190d。雌蕊高于雄蕊的花占 4.0%，雌蕊与雄蕊等高的花占 5.0%，雌蕊低于雄蕊的花占 8.0%，雌蕊退化的花占 83.0%。

图 5-148 ‘兰珠红杏’局部结果状

花 5 瓣，花白色。

综合评价 果实较大，味甜酸适度，品质中等，可用于鲜食和加工。可在西北及华北地区栽培。雌蕊退化花比率高。

86 崂山关爷脸杏

Laoshanguanyelianxing

产地及分布 系山东崂山农业局实生选出的品种。1980 年经鉴定命名，被农业部定为优质品种，是山东省主要出口杏品种之一。已在国家果树种

图 5-149 ‘崂山关爷脸杏’局部结果状

质熊岳李杏资源圃内保存。

经济学性状 果实椭圆形，平均单果重 57.6g。果顶略凹陷，果实缝合线较深。果皮黄绿色，阳面着鲜红色；果面茸毛短、多；果皮厚，不易剥离。果肉黄色，肉质细嫩、脆，纤维少，汁多，味酸甜，有香气。可溶性固形物 14.8%，总糖 9.9%，总酸 1.4%，Vc 含量 8.5mg/100g。离核，仁苦。

植物学性状 树姿开张。树势强。主干与多年生枝灰褐色，1 年生枝阳面深紫红色，背面紫色。叶片近圆形，叶片大，叶缘钝锯齿。叶色深绿，茸毛少，有光泽。花白色；雌蕊高于雄蕊的花占 43.0%，雌蕊与雄蕊等高的花占 12.0%，雌蕊低于雄蕊的花占 17.0%，雌蕊退化的花占 28.0%。3 年生开始结果，以短果枝结果为主。自然坐果率 19.0%，萌芽率 62.0%，成枝力 87.0%。在国家果树种质熊岳李杏资源圃调查，3 月上旬花芽萌动，4 月中旬开花，7 月上旬果实成熟，果实发育期 85d。4 月初叶芽萌动，4 月下旬展叶，11 月上旬落叶，树体营养生长期约 210d。在山东泰安，3 月上旬花芽萌动，4 月上旬盛花，6 月下旬果实成熟，果实发育期约 85d。

综合评价 果实外观美丽，果个较大，品质优良，适应性强，较耐贮运，是鲜食加工兼用品种。可在华北地区及辽宁南部推广栽培。

图 5-150 ‘崂山关爷脸杏’果形

叶片近圆形；叶片大，叶色深绿，叶片厚，茸毛少，有光泽，叶缘锯齿粗钝齿。花白色。树势强。在山东崂山，3月上旬花芽萌动，4月上旬盛花，6月下旬果实成熟，果实发育期约85d。4月中旬叶芽萌动，11月下旬落叶，树体营养生长期约220d。雌蕊高于雄蕊的花占43.0%，雌蕊与雄蕊等高的花占12.0%，雌蕊低于雄蕊的花占17.0%，雌蕊退化的花占28.0%。自然坐果率19.0%。萌芽率62.0%，成枝力87.0%。3年生开始结果，以短果枝结果为主。

综合评价 丰产、优质。较抗杏粉蚜，果实成熟度一致，较耐贮运，是很有发展前途的品种。

87 崂山红杏

Laoshanhongxing

产地及分布 原产山东崂山。1980年经鉴定命名，1982年山东省农业厅列为全省推广品种。1986年引入国家果树种质熊岳李杏资源圃内。

经济学性状 果实椭圆形，平均单果重50.0g，果实纵径5.0cm，横径4.8cm。果顶略凹陷，缝合线较深。果皮黄绿色，阳面鲜红色；果面茸毛短、多，果皮厚，不易剥离。果肉黄色，肉质细嫩、脆，纤维少，汁多，味甜酸，有香气。可溶性固形物18.0%，总糖10.7%，总酸1.4%，Vc含量8.5mg/100g。离核，核椭圆形，仁苦，饱满，仁大且有双仁。品质上，常温下果实可贮放7d。

植物学性状 树姿开张，主干与多年生枝灰褐色，光滑，2～3年生枝灰褐色，皮孔小而密。1年生枝阳面深红色，背面紫色，皮孔不明显。

图 5-153 ‘崂山红杏’局部结果状

图 5-151 ‘崂山红杏’整株结果状

图 5-152 ‘崂山红杏’果形

88 辽阳红杏

Liaoyanghongxing

产地及分布　原产辽宁辽阳，系地方品种。现在国家果树种质熊岳李杏资源圃内保存。

经济学性状　果实圆形，平均单果重32.2g,最大果重37.5g。果顶较圆，果实缝合线浅、广，片肉对称，梗洼浅、中广。果皮黄色，阳面着紫红色，较光亮，茸毛较少。果肉黄色，肉质松软、沙，纤维中，汁少，味甜酸。可溶性固形物12.6%，pH值3.5，Vc含量10.2mg/100g，总糖5.6%，还原糖1.5%，总酸2.5%，果胶0.5%。仁甜。

植物学性状　树冠自然半圆形，树姿半开张。多年生枝灰褐色，1年生枝直立，阳面黄褐色。叶片圆或阔圆形，基部圆形，叶尖急尖，叶缘锯齿大，较锐，为单锯齿。叶色浓绿，有光泽，背面叶腋间茸毛多。花白色，花5瓣，雌蕊高于雄蕊的花占95.0%。树势中庸。萌芽率65.0%，成枝力34.0%。在辽宁熊岳国家李杏资源圃调查，4月初花芽萌动，4月中下旬开花，4月下旬盛花，7月中旬果实成熟，果实发育期约80d。4月中旬叶芽萌动，5月初展叶，10月末落叶，树体营养生长期约200d。

图5-155　‘辽阳红杏’局部结果状

综合评价　结果较早，品质中上，较抗寒，丰产。

89 辽阳李子杏

Liaoyanglizixing

产地及分布　原产辽宁辽阳，系地方品种。分布于辽宁南部，主要在辽阳、鞍山一带栽培。1983年引入国家果树种质熊岳李杏资源圃内。

经济学性状　果实卵圆形，平均单果重29.7g，果实纵径3.6cm，横径3.8cm，侧径3.6cm。果顶平，缝合线浅，显著，片肉不对称。果皮黄色，阳面着红色，果面果点大、密。果肉橙黄色，肉质硬脆，纤维多，汁中，味甜酸。可溶性固形物12.8%，pH值4.1，Vc含量8.9mg/100g，单宁0.38%，果胶0.23%，总糖9.5%，总酸1.8%。离核，核近圆形，仁苦，较饱满。果肉可食率95%，常温下果实可贮放3～5d。

植物学性状　树冠半圆形，树姿开张。春季嫩梢绿色，夏季叶片平展。花5瓣，白色，雌蕊高于雄蕊的花占40.0%，雌蕊与雄蕊等高的花占7.0%，雌蕊低于雄蕊的花占1.0%，雌蕊退化的花占52.0%。树势中庸。在辽宁熊岳调查，3月下旬花芽萌动，4月中下旬盛花期，花期5～6d，7月中旬果实成熟，果实发育期约84d。4月中下旬叶芽萌动，10月下旬落叶，树体营养生长期约180d。萌芽率66.0%，成枝力20.0%。以花束状果枝结果为主。

综合评价　丰产，但果个很小，品质中等，是晚熟的鲜食品种。

图5-154　‘辽阳红杏’果形

图5-156　‘辽阳李子杏’果形

90 凌农 2 号杏

Lingnong 2 haoxing

产地及分布 系西北农林科技大学园艺学院 1994 年以‘玛瑙’作母本，‘兰州大接杏’作父本进行有性杂交培育而成。于 2006 年 12 月通过陕西省果树品种审定委员会审定并命名。

经济学性状 果实卵圆形，平均单果重 81.0g，最大单果重 105.0g。果顶平圆，微凸；缝合线不明显，片肉对称。果实底色橙黄，阳面鲜红。果肉橙黄，果实汁液多，酸甜可口，风味好。可溶性固形物 15.9%，总糖 9.5%，酸 1.5%。离核，苦仁。

植物学性状 树冠圆头形，树姿开张。多年生枝暗褐色，1 年生枝红褐色。叶片卵圆形，绿色，中大，叶片中厚，无光泽。幼树生长势强，成龄树树势中庸。长、中、短及花束状果枝均可结果，以中长果枝结果为主。雌蕊败育率低，坐果率高，可自花结实。萌芽力和成枝力均较强，在陕西关中地区，3 月中旬花芽萌动，3 月下旬开花，花期持续 5～7d，6 月中旬果实成熟，果实发育期 76d；3 月下旬叶芽膨大，4 月上旬展叶，11 月上旬落叶，树体营养生长期 230d。

综合评价 该品种产量高，品质优，抗性和适应性强，中熟，果实货架期长。

91 临潼红杏

Lintonghongxing

产地及分布 原产陕西临潼，系地方品种。1984 年引入国家果树种质熊岳李杏资源圃。

经济学性状 果实圆形，平均单果重 39.8g，最大果重 74.0g，果实纵径 4.2cm，横径 4.3cm，侧径 4.2cm。果顶凹，缝合线浅、广，片肉较对称。果皮黄色，阳面着鲜红色。果面斑点稀、紫色，茸毛多。果肉黄色，肉质密、硬，汁中多，味酸甜，香味浓。可溶性固形物 11.2%，pH 值 3.8。仁甜。品质上。

植物学性状 在辽宁熊岳调查，3 月下旬花芽萌动，4 月中下旬开花，4 月下旬盛花，7 月中旬果实成熟，果实发育期约 80d。4 月中旬叶芽萌动，5 月初展叶，10 月末落叶，树体营养生长期约 190d。雌蕊高于雄蕊的花占 66.0%，雌蕊与雄蕊等高的花占 9.0%，雌蕊低于雄蕊的花占 4.0%，雌蕊退化的花占 21.0%。萌芽率 38.0%，成枝力 59.0%。

综合评价 果实较小，汁中多，味酸甜，香味浓，宜鲜食。

图 5-158 ‘临潼红杏’局部结果状

图 5-157 ‘临潼红杏’整株结果状

图 5-159 ‘临潼红杏’果形

92 临漳桃杏

Linzhangtaoxing

产地及分布 别名'临漳大桃杏'。原产于河北临漳，系地方品种。

经济学性状 果实近圆形，平均单果重 94.8g，最大果重 121.3g，果顶平，微凸，缝合线中深，宽而明显，梗洼深广。果实底色橙黄，有紫红斑点。果肉浅黄色，近核处较深，肉质较粗，纤维中多，汁多，味甜，微香。可溶性固形物 11.5%，Vc 含量 6.9mg/100g，总糖 8.2%，总酸 1.7%，单宁 0.1%。离核，仁苦。

植物学性状 树冠圆头形，树姿半开张。主干灰褐色，多年生枝紫褐色，1 年生枝紫红色。叶片倒卵圆形，叶尖突尖，基部宽楔形，叶缘不整齐，单齿圆钝，叶色浅绿。雌蕊高于雄蕊的花占 73.0%，雌蕊低于雄蕊的花占 5.0%，两者等高的花占 8.0%，雌蕊退化的花占 14.0%。树势较强。栽后 4 ~ 5 年结果，成龄树株产 150 ~ 250kg。以花束状果枝和短果枝结果为主。萌芽率 30.0%，成枝力 41.0%。在临漳东王村调查，3 月下旬花芽萌动，3 月末盛花，花期 4 ~ 5d，6 月中旬果实成熟，果实发育期约 75d；10 月中下旬落叶，树体营养生长期约 200d。

综合评价 丰产，果实品质好，果实极大，似桃形，较抗旱，为鲜食及加工兼用品种。

图 5-160 '龙垦 2 号杏'果形

图 5-161 '龙园黄杏'局部结果状

93 龙垦 2 号杏

Longken 2 haoxing

产地及分布 系 1961 年黑龙江宝清 597 农场实生播种，1967 年选出。1983 年引入国家果树种质熊岳李杏资源圃。

经济学性状 果实圆形，平均单果重 42.0g，最大果重 80.0g。果顶尖，果实缝合线浅，明显；梗洼中深。果实底色黄色，着鲜红色。果肉橘黄色，肉质细，纤维少，汁多，味酸甜适中，有香气。可溶性固形物 13.0%。离核。

植物学性状 树冠自然开心形，树姿极开张。主干暗灰色，多年生枝灰褐色，1 年生枝褐色。叶片圆形或宽卵圆形，基部圆形或稍平，叶尖渐尖，叶缘复锯齿。叶色浓绿。花 5 瓣，雄蕊 31 枚。树势强。定植后 3 年开始结果，以中、短果枝结果为主。萌芽力强，成枝力中等。在 597 农场调查，4 月下旬花芽萌动，5 月上旬盛花，7 月 10 日左右果实成熟，果实发育期 70d 左右。4 月末叶芽萌动，10 月下旬落叶，树体营养生长期 175d 左右。

综合评价 较抗寒，坐果率高，品质上。

94 龙园黄杏

Longyuanhuangxing

产地及分布 系黑龙江省农业科学院园艺分院以 79-7-1('北方二号李'×'大接杏')作母本，79-15-14('631 杏'×'大接杏')作父本进行复交育成。2000 年 2 月，通过黑龙江省品种审定委员会审定并命名。目前，吉林、辽宁、河北、内蒙古和新疆乌鲁木齐等地已有栽培。

经济学性状 果实长椭圆形，平均单果重 65.0g，最大果重 78.5g。果顶卵圆形，缝合线浅。果实底色橘黄，有少许红晕。果肉杏黄，质地细软，汁液中，味酸甜。可溶性固形物 11.0% ~ 12.0%。离核，仁稍苦。

植物学性状 树形倒圆锥形，树姿半开张，新梢斜生直立。叶片圆形，叶尖渐急尖，叶基圆形。叶色浓绿；蜜腺小，肾状形，红褐色。树势强旺。栽后第三年结果，平均株产果 2.6kg。五年生树，平均株产果 13.7kg。以短果枝和花束状果枝结果为主，坐果率高，极丰产。采前不落果，不裂果。萌芽力和成枝力都很强。黑龙江省农业科学院园艺分院调查，4 月上旬花芽萌动，5 月初始花，花期 7 ~ 8d，7 月下旬果实成熟，果实发育期约 85d。10 月下旬落叶。

综合评价 果实个头大，品质好，丰产，且植株抗寒、抗旱，耐病性强，对土壤要求不严，适应能力强。适宜在华北温带杏区和东北寒带杏区栽培。

95 骆驼黄杏
Luotuohuangxing

图 5-164 ‘骆驼黄杏’整株结果状

产地及分布 原产北京市门头沟，分布于河北、北京、天津、山东、山西、陕西和甘肃等地。1990 年通过农业部鉴定，被列为优异杏种质资源，1991 年辽宁省科委列为重点区试品种，1995 年通过辽宁省农作物品种委员会审定。现已保存于国家果树种质熊岳李杏资源圃和河北省农林科学院石家庄果树研究所杏种质资源圃内。在河北、北京、天津、山东、山西、陕西和甘肃等省广泛栽培。

经济学性状 果实圆形，平均单果重 49.5g，最大果重 78.0g。果顶平，微凹，果实缝合线明显、中深，片肉对称。梗洼深、广。果实底色黄绿色，阳面着红色。果肉橙黄色，肉质较细软，汁中多，味甜酸。果肉含可溶性固形物 9.6% ~ 11.5%，总糖 7.1%，总酸 1.9% ~ 2.0%，Vc 含量 5.4 ~ 5.8mg/100g。粘核，仁甜。

植物学性状 树冠自然圆头形，树姿半开张。主干灰褐色，多年生枝灰褐色，1 年生枝较粗壮，红褐色。叶片椭圆形，叶基圆形，叶尖渐急尖，叶缘锯齿圆钝。叶有光泽，深绿色，叶脉黄色，有褐色圆形蜜腺 1 ~ 2 个。花瓣白色，5 瓣，雌蕊高于雄蕊的花占 2.0%，雌蕊等于雄蕊的花占 5.0%，雌蕊低于雄蕊的花占 6.0%，雌蕊退化的花占 87.0%。树势强。栽后两年即能开花结果，丰产，连续结果能力强，以短果枝结果为主，自花不结实。萌芽率 44.0%，成枝力 40.0%。在河北省石家庄市郊，2 月下旬花芽萌动，3 月下旬开花，花期 4 ~ 6d；5 月下旬至 6 月初果实成熟，果实发育期 55 ~ 60d；3 月下旬叶芽萌动，11 月上旬落叶，树体营养生长期约 220d。在国家果树种质熊岳李杏资源圃调查，3 月下旬花芽萌动，4 月中旬开花，花期 5 ~ 7d，果实 6 月上中旬成熟，果实发育期约 55d；4 月中下旬叶芽萌动，10 月下旬落叶，树体营养生长期约 190d。

综合评价 抗性强，结果早、丰产，果实品质好，是极早熟的优良鲜食品种。适宜在辽宁大石桥以南地区发展。

图 5-162 ‘骆驼黄杏’局部结果状

图 5-163 ‘骆驼黄杏’果形

96 马串铃杏

Machuanlingxing

产地及分布 原产陕西大荔马坊渡一带。主要分布于陕西、山西。1984年引入国家果树种质熊岳李杏资源圃内。

经济学性状 果实扁卵圆形，平均单果重46.4g，最大果重63.0g，果实纵径4.2cm，横径4.4cm，侧径4.2cm。果顶平、微凹，缝合线浅、广，片肉较对称。果皮绿黄至黄色，密生红色大果点。果淡黄色，肉质硬脆，纤维细、少，汁中，味酸甜。可溶性固形物11.3%，pH值3.5，总糖6.5%，总酸1.5%，Vc含量6.5mg/100g。离核，核圆形，仁甜、香，饱满。可食率95.0%，常温下果实可贮放7～10d。

植物学性状 树冠圆头形，树姿半开张。春季嫩梢红色。夏季叶片平展。叶片椭圆形，叶缘钝锯齿。花5～6瓣，白色，雌蕊高于雄蕊的花占38.0%，雌蕊与雄蕊等高的花占44.0%，雌蕊低于雄蕊的花占8.0%，雌蕊退化花占10.0%。树势中强。在辽宁熊岳调查，3月下旬花芽萌动，4月中下旬盛花，7月上中旬果实成熟，果实发育期约77d。4月中下旬叶芽萌动，10月下旬落叶，树体营养生长期约185d。萌芽率27.0%，成枝力32.0%。3年生开始结果，7年生以后进入盛果期。

综合评价 抗寒、抗旱，较丰产。

图5-165 ‘马串铃杏’局部结果状

97 麦红杏

Maihongxing

产地及分布 河北怀来古老品种，是怀来北辛堡、黄家冲一带的主栽品种。1983年引入国家果树种质熊岳李杏资源圃内。

经济学性状 果实扁圆形，平均单果重35.0g，最大果重64.5g，果实纵径4.1cm，横径4.4cm，侧径4.5cm。果顶圆平，中央微凹，缝合线显著，深宽，片肉对称。果皮底色橙黄色，阳面有红色。果肉微红，近核处色稍深。肉质细硬，纤维少，汁中等，味甜酸，微香。可溶性固形物13.0%，pH值3.0。半离核，核圆形，仁苦。

植物学性状 树冠自然半圆形，树姿开张。主干粗糙，树皮皱裂中等，褐色。多年生枝灰褐色。1年生枝粗壮，较直立，阳面暗红色，背面绿面，无茸毛。叶片卵圆形，叶尖渐尖，叶片薄，色深绿，无茸毛，叶缘两侧向上卷，整齐，单锯齿，浅钝，主脉黄绿色。花白色5瓣，雌蕊1枚，雄蕊25～30枚，花药黄色。树势中庸。在怀来调查，4月上旬花芽萌动，4月中旬盛花，花期5～7d，6月中下旬果实成熟，果实发育期60d左右。4月下旬叶芽萌动，10月中下旬落叶，树体营养生长期170d左右。萌芽率68.0%，成枝力31.0%。5年生开始见果，10年生进入盛果期，成龄树株产100.0～200.0kg。以短果枝和花束状果枝结果为主。

综合评价 抗旱，抗风，适应性较强，产量稳定。品质中等，可在栽培条件较差的地区栽培。

98 玛瑙杏

Manaoxing

产地及分布 原产美国。在山东、河北等省利用‘玛瑙杏’作保护地栽培品种和授粉树。已在国家果树种质熊岳李杏资源圃内保存。

经济学性状 果实卵圆形，平均单果重55.7g。果顶圆平，微凹，果实缝合线明显，片肉不对称，梗洼浅、广。果皮橙黄色，阳面红色。果肉橙黄色，肉质较粗，纤维较粗，汁中多，味酸甜。可溶性固形物12.5%，总糖9.1%，总酸1.4%。离核，仁苦。

植物学性状 树姿开张。主干和多年生枝灰褐色，嫩梢深红色，1年生枝红褐色。叶片中大，近圆形。雌蕊败育率低。树势中庸。2年生开始结果，5年生平均株产24.5kg，幼

图5-166 ‘玛瑙杏’局部结果状

图 5-167 ‘玛瑙杏’果形

树以中长果枝结果为主。自然坐果率 67.0%，自花结实率高。萌芽率 92.4%。在国家果树种质熊岳李杏资源圃调查，3 月下旬花芽萌动，4 月中旬开花，7 月初果实成熟，果实发育期约 78d；4 月中旬叶芽萌动，5 月初展叶，11 月上旬落叶，树体营养生长期 200d。在山东调查，4 月 5 日盛花，6 月中下旬果实成熟，果实发育期约 80d。

综合评价 结果早，丰产稳产，果实中大，耐贮运，是鲜食加工兼用品种。适栽范围广，抗晚霜冻害。

99 麻子脸杏

Mazilianxing

产地及分布 原产河北邢台地区。现邢台地区有少量分布。

经济学性状 果实圆形，平均单果重 31.5g，果实纵径 3.8cm，横径 3.7cm，侧径 3.8cm。果顶凹，缝合线深，片肉对称，梗洼狭深。果皮橘黄色。果肉近核处深黄；肉质密，纤维中，味酸甜，香味浓。Vc 含量 2.9mg/100g，总糖 6.3%，总酸 1.3%。离核，核椭圆形，仁苦。常温下果实可存放 7d 左右。

植物学性状 树冠扁圆形，树姿开张。主干粗糙，树皮块状裂，暗灰色。多年生枝灰褐色。1 年生枝生长直立，阳面紫红色，光滑无毛。皮孔密，白色，圆形。叶片圆形，叶基圆形，叶尖较尖，叶色浅绿，无光泽，叶缘整齐，锯齿明显。花 5 瓣，雌蕊 1 枚，雄蕊 29 ~ 33 枚，雌蕊高于雄蕊的花占 22.0%，雌蕊与雄蕊等高的花占 53.0%，雌蕊低于雄蕊的花占 13.0%，雌蕊退化的花占 12.0%。坐果率 32.0%。萌芽率 78.0%，成枝力 23.0%。4 年生开始结果，10 年进入盛果期，成龄树株产约 150.0kg。以短果枝和花束状果枝结果为主。在原产地，3 月中旬花芽萌动，4 月上旬盛花，花期 8d，6 月末果实成熟，果实发育期约 80d；4 月中旬叶芽萌动，11 月下旬落叶，树体营养生长期 240d。

综合评价 品质上，色泽艳丽，是鲜食的优良品种。外观不良，多疤。

图 5-168 ‘玛瑙杏’整株结果状

图 5-169 ‘麻子脸杏’果形

100 美国金杏
Meiguojinxing

产地及分布 原产美国，1992年山东莱阳农学院从日本引入，经过多年的试验观察，确认其为优良品种，适合在我国栽植。

经济学性状 果实圆形，平均单果重49.3g，最大果重75.0g，果皮橙黄色，阳面着红色，果肉橙黄色。有伪单性结实现象，一部分果实的胚和胚乳退化，只有种皮，没有种仁，一部分果中有双仁，超过10%。可溶性固形物17.8%，甜味浓，口感好，果肉占鲜果重量的93.6%，杏仁甜，也可食用。

植物学性状 定植第二年开始结果，无大小年现象，连年丰产。初花期比‘红金臻’晚5～8d，花期则比其长1～4d，果实6月下旬成熟。

综合评价 抗寒，抗旱，适应性强，极丰产，适合露地与保护地栽培，是鲜食和制干的甜杏优良品种，很有发展前途。

图5-172 ‘美国金杏’整株结果状

图5-170 ‘美国金杏’局部结果状

101 面桃杏
Miantaoxing

产地及分布 别名‘桃杏’。河北景县农家品种。

经济学性状 果实近圆形，平均单果重37.5g，果实纵径4.4cm，横径3.9cm，侧径3.8cm。果顶凸，尖歪，缝合线中深，显著。果皮底色浅橙黄色，阳面着紫红色，具紫红色小果点。果肉橙黄色，肉质细，纤维少，果汁少，味甜酸，微香。可溶性固形物12.0%。离核，核椭圆形，核翼小而钝，仁苦，圆锥形。

图5-171 ‘美国金杏’果形

图5-173 ‘面桃杏’果形

图 5-174 ‘面桃杏’局部结果状

植物学性状 树冠自然半圆形，树姿半开张。主干粗糙，树皮皱裂，灰黑色。多年生枝红褐色，1 年生枝暗红色。叶片圆形，基部圆形，叶尖突尖，叶色正面深绿，背面绿色，叶缘整齐，单锯齿，浅而小。树势较弱。在河北景县大冯古庄调查，3 月中旬花芽萌动，4 月上旬盛花，花期 7d，6 月下旬果实成熟，果实发育期 80d 左右。4 月上旬叶芽萌动，11 月上旬落叶。树体营养生长期 210d 左右。萌芽率为 81.0%，成枝力为 56.0%。4 年生开始结果，以短果枝和花束状果枝结果为主。

综合评价 较丰产，果实小，果汁少，品质上，是加工杏干的优良品种。

102 蜜陀罗杏

Mituoluoxing

产地及分布 原产北京延庆，系地方良种。1983 年引入国家果树种质熊岳李杏资源圃内。

经济学性状 果实斜阔圆形，平均单果重 68.9g，最大果重 108.5g，果实纵径 4.9cm，横径 5.4cm，侧径 5.3cm。果顶微凹，缝合线浅、广，片肉不对称。果皮淡黄色，阳面着红晕，果面斑点紫色，果面密被茸毛。果肉浅黄色，肉质松，柔软，有粗纤维，汁多，味酸甜。粘核，仁甜，品质中上。

植物学性状 树冠半圆形，树姿开张。春季嫩梢绿色，夏季叶片平展。花 5 瓣，粉白色，雌蕊与雄蕊等高的花占 42.0%，雌蕊低于雄蕊的花占 8.0%，雌蕊退化的花占 50.0%。在辽宁熊岳调查，4 月初花芽萌动，4 月中旬开花，4 月中下旬盛花，7 月中下旬果实成熟，果实发育期约 100d。4 月中旬叶芽萌动。萌芽率 31.4%，成枝力 67.2%。

综合评价 果个大，汁多，味酸甜，品质中上，是一个较好的极晚熟鲜食品种。

图 5-175 ‘面桃杏’整株结果状

图 5-176 ‘蜜陀罗杏’果形

103 馍馍杏

Momoxing

产地及分布 原产河北昌黎，系地方品种。1983 年引入国家果树种质熊岳李杏资源圃。

经济学性状 果实长圆形，平均单果重 54.9g，果实纵径 4.6cm，横径 4.4cm，侧径 4.6cm。果顶平，微凸，缝合线浅、广，片肉较对称。果皮绿白色，阳面着红色；果面斑点紫色。果肉白色，肉质中粗，松、软，纤维中多，味甜。可溶性固形物 13.3%，pH 值 4.6，总糖 6.9%，总酸 1.1%，Vc 含量 15.8mg/100g。粘核，品质上。

植物学性状 在熊岳调查，4 月初花芽萌动，4 月中下旬开花，花白色，4 月下旬盛花，花期 5d，8 月上旬果实成熟，果实发育期约 105d；4 月中旬叶芽萌动，5 月初展叶，11 月初落叶，树体营养生长期约 200d。雌蕊高于雄蕊的花占 1.0%，雌蕊与雄蕊等高的花占 55.0%，雌蕊低于雄蕊的花占 27.0%，雌蕊退化的花占 17.0%。萌芽率 42.0%，成枝力 61.0%。

综合评价 果实中大，品质上，可作鲜食品种。

104 牡红杏

Muhongxing

产地及分布 系黑龙江省农业科学院牡丹江农业科学研究所采用有性杂交（‘631 杏’ × ‘兰州大接杏’）育成的新品种。1999 年 2 月，通过黑龙江省农作物品种审定委员会审定并命名。现保存于国家果树种质熊岳李杏资源圃内。

经济学性状 果实圆形，平均单果重 50.0g，最大果重 58.5g。果顶平，缝合线明显。果实底色黄，果面有片状红晕，着色中等。果肉橙黄，果汁中等，硬脆，纤维少，风味浓，酸甜适口，有香气。可溶性固形物 12.1%，总糖 8.2%，总酸 1.0%。离核，仁甜。

植物学性状 树冠圆头形，树姿开张。多年生树干深褐色，1 年生枝条生长直立，红褐色。叶片圆形，叶尖短突尖，叶基圆形，叶片光滑深绿色。花浅粉红色，单瓣。树势中庸。7 年生树平均株产果量为 16.2kg，5 ~ 8 年生树每公顷平均产果量为 5508.0kg。连续结果能力强，生理落果轻，无采前落果现象。以中、短果枝和花束状果枝结果。萌芽力中等，成枝力强。在黑龙江牡丹江地区，4 月初花芽萌动，5 月初始花，7 月下旬果实成熟，果实发育期 85d。10 月下旬落叶，树体营养生长期为 200d。

综合评价 适应性强。宜在东北寒带杏区的小气候好的地区、华北温带杏区和西北干旱带杏区栽培。在黑龙江省的东部和南部的牡丹江半山间温凉区和松花江平原温凉湿润区，选择小区气候好的地域均可栽植。

105 牛角黄杏

Niujiaohuangxing

产地及分布 原产陕西西安，地方品种。1983 年引入国家果树种质熊岳李杏资源圃内。

图 5-179 ‘牛角黄杏’局部结果状

图 5-177 ‘馍馍杏’局部结果状

图 5-178 ‘牛角黄杏’果形

图 5-180 ‘牛角黄杏’整株结果状

经济学性状 果实卵圆形，平均单果重 51.1g，最大果重 90.7g，纵径 4.3cm，横径 4.6cm，侧径 4.5cm。果顶平，缝合线浅、广，片肉对称。果皮黄色，阳面着红色；果面斑点紫色，茸毛多。果肉橙黄色，肉质细、密、软，汁多，味甜酸。可溶性固形物 10.9%，pH 值 4.5，总糖 6.9%，总酸 1.2%，Vc 含量 5.5mg/100g。仁甜。

植物学性状 在辽宁熊岳调查，4 月初花芽萌动，4 月下旬开花，4 月下旬盛花，较当地其他品种晚 2d，花期 7d，7 月初果实成熟，果实发育期约 70d。4 月中旬叶芽萌动，5 月上旬展叶，11 月上旬落叶，树体营养生长期约 210d。花白色，雄蕊 23 枚，雌蕊与雄蕊等高的花占 35.0%，雌蕊低于雄蕊的花占 39.0%，雌蕊退化的花占 26.0%。

综合评价 适应性强，果实中大，品质上，鲜食品种。

106 牛心杏

Niuxinxing

产地及分布 原产甘肃省平凉市灵台县，主要分布于平凉市灵台、崇信等地。20 世纪 80 年代甘肃省农业科学院林果花卉所进行全省果树资源普查时，发现并确定为甘肃地方优良品种。

经济学性状 果实近圆形，平均单果重 65g，最大单果重 112g。果顶略突呈圆形，形似牛心，故曰‘牛心杏’。果实缝合线明显、中深，片肉对称，梗洼深、中宽、缓倾斜状。果实底色橙色，彩色为鲜红色晕。果肉橙黄色，汁液多，肉质柔软，味甜，有香味。果肉可溶性固形物含量 12.5% ~ 15.6%。离核或半离核，核倒卵圆形，仁甜，饱满。

植物学性状 树冠自然圆头形或开心形，树姿开张。主干暗灰色，多年生枝紫灰色，1 年生枝粗壮，暗红色。叶片阔卵圆形，叶基圆形，叶尖长短尖，叶缘锯齿圆钝，叶面平展，绿色，有光泽。花色白。该品种树势强。栽后 2 年开花结果，6 年生进入盛果期，连续结果能力强，以中短果枝结果为主。在甘肃平凉灵台县，3 月中旬花芽萌动，4 月初开花，花期 5 ~ 7d，果实 6 月中旬成熟，果实发育期约 65d。4 月初叶芽萌动，11 月中旬落叶，树体营养生长期约 230d。

综合评价 抗性强，结果早、丰产，果个大、外观美丽、品质中上，属早熟鲜食杏优良品种，可在城市近郊大量发展。

图 5-182 ‘牛心杏’果形

图 5-181 ‘牛心杏’局部结果状

图 5-183 ‘牛心杏’整株结果状

107 爬爬杏

Papaxing

产地及分布 原产河北昌黎。在河北、辽宁等地有栽培。1983 年引入国家果树种质熊岳李杏资源圃。

经济学性状 果实卵圆形，平均单果重 39.8g，最大果重 59.7g，纵径 3.80cm，横径 4.2cm，侧径 4.0cm。果顶平，缝合线浅、广，片肉不对称，梗洼深、广。果实底色绿黄，有 3/4 红色；果点大、多，明显，果面有褐斑，有裂果。果肉浅黄色，肉质松软，纤维细、多，汁多，味甜。可溶性固形物 12.6%，pH 值 4.3，总糖 7.1%，总酸 1.9%，Vc 含量 7.1mg/100g。半离核，核近圆形，仁苦，饱满。可食率 96.0%，常温下果实可贮放 3 ~ 5d。

植物学性状 树冠半圆形，树姿半开张。春季嫩梢绿色，夏季叶片平展。花 5 瓣，白色。雌蕊高于雄蕊的花占 67.0%，雌蕊与雄蕊等高的花占 22.0%，雌蕊低于雄蕊的花占 11.0%。萌芽率 79.0%，成枝力 17.0%。3 年生开始结果，7 年生进入盛果期。以花束状果枝结果为主。树势中庸。在辽宁熊岳地区调查，3 月下旬花芽萌动，4 月中下旬盛花，7 月上旬果实成熟，果实发育期 74d。4 月中下旬叶芽萌动，10 月下旬落叶，树体营养生长期约 185d。

综合评价 果实含酸中多，加工性能好，是较好的鲜食、加工兼用品种。

108 偏棱子杏

Pianlengzixing

产地及分布 别名‘偏头白’、‘大偏头’。原产河北廊坊，地方品种。分布于廊坊的旧州、王玛等地。

经济学性状 果实近圆形，平均单果重 90.9g，纵径 6.5cm，横径 5.4cm，侧径 4.6cm。果顶尖，偏头，缝合线明显，梗洼深。果皮白绿色，着红色。果肉黄白色，肉质细、柔软、多汁，味甜。pH 值 4.5，Vc 含量 4.8mg/100g，单宁 0.1%，总糖 6.3%，还原糖 1.1%，总酸 1.3%。半离核，核椭圆形，仁甜，出仁率 38%。常温下果实可存放 7d 左右。

植物学性状 树冠圆锥形，树姿半开张。主干粗糙，树皮块状裂，灰褐色。多年生枝黄褐色。1 年生枝粗壮，直立，阳面紫红色，背面黄褐色，光滑无毛。叶片近圆形，基部圆形，叶尖渐尖，叶色深绿，无光泽，叶缘整齐，锯齿圆钝，单锯齿，主脉微红。花 5 瓣，雌蕊 1 枚，雄蕊 29 ~ 33 枚，花药黄色，雌蕊高于雄蕊的花占 32.0%，雌蕊与雄蕊等高的花占

图 5-184 ‘爬爬杏’果形

45.0%，雌蕊低于雄蕊的花占20.0%，雌蕊退化的花占3.0%。树势强。在廊坊调查，3月中旬花芽萌动，4月初开花，花期3d。7月中旬果实成熟，果实发育期90～100d。4月上旬叶芽萌动，10月下旬落叶，树体营养生长期220d左右。坐果率41.0%，萌芽率68.0%，成枝力32.0%。以短果枝和花束状果枝结果为主。

综合评价　适应性较强，大小年不明显，果实极大，外观美丽。品质上。是优良的晚熟品种。

图5-185 ‘平顶臻杏’果形

109 平顶臻杏

Pingdingzhenxing

产地及分布　别名为‘平顶子’、‘平顶拳杏’。产于山东蓬莱及龙口山区。

经济学性状　果实近圆形，平均单果重44.0g，纵径4.1cm，横径4.4cm，侧径4.5cm。果顶斜平，缝合线浅，片肉对称。果皮浅黄色，阳面稍有浅紫色晕。果肉橙黄色，肉质细，稍面，纤维较细，汁中多，味甜，有香气。可溶性固形物14.0%。半离核，核近圆形，核小，仁甜，饱满。

植物学性状　树冠自然圆头形，树姿开张。树势强。4月上旬开花，6月中下旬果实成熟，果实发育期70～80d。以短果枝结果为主。

图5-186 ‘平顶臻杏’局部结果状

综合评价　果实品质中上，采前不落果，核小，仁甜，丰产，适应性强，是受欢迎的鲜食加工兼用品种。

110 平山大杏

Pingshandaxing

产地及分布　别名‘大杏梅’、‘平山大接杏’、‘中华大杏梅’，原产于河北省平山县西部山区的柏树庄村。据考证该村现存的一株百年大树为清末年间栽植。目前，该品种已被石家庄、保定、邢台、山西的周边县市引种栽培。2005年通过河北省林木品种审定委员会审定。现保存于河北省农林科学院石家庄果树研究所杏种质资源圃内。

经济学性状　果实近圆形，平均单果重106.3g，最大果重153.5g。缝合线明显，片肉对称，果实底色橙黄，阳面有红晕。果肉橙红色，肉质致密，纤维少，果汁多，甜酸适口，香气浓。可溶性固形物13.5～16.5%。半粘核，仁苦。

植物学性状　树冠自然圆头形，树姿开张。主干灰褐色，1年生枝暗红色。叶阔卵圆形，叶缘整齐，单圆钝锯齿，叶片大而肥厚，深绿色，光滑无毛。花冠大型，花瓣前期粉红色，后期粉白色。栽后第二年即可结果，第五年进入盛果期。幼树以中、长枝结果为主，成龄树以短果枝、花束状果枝为主。萌芽率63%，成枝力中等。在河北省石家庄市郊，2月下旬花芽萌动，3月下旬开花，花期4～6d；6月下旬果实成熟，果实发育期75～80d。3月下旬叶芽萌动，11月上旬落叶，树体营养生长期约220d。

综合评价　连续结果能力强，具有早果、丰产特性，品质好，适应性强，抗干旱、耐瘠薄，在片麻岩荒坡上能正常生长、结果。

111 青密沙杏

Qingmishaxing

产地及分布 原产河北平乡，农家品种。1982年引入河北省农业科学院石家庄果树研究所，已在河北推广栽培。

经济学性状 果实扁圆形，平均单果重56.0g，最大单果重77.2g。果顶圆平，果实缝合线浅，显著，片肉不对称，梗洼中浅、广。果实底色黄绿色，着紫红色。果肉浅黄色，肉质细脆，过熟后柔软，多汁，纤少，味极甜，有香气。果肉可溶性固形物14.4%，总糖7.2%，总酸1.4%，Vc含量9.4mg/100g。离核，仁苦。

植物学性状 花瓣白色，5瓣，雌蕊高于雄蕊的花占3.0%，雌蕊与雄蕊等高的花占29.0%，雌蕊低于雄蕊的花占19.0%，雌蕊退化的花占49.0%。3年生开始结果，成龄大树株产150.0kg，以短果枝和花束状果枝结果为主。萌芽率74.0%，成枝力5.0%。在河北省石家庄市郊，2月下旬花芽萌动，3月下旬开花，花期4～6d，6月中旬果实成熟，果实发育期70～75d左右。3月下旬叶芽萌动，11月上旬落叶，树体营养生长期约220d。

综合评价 抗寒，抗旱。果实外观美丽，汁多、味甜，是优良鲜食杏品种。但不耐贮存。

图5-187 ‘青密沙杏’果形

图5-188 ‘青密沙杏’整株结果状

图5-189 ‘青密沙杏’局部结果状

112 青皮杏

Qingpixing

产地及分布 原产甘肃省兰州市，属中早熟鲜食杏优良品种，主要在兰州地区栽培。20世纪80年代甘肃省农业科学院林果花卉所进行全省果树资源普查时，发现并确定为甘肃地方优良品种。现保存于甘肃省农科院林果花卉所杏种质资源圃。

经济学性状 果实卵圆形，平均单果重73.0g，最大单果重95.0g。果顶圆，果实缝合线浅，片肉对称；梗洼中深、狭。果实底色黄绿，彩色为淡红晕。果肉橙黄色，汁液多，肉质柔软，风味浓而甜，有香味。果肉含可溶性固形物14.0%～15.0%。离核，纺锤形，仁甜，饱满。

图5-190 ‘青皮杏’果形

图 5-191 ‘青皮杏’果肉

植物学性状 树冠半圆形，树姿开张。主干暗灰色，多年生枝褐色，1 年生枝长势粗壮，紫红色。叶片椭圆或圆形，叶基圆形，叶尖渐尖或短尖，叶缘锯齿浅钝。叶面平展，绿色，有光泽。花色粉红。该品种树势强。栽后三年开花结果，6 年生进入盛果期，连续结果能力强，以中短果枝结果为主。在兰州安宁杏资源圃调查，3 月下旬花芽萌动，4 月上旬开花，花期 5 ~ 7d，果实 7 月中旬成熟，果实发育期约 80d；4 月上旬叶芽萌动，11 月上中旬落叶，树体营养生长期约 220d。

综合评价 抗性强，结果早、极丰产，果个大、品质上，可在城市近郊大量发展。

113 秦王杏

Qinwangxing

产地及分布 原产陕西省，现分布于我国河北、山东、辽宁等地。

经济学性状 果实近圆形，平均单果重 125.0g，果实底色橘黄，成熟时阳面及果顶有鲜艳红晕。果实肉质清脆可口，可溶性固形物为 18.0%，离核，偶有半离核，仁微苦。

植物学性状 树体较矮化，生长较缓和。节间较短，不易产生徒长枝。叶片呈卵圆状，锯齿半圆形，锯齿边缘平滑。蜜腺一般 2 个，紧生在一起。花白色，完全花，自花结实率可达 10% 以上。在原产地，花期为 3 月 17 ~ 23 日，果实生长期约为 58 ~ 63d，成熟期在 5 月 21 ~ 28 日。

综合评价 早熟、果大、抗霜冻及抗裂果能力强，性状表现稳定。属特早熟果，具有较好的市场前景。

图 5-193 ‘秦王杏’局部结果状

图 5-194 ‘秦王杏’整株结果状

图 5-192 ‘秦王杏’果形

114 秦杏 1 号

Qinxing 1 hao

产地及分布 西北农林科技大学园艺学院果树研究所从陕西关中地区发现的自然实生苗中选育而来。已保存于河北省农林科学院石家庄果树研究所杏种质资源圃内。

经济学性状 果实近圆形，平均单果重 54.4 ~ 85.0g，最大果重 120.0g。缝合线较深，片肉对称。果实底色绿黄色，阳面着玫瑰色，着色面积占 1/2 ~ 2/3。果肉浅黄色，肉质硬韧，汁液少，味酸甜。可溶性固形物 8.5% ~ 13.8%。离核，仁甜。

植物学性状 树姿开张。多年生枝暗褐色，1 年生枝鲜红色，粗壮。叶片近圆形，叶缘钝锯齿，较整齐；叶色浓绿，叶面光滑有光泽。花芽肥大，复花芽占 84.0% 以上，花器发育完全，退化花仅占 5.0%。树势较强。一般第三年开始结果，以短果枝结果为主，占果枝总量的 86.6%，中长果枝占 6.4%，花束状果枝占 7.0%。萌芽率高，成枝力弱。在河北省石家庄市郊，2 月下旬花芽萌动，3 月下旬开花，花期 4 ~ 6d。6 月初果实成熟，果实发育期 60 ~ 65d；3 月下旬叶芽萌动，11 月上旬落叶，树体营养生长期约 220d。

综合评价 品质中上，肉质硬，极耐贮运，早熟，抗霜，耐干旱，成熟期遇雨不裂果，连年丰产稳产。

图 5-195 ‘秦杏 1 号’局部结果状

图 5-196 ‘秦杏 1 号’果形

115 期天杏

Qitianxing

产地及分布 原产河北，昌黎有栽培。1984 年引入国家果树种质熊岳李杏圃内。

经济学性状 果实卵圆形，平均单果重 45.9g，最大果重 51.0g，果实纵径 4.4cm，横径 4.2cm，侧径 4.0cm。果顶尖，缝合线浅、广，片肉对称，梗洼深、中广。果皮绿黄色，阳面着暗红色，果面斑点大、多，紫色，茸毛多。果肉黄白色，肉质较粗，松、软，纤维多，汁多，味酸甜，味浓。可溶性固形物 11.1%，pH 值 4.3，总糖 5.6%，总酸 1.1%，Vc 含量 13.2mg/100g。仁苦。

植物学性状 在辽宁熊岳调查，3 月下旬花芽萌动，4 月中下旬开花，花期 5d，7 月上旬果实成熟，果实发育约 75d；4 月中旬叶芽萌动，5 月初展叶，11 月初落叶，树体营养生长期约 200d。花 5 瓣，雄蕊 31 枚，花白色。雌蕊与雄蕊等高的花占 71.0%，雌蕊低于雄蕊的花占 2.0%，雌蕊退化的花占 27.0%。萌芽率 23.0%，成枝力 69.0%。

综合评价 丰产，果实中大，品质上，宜鲜食。

图 5-197 ‘期天杏’局部结果状

116 日本大接杏

Ribendajiexing

产地及分布 原产日本。主要分布于甘肃、青海等地，在青海乐都县有栽培，是一个优良的晚熟鲜食品种。

经济学性状 果实卵圆或近圆形，平均单果重 62.5g，最大单果重 80.0g 以上。果顶圆，缝合线中深，显著，片肉对称，梗洼深而广。果实底色黄绿，阳面有红色晕。果肉黄白，近核处色较深，肉质细，纤维少，采收时质较硬，存放后变软，多汁，味甜。可溶性固形物 10.6%。半离核，仁甜。

植物学性状 5 年生开始结果，10 年生进入盛果期；以短果枝和中果枝结果为主。萌芽率 72.0%，成枝力 33.0%。在青海乐都地区，3 月中旬花芽萌动，4 月中旬盛花，花期 10d 左右，7 月末 8 月初果实成熟，果实发育期约 105d；4 月中旬叶芽萌动，11 月上旬落叶，树体营养生长期 204d 左右。

综合评价 抗旱，花期抗冻能力较差，产量很低，品质中上，晚熟鲜食品种。

117 日落杏

Riluoxing

产地及分布 原名 Sundrop，原产澳大利亚。1999 年辽宁省果树研究所引入，并在国家果树种质熊岳李杏资源圃内保存。

经济学性状 果实心脏形，平均单果重47.0g，最大果重51.0g。果顶平、偏，果实缝合线深、窄，片肉对称；梗洼圆形、浅。果皮绿黄色，无彩色，果面茸毛厚。果肉橙黄色，肉质细，硬韧，汁中多，味甜酸。可溶性固形物13.2%，pH值3.7，总糖7.2%，总酸1.8%，Vc含量10.1mg/100g。离核，仁苦。

植物学性状 高接后第二年就开始结果。在辽宁熊岳国家李杏资源圃调查，4月初花芽萌动，4月中下旬开花，7月上旬果实成熟，果实发育期约80d。

综合评价 适应性强，丰产，品质中，酸度高，是鲜食加工兼用品种。

图5-198 ‘日落杏’局部结果状

图5-199 ‘日落杏’果形

118 赛买提杏

Saimaitixing

产地及分布 产于新疆英吉沙，地方品种。已在国家果树种质熊岳李杏资源圃和河北省农林科学院石家庄果树研究所杏种质资源圃内保存。

经济学性状 果实椭圆形，平均单果重28.0g，最大单果重36.2g。果顶凹，果实缝合线明显，片肉不对称。果皮底色橙黄色，着片状红晕，光滑，无茸毛。果肉橙黄色，肉质细腻，纤维多，汁中多，味甜，微香。可溶性固形物26.0%，总糖15.0%，总酸1.3%。离核，仁甜，饱满。

植物学性状 树冠为偏圆形或半圆形，树姿开张。主干灰褐色，1年生枝较粗，斜生，阳面紫红色。叶片卵圆形，基部楔形，叶尖短突尖，叶缘锯齿钝，单锯齿。叶片绿色，叶柄紫红色。树势中庸。4年生开始结果，10年生进入盛果期，以短果枝及花束状果枝结果。萌芽率47.0%，成枝力36.0%。在辽宁熊岳国家李杏资源圃调查，3月下旬花芽萌动，4月中旬开花，花期5d，7月中旬果实成熟，果实发育期约85d。4月中旬叶芽萌动，11月上旬落叶，树体营养生长期约210d。在新疆莎车县调查，3月末花芽萌动，4月初盛花，花期5d，6月下旬果实成熟，果实发育期80～85d。3月末花芽萌动，4月上旬展叶；11月上旬落叶，树体营养期约210d。在河北省石家庄地区，2月下旬花芽萌动，3月下旬开花，花期4～6d。6月下旬果实成熟，果实发育期85d。3月下旬叶芽萌动，11月上旬落叶，树体营养生长期约220d。

综合评价 适应性较强、丰产，是优良制干、制脯、制汁、仁用和鲜食品种。该品种抗旱、抗风力较强，可抗－27.0℃的低温。现分布于南疆各地，可在西北、华北和辽宁以南地区栽培。

图5-200 ‘赛买提杏’整株结果状

图5-201 ‘赛买提杏’局部结果状

图5-202 ‘赛买提杏’果形

119 沙金红杏

Shajinhongxing

产地及分布　原产辽宁东沟，分布于河北和辽宁等地。现已引入国家果树种质熊岳李杏圃和石家庄果树研究所杏种质资源圃内。作为主栽品种在辽宁、河北和山东等适栽区大量栽培。

经济学性状　果实卵圆形，平均单果重85.0g，最大果重135.0g。果顶圆，柱头残存；果实缝合线浅、广，片肉对称，梗洼深、中广。果皮橙黄色，阳面着1/2红色，果面斑点小，极少，紫色；茸毛多。果肉橙黄色，肉质细、硬，致密，汁多，味酸甜。可溶性固形物12.0%，

图5-205　‘沙金红杏’局部结果状

pH值4.0，Vc含量4.1mg/100g，总糖7.6%，总酸1.4%，果胶0.2%。离核，仁甜。

植物学性状　树冠自然半圆形，树姿半开张。主干粗糙，多年生枝紫褐色，1年生枝红褐色，有光泽。叶片卵圆形，大，叶缘锯齿大、锐，单锯齿，叶面抱合，叶色淡绿。花白色，5瓣，雌蕊与雄蕊等高的花占38.0%，雌蕊低于雄蕊的花占15.0%，雌蕊退化的花占47.0%。树势强。3年生开始结果，7年生进入盛果期，以短果枝和花束状果枝结果为主，丰产。萌芽率49.0%，成枝力52.0%。在国家果树种质熊岳李杏资源圃调查，4月初花芽萌动，4月中旬开花，4月下旬盛花，6月下旬成熟至7月初果实成熟，果实发育期68d。4月中旬叶芽萌动，5月初展叶，10月末落叶，树体营养生长期190d。在河北省石家庄市郊，2月下旬花芽萌动，3月下旬开花，花期4～6d。6月中下旬果实成熟，果实发育期68～75d；3月下旬叶芽萌动，11月上旬落叶，树体营养生长期约220d。

综合评价　果实大，外观美，品质上等，丰产，耐贮运。用其果实制作的杏脯和杏罐头为优质产品，是鲜食、加工兼优品种。抗逆性强；适宜在华北温带杏区栽培。

图5-203　‘沙金红杏’整株结果状

图5-204　‘沙金红杏’果形

120 山农凯新2号杏

Shannongkaixin 2 haoxing

产地及分布　系山东农业大学采用有性杂交（泰安水杏×凯特杏）结合胚培技术而育成。2004年通过国家林业局植物新品种权保护办公室组织的专家审定。

经济学性状　果实近圆形，平均单果重108.6g，最大单果重130.0g，果实整齐度高。缝合线浅而不明显，片肉对称，梗洼圆形，中深。果面光洁，底色为黄色，阳面具红彩色。肉质细，纤维少，汁液中多，味甜，具香味。

植物学性状　生长势强。多年生枝紫褐色，1年生枝黄绿色，阳面稍带红晕；皮孔白色，扁圆，节间长1.8～3.2cm。叶片卵圆形，浓绿，叶尖

图 5-206 ‘山农凯新 2 号杏’果形

图 5-207 ‘石片黄杏’果形

渐尖，叶基圆形，叶缘锐锯齿，叶面光滑，叶背无茸毛。幼树定植或高接后第二年就能开花结果，幼树长、中、短果枝均坐果良好，4 年生以上树以短果枝结果为主。萌芽率及成枝力均较高，易形成短果枝。在山东泰安地区，果实 6 月上旬成熟，果实发育期 65 ~ 70d。

综合评价　果个大，丰产，早果，适应性强，为保护地栽培品种。可在西北干旱带杏区和华北温带杏区试栽。

121 石片黄杏

Shipianhuangxing

产地及分布　原产河北省怀来县官厅镇石片村。以石片黄杏为原料生产的杏脯，1986 年曾荣获中国乡镇企业杏脯产品质量第一名称号，1997 年获河北省博览会优质产品奖；2000 年，该品种的果实被河北省工商局注册为“官厅湖”牌“石片黄杏”。保存于国家果树种质熊岳李杏资源圃内。现已在河北和辽宁等地栽培。

经济学性状　果实阔圆形。平均单果重 31.0g，最大单果重 40.0g。果顶平，缝合线浅，片肉较对称，梗洼中深，中广，近圆形。果实底色暗黄色，阳面有红晕及斑点，果肉橙红色，肉质硬韧，纤维少，果汁中多，味酸甜，有香气。可溶性固形物 13.5%，pH 值为 3.7，总糖 8.1%，总酸 1.1%。离核，仁甜。

植物学性状　树冠圆头形或自然半圆形，树姿开张。主干灰黑色，多年生枝灰褐色，1 年生枝粗壮，阳面红褐色，背面光滑无毛。叶片圆形，叶尖突尖，基部圆形，叶缘整齐平展，单锯齿，浅钝；叶片薄，深绿色，叶背浅绿，无毛，主脉粗而明显，为浅绿色，基部紫红色。花瓣白色，5 瓣，雌蕊高于雄蕊的花占 17.0%，雌蕊与雄蕊等高的花占 36.0%，雌蕊低于雄蕊的花占 16.0%，雌蕊退化的花占 31.0%。树势中庸。3 ~ 4 年生树开始结果，7 年生树进入盛果期。结果寿命可达百年以上。以短果枝和花束状果枝结果为主。萌芽率 75.0%，成枝力 31.0%。该品种在河北怀来县，4 月上旬花芽萌动，4 月中旬盛花，7 月上旬果实成熟，果实发育期约 85d。4 月下旬叶芽萌动，10 月中旬落叶，树体营养生长期约 180d。在国家果树种质熊岳李杏资源圃，3 月下旬花芽萌动，4 月中旬开花，花期为 5d，7 月中旬果实成熟，果实发育期约 85d。4 月中旬叶芽萌动，10 月下旬落叶，树体营养生长期约 190d。

综合评价　果肉硬韧，香气浓，为制作出口杏脯的优质原料，经济价值很高，是鲜食和加工兼用品种。石片黄适应性强，适宜在华北温带杏区栽培。

图 5-208 ‘石片黄杏’局部结果状

图 5-209 ‘石片黄杏’整株结果状

122 柿子杏

Shizixing

产地及分布　系河北衡水农家品种。在故城、辛庄、枣强、宅城一带有栽培。

经济学性状　果实短圆柱形，平均单果重40.5g，最大果重45.0g，果实纵径4.2cm，横径3.9cm，侧径3.9cm。果顶圆平，缝合线浅，较宽、显著，片肉对称，梗洼较深而窄。果皮橙黄色。果肉橙黄色，肉质细，软，纤维中多，果汁中多，味甜酸，香味浓，并有柿香味。可溶性固形物11.0%。粘核，核椭圆形，仁苦。

图 5-211 ‘柿子杏’结果状

植物学性状　树冠自然半圆形，树姿半开张。主干稍平滑，树皮灰白色，多年生枝紫褐色，1年生枝条黄褐色，无茸毛。叶片长椭圆形，基部心形，叶尖渐尖，叶色绿，叶缘两侧向上反卷，单锯齿，钝、浅而小，主脉黄绿色，细而明显。雌蕊1枚，雄蕊30枚。4年生开始结果，成龄大树株产100.0kg左右。以短果枝和花束状果枝结果为主。树势较弱。在枣阳调查，3月下旬花芽萌动，4月上旬盛花，花期5d，6月上旬果实成熟，果实发育期约60d。4月上旬叶芽萌动，11月下旬落叶，树体营养生长期约230d。

综合评价　抗旱，适应性较强。果实整齐。果肉细，味香甜，品质上等，是极早熟鲜食兼加工优良品种。

图 5-210 ‘柿子杏’果形

123 水晶杏

Shuijingxing

产地及分布　原产北京，地方良种。分布于河北、北京、辽宁、山东、山西等地，以北京市郊、河北昌黎栽培最多，1983年引入国家果树种质熊岳李杏资源圃。1988年被农业部定为杏的名特优品种。

经济学性状　果实卵圆形，平均单果重33.8g，最大果重52.0g，果实纵径3.8cm，横径4.0cm，侧径3.9cm。果顶平，缝合线浅、广，片肉不对称。果皮绿白色，果面斑点少、小，有茸毛。

图 5-212 ‘水晶杏’局部结果状

果皮厚，韧，不易剥离。果肉白绿色，肉质面、软，纤维粗、多，汁多，味甜，微香。可溶性固形物11.3%，pH值4.5，Vc含量5.0mg/100g，总糖5.5%，总酸1.4%。粘核，核卵圆形，核表面光滑，核端尖圆，仁甜、香，饱满。可食率96.5%。常温下可贮放3～5d。

植物学性状　树冠圆头形，树姿半开张。主干树皮褐色，浅纵裂。多年生枝褐色。1年生枝斜生，粗壮，红褐色，有光泽。春季嫩梢绿色。叶片圆形，基部圆形，先端急尖，叶片深绿色，平展，叶缘整齐，锯齿钝。花5瓣，白色，雌蕊高于雄蕊的花占23.0%，

图 5-213 ‘水晶杏’果形

雌蕊与雄蕊等高的花占 30.0%，雌蕊低于雄蕊的花占 33.0%，雌蕊退化的花占 15.0%。树势强。在辽宁熊岳调查，3 月下旬花芽萌动，4 月中下旬开花，花期 5d，7 月上旬果实成熟，果实发育期 74d。4 月中下旬叶芽萌动，11 月中旬落叶，树体营养生长期约 200d。萌芽率 52.0%，成枝力 14.0%。3 年生开始结果，5 年生株产 50.0kg。以短果枝和花束状果枝结果为主。

综合评价 适应性强，可抗 –24.4℃ 的低温，树势旺，树叶稠密，丰产。果实味甜，汁多，品质中上，果实不耐运输，可加工果汁、果酱等，是优良的中熟鲜食品种。可以在华北地区和辽宁南部栽培。

124 水真核杏

Shuizhenhexing

产地及分布 原产辽宁黑山。分布于辽宁西部和南部地区。1983 年引入国家果树种质熊岳李杏资源圃内。

经济学性状 果实卵圆形，平均单果重 37.5g，果实纵径 4.3cm，横径 4.0cm，侧径 4.3cm。果顶圆，微凸，缝合线浅、广，显著，片肉对称。果皮绿白色，阳面有红果点，大、少。果肉浅黄色，肉质硬，纤维多，汁多，味甜。可溶性固形物 11.2%，pH 值 4.3，Vc 含量 8.9mg/100g，总糖 7.3%，总酸 1.3%。离核，核卵圆形，仁甜，香，较饱满。可食率 97.0%，常温下果实可贮放 3 ~ 5d。

植物学性状 树冠圆形，树姿半开张。花 5 瓣，白色，雌蕊高于雄蕊的花占 63.0%，雌蕊与雄蕊等高的花占 22.0%，雌蕊低于雄蕊的花占 11.0%，雌蕊退化的花占 4.0%。春季嫩梢绿色。夏季叶片平展。树势中庸。在辽宁熊岳地区调查，3 月下旬花芽萌动，4 月中下旬盛花，花期 5d，7 月上旬果实成熟，果实发育期 75d。4 月中下旬叶芽萌动，10 月中旬落叶，树体营养生长期约 175d。萌芽率 50.0%，成枝力 46.0%。3 年生开始结果，以花束状果枝和短果枝结果为主。

综合评价 抗寒、抗旱，丰产，适应性强，是中熟鲜食品种。果实甜、味淡，汁多，品质中等，但果实不耐运输，裂果较重。

图 5-214 ‘水真核杏’果形

125 硕光杏

Shuoguangxing

图 5-217 ‘硕光杏’整株结果状

产地及分布 “硕光”是河北省农林科学院石家庄果树研究所于1989年采集‘大丰’的自然杂交实生种子育成的早熟鲜食杏新品系。2009年12月通过河北省林木品种审定委员会审定并定名。

经济学性状 果实长圆形，平均单果重86.08g，最大果重106.4g。果顶圆凸，果实缝合线浅，片肉不对称，梗洼浅、窄。果皮底色橙黄，略带红晕或无彩色，果皮茸毛稀少。果肉橙黄色，肉质较细，纤维中多，汁液多，味酸甜浓厚，有香气，无涩味。可溶性固形物13.2%～14.5%，可溶性糖为6.1%，可滴定酸为1.4%，Vc含量8.8mg/100g。

图 5-215 ‘硕光杏’果实形状

植物学性状 树冠圆头形，树姿半开张。1年生枝粗壮，阳面黄褐色。叶片大部分为倒卵圆形，叶尖短突尖，叶基楔形。叶面平滑，叶色深绿，茸毛少，有光泽。花蕾与花瓣近白色，花单瓣，绝大多数为5片。3～4年开始结果，第六年进入盛果期，以中短果枝结果为主，丰产稳产。萌芽率67.0%，成枝力19.5%。在石家庄果实研究所杏种质资源圃，正常年份2月下旬花芽萌动，3月下旬开花，花期4～6d，6月上旬果实成熟，发育期65～70d。叶芽3月下旬萌动，11月上旬落叶，树体营养生长期约220d。

综合评价 果实较大，色鲜味美，品质上等，丰产性好，适应性强，是鲜食杏的优良新品系。

图 5-216 ‘硕光杏’的果实纵横切面

图 5-218 ‘硕光杏’局部结果状

126 泰安杏梅杏

Taianxingmeixing

产地及分布　别名'苍山红杏梅'。原产山东苍山鲁城。1983年引入国家果树种质熊岳李杏资源圃内。分布于山东、辽宁等地。

经济学性状　果实近圆形，平均单果重59.5g，果实纵径4.3cm，横径4.7cm，侧径5.0cm。果顶微凹，缝合线浅、窄，片肉对称。果皮黄色，光滑，阳面着3/4红色，果面斑点小、稀、紫色，果粉厚。果肉橙黄色，肉质致密，细韧，纤维中粗，果汁中多，味酸甜，清香味浓郁。可溶性固形物12.4%，pH值3.5，总糖9.2%，总酸1.7%，Vc含量7.9mg/100g。粘核，核卵圆形，表面粗糙，网纹深，极明显，核的形状介于李与杏之间，仁苦，不饱满。品质上。常温下果实可贮放7d。

植物学性状　树冠自然半圆形，树姿半开张。主干粗糙，暗灰色，条状纵裂。多年生枝赤褐色。1年生枝粗壮、斜生，黄褐色，有光泽，无茸毛。叶片长椭圆形，基部圆形或广楔形，先端渐尖。叶面平滑无茸毛，叶色浓绿，叶缘钝齿，复锯齿。花白色，5～7瓣，雌蕊高于雄蕊的花占84.0%，雌蕊与雄蕊等高的花占11.0%，雌蕊低于雄蕊的花占1.0%，雌蕊退化的花占4.0%。树势中庸。在苍山调查，3月底至4月上旬开花，6月下旬果实成熟。在国家果树种质熊岳李杏资源圃中，4月上旬花芽萌动，4月下旬开花，花期6～7d，7月中旬果实成熟，果实发育期84d。4月下旬叶芽萌动，10月下旬落叶，树体营养生长期185d。萌芽率83.0%，成枝力22.0%。3～4年生开始结果，6～7年生进入盛果期。以短果枝结果为主。

综合评价　果实较大，外观美丽，果肉酸甜适口，香气浓郁，品质上，鲜食、加工品种。但产量很低。

127 唐汪川大接杏

Tangwangchuandajiexing

产地及分布　原产甘肃省临夏东乡县唐汪川，是当地主栽品种，属中熟鲜食杏优良品种。20世纪80年代甘肃省农业科学院林果花卉所进行全省果树资源普查时，确定为甘肃地方优良品种。

经济学性状　果实长卵圆形，平均单果重65.0g，最大单果重85.0g。果顶圆，微凹，果实缝合线明显、浅，片肉对称，梗洼中深、广。果实底色橙色，彩色为鲜红晕。果肉橘黄色，汁液中多，肉质细密而柔软，酸甜适度，有香味。果肉可溶性固形物含量13.0%～16.0%。离核或半离核，核纺锤形，仁甜，饱满。

植物学性状　树冠自然圆头形，树姿开张。主干暗灰色，多年生枝褐色，1年生枝长势中庸，暗紫红色。叶片近圆形，叶基圆形，叶尖短尖，叶缘波状、锯齿大而钝。叶面平展，绿色，有光泽，有红褐色圆形蜜腺1～3个。花色粉红。该品种树势强。栽后3年开花结果，6年生进入盛果期，连续结果能力强，以中短果枝结果为主。在东乡县唐汪川，3月下旬花芽萌动，4月上旬开花，花期5～7d，果实7月中旬成熟，果实发育期约85d。4月上旬叶芽萌动，11月中旬落叶，树体营养生长期约230d。

综合评价　适应性强，丰产，品质优良，外观美丽，宜生食，又可加工制脯，可在生产中推广发展。

图5-219 '泰安杏梅杏'果形

图5-220 '唐汪川大接杏'果形

128 天鹅蛋杏
Tianedanxing

产地及分布 别名'假苹果杏'，原产河北广宗，地方良种。在河北石家庄、邢台等地区有分布。1985年引入国家果树种质熊岳李杏资源圃。

经济学性状 果实阔圆形，平均单果重48.6g，最大果重56.0g，果实纵径3.9cm，横径4.4cm，侧径4.3cm。果顶圆，缝合线处凹陷，缝合线浅、广，片肉对称。果皮绿黄色，果肉浅黄色，近核处黄白色，肉质致密，中粗，较硬，汁多，味甜酸，味浓。可溶性固形物16.2%，pH值4.6，Vc含量8.9mg/100g，总糖8.6%，总酸1.1%。离核，仁苦。品质中上。

植物学性状 树势强健，树姿半开张。果实发育期90d左右，7月下旬成熟。

综合评价 抗逆性强，丰产性好，果实美观。

图5-221 '天鹅蛋杏'局部结果状

129 桐梓杏
Tongzixing

产地及分布 原产贵州桐梓，系地方品种。1985年引入国家果树种质熊岳李杏资源圃内。

经济学性状 果实扁圆形，平均单果重20.2g，最大果重23.5g，果实纵径3.2cm，横径3.2cm，侧径3.0cm。果顶微凹，缝合线中深，片肉对称。果皮底色绿黄色，阴面稍有红晕，果面光滑，果点少、小。果肉橘黄色，肉质细、软，纤维粗，较多，汁中多，味淡稍甜。可溶性固形物12.8%，pH值3.4，Vc含量7.4mg/100g，总糖8.9%，总酸0.7%。离核，仁苦。可食率88.6%。常温下果实可贮放2～3d。

植物学性状 树冠半圆形，树姿开张。花5瓣，白色。春季嫩梢绿色，夏季叶片平展。树势中。在辽宁熊岳地区调查，4月末盛花，7月上中旬果实成熟，果实发育期77d。4月下旬叶芽萌动，10月下旬落叶，树体营养生长期约170d。萌芽率40.0%，成枝力54.0%，以短果枝和花束状枝结果为主。

综合评价 适应性强，抗旱、丰产，果个很小，品质中下，不耐贮运，可作为抗高温、干旱育种亲本。

图5-222 '天鹅蛋杏'果形

图5-223 '桐梓杏'局部结果状

130 头窝接杏

Touwojiexing

产地及分布 原产陕西大荔，地方品种。1984 年引入国家果树种质熊岳李杏资源圃内。

经济学性状 果实圆形，平均单果重 50.9g，最大果重 66.0g，果实纵径 4.5cm，横径 4.6cm。果顶平，缝合线平，不显著，片肉较对称。果皮绿黄色，果面斑点少、紫色，果面茸毛多。果肉黄色，肉质致密，汁中多，味浓。可溶性固形物 71.7%，pH 值 4.1，Vc 含量 5.6mg/100g，总糖 6.1%，总酸 1.0%，果胶 0.2%。仁甜。

植物学性状 在辽宁熊岳调查，3 月下旬花芽萌动，4 月中下旬开花，4 月下旬盛花，花期 7d，7 月上旬果实成熟，果实发育期 75d。4 月中旬叶芽萌动，5 月初展叶，11 月初落叶，树体营养生长期 200d。雌蕊高于雄蕊的花占 40.0%。雌蕊与雄蕊等高的花占 28.0%，雌蕊低于雄蕊的花占 20.0%，雌蕊退化的花占 12.0%。萌芽率 54.0%，成枝力 45.0%。

综合评价 抗旱，适应性较强，果实中大，品质上。适于陕西、辽宁、山东等地栽培。

图 5-224 ‘头窝接杏’整株结果状

图 5-225 ‘头窝接杏’局部结果状

图 5-226 ‘头窝接杏’果形

131 完美杏

Wanmeixing

产地及分布 原名 Perfection，原产美国华盛顿州。1986 年天津市林业果树研究所从美国华盛顿州引进。1988 年引入国家果树种质熊岳李杏资源圃内保存。

经济学性状 果实卵圆形，平均单果重 39.7g，最大果重 68.9g。果顶平，果实缝合线浅、广，片肉对称；梗洼深、窄。果皮橙黄色，有极少量红晕，果面光滑，有茸毛。果肉橙黄色，肉质致密，纤维细，汁少，味酸甜。可溶性固形物 13.1%，pH 值 4.2，总糖 9.2%，总酸 1.3%，Vc 含量 9.8mg/100g。离核，仁苦，饱满。

植物学性状 树冠半圆形，树姿半开张。春季新梢绿色，夏季叶片平展，自花结实。树势中庸。高接后第二年就开始结果，以短果枝及花束状果枝结果，极丰产。萌芽率 45.0%，成枝力 57.0%。在辽宁熊岳国家李杏资源圃调查，4 月中下旬盛花，7 月中旬果实成熟，果实发育期约 81d。4 月中下旬叶芽萌动，11 月初落叶，树体营养生长期约 200d。

综合评价 该品种适应性强，品种中上等，耐贮运，果实较小，可在温室中栽培，适于鲜食及加工。

132 万荣苹果杏

Wanrongpingguoxing

产地及分布 原产在山西万荣，现山西万荣、宝井等地有少量栽培。

经济学性状 果实斜扁圆形，平均单果重62.5g。果顶平或微凹，果实缝合线明显，片肉不对称，梗洼小、窄。果皮黄绿色，着红色。果肉黄色，肉质致密，汁中多，味酸甜适中。离核，仁甜，饱满。

植物学性状 树冠呈自然开心形，树姿开张。树干较光滑，2年生枝灰褐色，1年生枝黄绿色。叶片近圆形，叶片大，基部楔形，叶尖渐尖，叶缘平整。叶柄中长，红褐色。树势强。盛果期树最高株产可达400.0～500.0kg，以花束状果枝结果为主。

综合评价 该品种果实大，肉厚，味甜，丰产稳产，品质中上，是鲜食加工兼用品种。

图5-227 ‘万荣苹果杏’局部结果状

图5-228 ‘万荣苹果杏’整株结果状

图5-229 ‘万荣苹果杏’果形

133 晚真核杏

Wanzhenhexing

产地及分布 原产于辽宁葫芦岛连山区。分布于辽宁的西部和南部地区。现保存于国家果树种质熊岳李杏圃内。

经济学性状 果实卵圆形，平均单果重34.7g，果实纵径4.2cm，横径4.1cm，侧径4.0cm。果顶圆，微凸，缝合线浅、广，显著，片肉对称。果皮橙黄色，阳面有红色，果面有少量红色小果点。果肉橙黄色，肉质硬，纤维少、细，汁中，味甜酸。可溶性固形物9.8%，pH值4.0，Vc含量15.3mg/100g，总糖5.5%，总酸1.3%。粘核，核卵圆形，仁甜，较饱满。可食率95.0%，常温下果实可贮放5～7d。

植物学性状 树冠半圆形，树姿半开张。春季嫩梢绿色，夏季叶片平展。花5瓣，白色，花冠径4.1cm，雌蕊高于雄蕊的花占33.0%，雌蕊与雄蕊等高的花占6.0%，雌蕊低于雄蕊的花占3.0%，雌蕊退化的花占58.0%。树势中庸。在辽宁熊岳调查：3月下旬花芽萌动，4月中下旬盛花，花期6d，7月中下旬果实成熟，果实发育期约86d。4月中下旬叶芽萌动，11月上旬落叶，树体营养生长期约195d。萌芽率55.0%，成枝力34.0%。3年生开始结果，以短果枝和花束状果枝结果为主。

综合评价 抗旱，但有轻微冻害。不丰产。品质中上，较耐运输，是中熟鲜食品种。可在辽宁西部和南部栽培。

图 5-230 ‘晚真核杏’果形

图 5-232 ‘香白杏’整株结果状

134 香白杏

Xiangbaixing

产地及分布 别名‘真核香白杏’、‘银香白杏’。原产于河北丰润、遵化和天津市蓟县一带。曾获河北省杏品种鉴评第一名，并被评为中国国际农业博览会名牌产品和河北省名牌产品。2005年通过河北省林木品种审定委员会审定。现保存于河北省农林科学院石家庄果树研究所杏种质资源圃内。

经济学性状 果实扁圆形，平均单果重66.05g，最大果重105.0g。果顶圆平，中央微凹，缝合线浅，显著，片肉不对称，梗洼深而广。果皮黄白色，阳面着红晕，果面斑点多，紫红色，果面茸毛少。果肉黄白色，肉质细腻，纤维少，汁多味甜，香味浓郁。可溶性固形物12.94%，总糖5.9%，总酸2.6%，Vc含量13.5mg/100g果肉。离核，甜仁，饱满。

植物学性状 树冠圆头形，树姿半开张。主干树皮纵裂，灰褐色。多年生枝灰褐色，1年生枝粗壮，节间长约1.5cm。叶片圆形，浓绿色，先端渐尖，基部圆形，锯齿钝。花瓣白色，5瓣，雌蕊1枚，雄蕊27～31枚，完全花率18.0%。树势中庸。3年生开始结果，8年生左右进入盛果期，成龄大树株产150.0kg，以短果枝和花束状果枝结果为主。自花不结实。自然坐果率约22.5%。萌芽率30.0%，成枝力5.0%。在河北省石家庄市郊，2月下旬花芽萌动，3月下旬开花，花期4～6d。6月上中旬果实成熟，发育期67～75d。3月下旬叶芽萌动，11月上旬落叶，树体营养生长期约220d。

综合评价 果实较大，味甜汁多，香气浓烈，品质上，离核甜仁，是优良的鲜食加工、仁肉兼用品种，可在城市郊区发展。

图 5-231 ‘香白杏’局部结果状

图 5-233 ‘香白杏’果形

135 小拳杏
Xiaoquanxing

产地及分布 原产辽宁旅顺，系地方古老品种。1983年引入国家果树种质熊岳李杏资源圃内。

经济学性状 果实扁圆形，平均单果重52.7g，最大果重70.0g，果实纵径4.4cm，横径4.8cm，侧径4.8cm。果顶平，缝合线浅、窄，显著，片肉近对称。果皮底色绿黄，阳面有红色。果肉黄色，肉质细软，纤维少，汁少，味甜酸，无香气。可溶性固形物11.2%，pH值3.1，Vc含量5.9mg/100g，单宁0.16%，果胶0.3%，总糖4.4%，总酸2.3%。半离核，核近圆形，仁甜，较饱满。常温下可贮放3～5d。

图5-234 ‘小拳杏’局部结果状

植物学性状 树冠扁圆形，树姿半开张。春季嫩梢红色，夏季叶片平展。花5瓣，白色，雌蕊高于雄蕊的花占14.0%，雌蕊与雄蕊等高的花占21.0%，雌蕊低于雄蕊的花占39.0%，雌蕊退化花占26.0%。树势强。在熊岳地区调查，4月上旬花芽萌动，4月中下旬进入盛花期，花期5～6d，7月上旬果实成熟，果实发育期约75d。4月中下旬叶芽萌动，11月中旬落叶，树体营养生长期约210d。萌芽率52.0%，成枝力33.0%。4年生开始结果，以短果枝和花束状果枝结果为主。

综合评价 较丰产，果实甜酸，汁少，品质中上，较耐运输，是中熟鲜食品种。

图5-235 ‘小拳杏’果形

136 小真核杏
Xiaozhenhexing

产地及分布 原产辽宁盘山。分布于辽宁中部和西部地区。1983年引入国家果树种质熊岳李杏资源圃内。

图5-236 ‘小真核杏’局部结果状

经济学性状 果实卵圆形，平均单果重24.9g，最大果重40.5g，果实纵径3.6cm，横径4.0cm，侧径3.7cm。果顶平，缝合线浅、广，不明显，片肉对称。果皮黄色，阳面着红色，果面上有少量大的红果点。果肉浅黄色，肉质面软，纤维少，粗，汁少，味甜。可溶性固形物11.7%，pH值4.7，Vc含量7.2mg/100g，总糖7.8%，总酸1.6%。离核，核圆形，仁甜、香，饱满。可食率96.0%，常温下果实可贮放2～3d。

植物学性状 树冠半圆形，树姿半开张。春季嫩梢绿色。叶片平展，绿色。花5瓣，白色，雌蕊高于雄蕊的花占99.0%。树势中庸。在辽宁熊岳调查，3月下旬花芽萌动，4月中下旬盛花期，花期5d，7月上旬果实成熟，果实发育期约76d。4月中下旬叶芽萌动，11月上旬落叶，树体营养生长期约200d。萌芽率60.0%，成枝力31.0%。3年生开始结果，以花束状果枝结果为主。

综合评价 较抗寒，抗盐碱，较丰产。果实很小，有轻微裂果，品质稍差，可以鲜食或制干，也可作育种材料。

137 西伯利亚杏

Xiboliyaxing

分布及产地 是亚洲特有种。主要分布于俄罗斯的西伯利亚、蒙古的东部和东南部以及我国北纬40°以北的辽宁、河北、内蒙古、山西、陕西、新疆等地海拔300～1500m的山地丘陵山区的阳坡或半阴坡上。

经济学特性 果近球形，径多在2.5cm左右，有明显纵沟，外被短柔毛。果肉熟时橙黄色或黄色，肉质薄，多纤维，味酸涩。核扁圆形或扁卵形，边缘平薄，种仁味苦。

植物学特性 枝条灰褐色或红褐色，无毛。单叶互生，卵圆形，边缘具细锯齿，前端渐尖，长尾状。花芽为纯长芽，单生，一般先叶开放，色稍带粉色，花径3.0cm，花萼5裂，花瓣5。花期3～4月，果期6～7月。

综合评价 抗低温能力强。根系发达，抗旱、耐瘠薄、耐盐碱、不耐涝。

138 媳妇杏

Xifuxing

产地及分布 别名媳妇脸，原产河北广宗，系地方品种。1984年引入国家果树种质熊岳李杏资源圃内。在东北南部及华北地区有栽培。

经济学性状 果实卵圆形，平均单果重66.9g，最大果重99.7g，果实纵径4.0cm，横径4.4cm，侧径4.4cm。果顶微凸，缝合线浅、窄，片肉不对称，梗洼深。果皮淡黄色，着少量粉红色，果面斑点多、褐色。果肉黄白色，肉质松软，纤维细，汁中多，味酸甜适度，有香气。可溶性固形物13.6%，pH值4.4，Vc含量11.3mg/100g，总糖7.1%，总酸1.2%。离核，仁苦。果实常温下可贮放3d左右。

植物学性状 树冠半圆形，树姿开张。主干粗糙块状裂，多年生枝灰褐色，1年生枝红褐色，春季嫩梢绿色。叶片卵圆形，基部圆形，叶尖急尖，叶厚，浓绿，有光泽，叶缘锯齿细。萌芽率77%，成枝力18%。4年生开始结果，以短果枝和花束状果枝结果为主。树势中庸。在河北广宗调查，3月中旬花芽萌动，4月上旬盛花，花期6～7d，6月中旬果实成熟，果实发育期75d；4月上旬叶芽萌动，11月上旬落叶，树体营养生长期220d。在辽宁熊岳地区调查，4月中下旬盛花，7月上旬果实成熟，4月中下旬叶芽萌动，11月上旬落叶。

综合评价 抗旱、抗寒性较强，较丰产。果实大，外观美丽，品质优，是优良的中熟鲜食品种。

图5-239 ‘媳妇杏’局部结果状

图5-240 ‘媳妇杏’整株结果状

图5-237 ‘西伯利亚杏’果形

图5-238 ‘媳妇杏’果形

139 杏梅杏

Xingmeixing

产地及分布 系河北平山农家品种，在平山西部山区有少量栽培。

经济学性状 果实圆形，平均单果重 97.1g，纵径 5.1cm，横径 5.7cm，侧径 4.9cm。果顶圆平，缝合线明显，片肉不对称，梗洼深、广。果面底色米黄色，彩色深红。果肉橙黄色，肉质细，纤维少，汁液多，味酸甜，香气浓。粘核，仁苦，饱满，干仁重 0.7g。常温下果实可贮放 5 ～ 6d。

植物学性状 在河北平山调查，10 年生树高 3.5m，冠幅 3.5m×4.0m，干周 40cm，新梢平均长 24.3cm。3 月下旬花芽萌动，4 月上旬盛花期，花期 3 ～ 4d。

综合评价 果实极大，品质上，可在城郊附近适当发展。

图 5-241 ‘杏梅杏’果形

图 5-242 ‘杏梅杏’整株结果状

图 5-243 ‘杏梅杏’局部结果状

140 西农 25 号杏

Xinong 25 haoxing

图 5-244 ‘西农 25 号杏’结果状

产地及分布 原产陕西咸阳杨凌，系西北农林科技大学选育的品种。分布于陕西、山西等地。1984 年引入国家果树种质熊岳李杏资源圃内。

经济学性状 果实圆形，平均单果重 36.0g，最大果重 41.5g，果实纵径 4.1cm，横径 3.9cm，侧径 3.7cm。果顶平，微凹，缝合线浅、广，片肉对称。果皮橙黄色，阳面有红色。果肉黄色，肉质硬脆，纤维少，汁中多，味酸甜。可溶性固形物 12.2%，pH 值 4.5，Vc 含量 6.0mg/100g，总糖 6.4%，总酸 1.2%。离核，核椭圆形，仁苦，饱满。品质中上，可食率 93.2%，常温下果实可贮放 5d 左右。

植物学性状 树冠圆头形，树姿半开张。春季嫩梢红色。夏季叶片平展。花 5 瓣，白色，雌蕊高于雄蕊的花占 62.0%，雌蕊与雄蕊等高的花占 22.0%，雌蕊低于雄蕊的花占 4.0%，雌蕊退化的花占 12.0%。树势中庸。在辽宁熊岳调查，3 月下旬花芽萌动，4 月中下旬盛花期，花期 4d，7 月中上旬果实成熟，果实发育期 75d。4 月中下旬叶芽萌动，10 月中旬落叶，树体营养生长期约 180d。萌芽率 52.0%，成枝力 51.0%。4 年生开始结果，10 年生进入盛果期。以花束状果枝结果为主。

综合评价 抗寒、抗旱，适应性较强，不丰产。果实酸甜，品质中上，是较好的中熟鲜食品种。

图 5-245 ‘西农 25 号杏’果形

141 新世纪杏
Xinshijixing

产地及分布 山东农业大学园艺学院陈学森等采用有性杂交与胚培相结合的办法育成，亲本为‘二花槽’×‘红荷包’。2001 年被国家林业局授予植物新品种权证书。在我国华北及西北地区广泛栽植。

经济学性状 果实卵圆形，平均单果重 73.5g，最大果重 150.0g，果实纵径 5.2 ~ 6.5cm，横径 4.8 ~ 5.4cm。缝合线深而明显，果面光滑，果面 1/2 以上着艳丽的紫红晕，极美观，果皮底色橙黄色，彩色为粉红色，果皮不易剥离。果肉橙黄色，肉质较细，纤维少，果汁多，味甜微酸，有浓郁香气，风味极佳。果肉含可溶性固形物 15.2%，糖 13.0%，酸 2.1%。半离核，仁苦。果核小，扁圆形，深褐色。

植物学性状 树冠开张，枝条自然下垂。多年生枝红色。当年生枝阳面为鲜红色，皮细光滑。叶片卵圆形，叶基近圆形，叶尖渐尖。叶色浓绿，叶面光滑，叶背无茸毛，叶缘锯齿钝。雌蕊败育花比率 50.0%。自花结实率 4.0%。萌芽率高，定植或高接后第二年就能开花结果，长、中、短果枝均坐果良好，3 年生以上树以短果枝结果为主。成花能力强，丰产性强。生长势强。在山东泰安 3 月底开花，5 月 27 日果实成熟，果实发育期约 58d。4 月上旬叶芽萌动，11 月上旬落叶，树体营养生长期 210d。

综合评价 适应性强，极丰产，成熟早、果个大、外观美、品质优。对杏细菌性穿孔病、早期落叶病等具较强抗性。适宜露地和春暖棚种植。

图 5-246 ‘新世纪杏’局部结果状

图 5-247 ‘新世纪杏’果形

142 杨继元杏

Yangjiyuanxing

产地及分布　别名为‘辘轴滚杏’。原产山东青岛崂山，为当地主要栽培品种，北京市郊生长表现很好。1983年引入国家果树种质熊岳李杏资源圃内。

经济学性状　果实卵圆形，平均单果重53.0g，最大果重80.0g，果实纵径5.4cm，横径4.8cm，侧径4.3cm。果顶尖，柱头残留明显，缝合线浅、广，明显，片肉不对称。果皮橙黄色，阳面着3/4紫红色，有少量紫色斑点，皮薄，难剥离。果肉橙黄色，肉质松软，细，汁多，味甜酸，有香气。可溶性固形物10.7%，pH3.7，总糖5.5%，总酸1.6%，Vc含量5.7mg/100g。离核，核中大，长尖卵圆形，仁苦。常温下果实可贮放3d左右。

植物学性状　树冠圆头形，树姿开张。主干灰黑色，多年生枝灰褐色，1年生枝褐色，枝条粗壮。叶片卵圆形或椭圆形，先端急尖，叶色绿，叶缘锯齿粗钝。花5瓣，粉白色，雌蕊高于雄蕊的花占64.0%，雌蕊与雄蕊等高的花占26.0%，雌蕊低于雄蕊的花占1.0%，雌蕊退化的花占9.0%。树势中庸。在辽宁熊岳调查，4月初花芽萌动，4月中下旬盛花，7月上旬果实成熟，果实发育期约75d。4月中旬叶芽萌动，11月初落叶，树体营养生长期约190d。在山东泰安4月上旬开花，6月下旬果实成熟，10月下旬开始落叶。萌芽率32.0%，成枝力55.0%。3年生开始结果，以中、短果枝结果为主。

综合评价　果实外观美丽，品质中上，极丰产，但不耐贮运，有时有裂果现象。

图5-249 ‘杨继元杏’整株结果状

图5-250 ‘杨继元杏’局部结果状

图5-248 ‘杨继元杏’果形

143 仰韶黄杏

Yangshaohuangxing

产地及分布　别名鸡蛋杏、大杏、响铃杏。原产河南渑池，地方良种。分布于河北、河南、山西、北京、辽宁、山东和陕西等地，1988年被农业部定为杏的名特优产品。已在国家果树种质熊岳李杏资源圃和河北省农林科学院石家庄果树研究所杏种质资源圃内保存。

经济学性状　果实卵圆形，平均单果重87.5g，最大果重132.0g。果顶平，微凹，果实缝合线浅，明显，片肉不对称，梗洼深广。果皮黄或橙黄色，阳面着2/3红色，果面斑点大，稀，紫褐色，果面有茸毛；果皮较厚，易剥离。果肉橙黄色，近核处黄白色，肉质细、密、软，纤维少，汁中多，味甜酸适度，香味浓。可溶性固形物14.0%，Vc含量11.7mg/100g，总糖6.2%，总酸1.4%。离核，仁苦。

植物学性状　树冠自然半圆形，树姿半开张。主干暗灰色，多年生枝灰褐色，1年生枝阳面红褐色，背面灰褐色，光滑无毛。叶片长椭圆形，

图 5-251 ‘仰韶黄杏’局部结果状

基部宽楔形，叶尖渐急尖，叶缘不整齐，锯齿中深、锐，为复锯齿，叶色绿，无光泽。花白色，5 瓣，雌蕊高于雄蕊的花占 20.0%，雌蕊与雄蕊等高的花占 50.0%，雌蕊退化的花占 30%。树势强。4 年生开始结果，成龄大树株产 200～250kg，百年老树仍可产杏果 150kg 左右，以短果枝和花束状果枝结果为主。坐果率 25.0%，萌芽率 35.0%，成枝力 20.0%。在国家果树种质熊岳李杏资源圃调查，4 月初花芽萌动，4 月中旬开花，7 月中旬果实成熟，果实发育期约 80d。4 月中旬叶芽萌动，5 月初展叶，10 月末落叶，树体营养生长期约 200d。在河北省石家庄市郊，2 月下旬花芽萌动，3 月下旬开花，花期 4～6d。6 月中下旬果实成熟，果实发育期 75～80d。3 月下旬叶芽萌动，11 月上旬落叶，树体营养生长期约 220d。

综合评价 果实极大，外观美丽，甜酸适度，香味浓，品质上等，为鲜食与加工兼用良种。适宜在华北温带杏区、西北干旱带杏区栽培。

144 银白杏

Yinbaixing

产地及分布 原产吉林四平地方品种。分布于吉林、河北等地，在四平山门、古洞有零星栽培，河北固安、天津静海东双塘也有分布。

经济学性状 果实近圆形，平均单果重 44.5g，果实纵径 4.2cm，横径 4.0cm，侧径 3.8cm。果顶圆，微凹，缝合线中浅，显著，片肉不对称。果皮淡黄色，阳面着 50% 红色。果肉浅黄色，肉质细软，纤维少，汁中多，味甜酸，香味较浓。可溶性固形物 12.5%，pH 值 4.5。半离核，仁甜，饱满。可食率 92.8%，常温下果实可贮放 5～8d。

植物学性状 树冠自然圆头形，树姿开张。主干较粗糙，树皮条状裂，呈紫灰色。1 年生枝红褐色，较直立，有光泽。节间长 1.6～2.0cm，皮孔小，疏，平，近圆形，背面有少量茸毛。叶片圆形，先端渐尖，基部圆形。叶片较厚，浓绿色，叶面平展，叶背无毛，叶缘整齐，粗锐，单锯齿。花瓣白或粉白色，花 5 瓣，雌蕊 1 枚，雄蕊 32 枚。树势强。在四平山门调查，4 月中下旬花芽萌动，5 月上旬盛花，花期 5～7d，7 月上旬果实成熟，果实发育期 60～70d。4 月末叶芽萌动，5 月上旬展叶，10 月上中旬落叶，树体营养生长期约 170d。栽后 4 年结果，以短果枝和花束状果枝结果为主。

综合评价 较抗寒，在原产地可耐 −35℃的冬季低温。果实外观美丽，甜酸适度，香味较浓，品质中上，是优良的鲜食品种。可在吉林四平、梨树、公主岭、辽源等地栽培。

图 5-254 ‘银白杏’局部结果状

图 5-252 ‘仰韶黄杏’果形

图 5-253 ‘银白杏’果形

145 硬条京杏

Yingtiaojingxing

产地及分布 原产山西阳高，在阳高和怀仁分布较多。辽宁、甘肃、陕西等地也有栽培。1983年引入国家果树种质熊岳李杏资源圃内。

经济学性状 果实圆形，平均单果重42.0g，果实纵径4.0cm，横径4.3cm，侧径4.2cm。果顶圆，微凸，缝合线浅、广，片肉对称。果皮底色黄色，着3/4暗红色。果肉橙黄色，肉质硬，纤维细少，果汁中多，味甜酸。可溶性固形物11.9%，pH值3.6，总糖7.0%，总酸1.0%，Vc含量10.2mg/100g。粘核，核近圆形，核面略粗糙，仁甜，饱满。可食率95.0%，品质中上，常温下果实可贮放7d左右。

植物学性状 树冠杯状形和自然半圆形，树姿直立。主干灰褐色。1年生枝红褐色，阴面黄绿色，皮孔明显且分布均匀，新梢细而硬。春季嫩梢红色。叶片卵圆形，叶片深绿色，叶背颜色稍淡，叶面光滑，叶缘锯齿钝，缺刻浅。花5瓣，白色。雌蕊高于雄蕊的花占75.0%，雌蕊与雄蕊等高的花占25.0%。树势中庸。在辽宁熊岳调查，3月下旬花芽萌动，4月中下旬盛花，7月中旬果实成熟，果实发育期82d。4月中下旬叶芽萌动，10月下旬落叶，树体营养生长期约187d。萌芽率50.0%，成枝力16.0%。3年生开始结果，7年生进入盛果期，以花束状果枝结果为主。

综合评价 抗旱、抗寒，适应性广，丰产稳产，成熟期一致，果实色艳味美，适于制脯、制干，较耐贮运，是生食、加工皆宜的品种。

146 银香白杏

Yinxiangbaixing

产地及分布 原产陕西西安草滩农场，系地方良种，是白杏类果实最大的品种之一，在陕西、辽宁、甘肃等地栽培均表现良好，在华北、西北和辽宁南部等地的城市附近有大面积栽培。现已于国家果树种质熊岳李杏资源圃内保存。

经济学性状 果实扁圆形，平均单果重75.6g，最大果重125.0g。果顶平或微凹，果实缝合线浅、广，片肉对称。梗洼圆形、中深、中广。果实底色绿白色，阳面有红色斑点，果皮薄，不易与果肉剥离。果肉白绿色，肉质细硬，汁极多，味酸甜适口，味清香。可溶性固形物12.3%，pH值4.3，总糖5.7%，总酸1.5%，Vc含量6.2mg/100g。离核，仁甜。

植物学性状 树冠自然圆头形，树姿半开张。主干粗糙，灰黑色，多年生枝暗褐色，1年生枝粗壮，红褐色。叶片圆形，基部圆形，先端渐尖，锯齿钝。叶面平展，浓绿色，有光泽。花蕾白色，花蕊白色，阔圆形，雌蕊

图5-257 ‘银香白杏’树形

图5-255 ‘硬条京杏’果形

图5-256 ‘银香白杏’果形

图 5-258 ‘银香白杏’局部结果状

缝合线中浅，明显，片肉不对称。果皮底色黄，着紫红色。果肉肉质松软，纤维少，汁中多，味酸甜。可溶性固形物15.0%，pH值4.2，总糖8.2%，总酸1.7%，Vc含量9.5mg/100g。半离核，仁甜。常温下可贮放3～5d。

植物学性状 树冠自然圆头形，树姿开张。主干树皮条状开裂，粗糙，呈紫红色。1年生枝红褐色，直立，有光泽，皮孔小，近圆形。叶片圆形，先端渐尖，叶片较厚，叶色浓绿，叶面平展，叶背无毛。花蕾粉红色，花瓣白或粉白色，雌蕊1枚，雄蕊31枚。树势强。在公主岭地区4月中旬花芽萌动，5月初盛花期，花期6～7d，果实6月末7月初成熟，果实发育期约60d。树体营养生长期170d左右。4年生结果，以短果枝和花束状果枝结果为主。

综合评价 果实较小，外观美丽，甜酸适度，香味浓，品质上。可在山区的山坡地或城市近郊适当栽培。抗寒性差。

高于雄蕊的花占31.0%，雌蕊与雄蕊等高的花占28.0%，雌蕊低于雄蕊的花占17.0%，雌蕊退化的花占24.0%。树势强。3年生开始结果，7年生株产可达65.0kg左右，以中、短果枝结果为主；连年丰产稳产。生理落果较少，采前落果轻。萌芽率52.0%，成枝力45.0%。在国家果树种质熊岳李杏资源圃调查，3月末至4月初花芽萌动，4月中旬开花，花期5～7d，6月末至7月初果实成熟，果实发育期70d左右。4月中旬叶芽萌动，11月上旬落叶，树体营养生长期200d左右。

综合评价 抗寒、抗旱、抗病性强，适应性强，丰产，果实很大，品质极上，深受消费者欢迎，是市场售价高的中熟鲜食优良品种。

图 5-259 ‘伊通大红杏’局部结果状

147 伊通大红杏

Yitongdahongxing

产地及分布 别名‘红榛杏’。原产辽宁大石桥，1945年从辽宁大石桥引入吉林伊通段家店。分布于伊通井台、赵家、靠山、公主岭、双阳等地。1985年引入国家果树种质熊岳李杏资源圃内。

经济学性状 果实平底圆形，平均单果重38.0g，果实纵径4.2cm，横径4.0cm，侧径3.9cm。果顶圆，微凸，

148 蔚县木瓜杏
Yuxianmuguaxing

产地及分布 别名'迟黄杏'。原产河北蔚县黄梅乡木井庄，已有200多年栽培历史。现主要分布于河北张家口地区，北京、辽宁、山西等地栽培。1983年引入国家果树种质熊岳李杏资源圃内。

经济学性状 果实卵圆形，平均单果重56.2g，最大果重72.7g，果实纵径4.5cm，横径4.4cm，侧径4.5cm。果顶平，微凹，缝合线浅、广，片肉不对称。

图 5-260 '蔚县木瓜杏'局部结果状

图 5-262 '蔚县木瓜杏'整株结果状

图 5-261 '蔚县木瓜杏'果形

果皮黄绿，阳面有少量红晕及果点。果肉黄色，近核处深黄色。肉质松软，纤维细、多，汁多，味酸甜。可溶性固形物8.6%。pH值3.7，总糖6.0%，总酸1.4%，Vc含量8.5mg/100g。粘核，棱椭圆形，仁甜，香，饱满。可食率96.0%，品质中上。常温下果实可贮放5d左右。

植物学性状 树冠圆头形，树姿半张。主干粗糙，树皮块状裂，灰色。多年生枝灰褐色。1年生枝粗壮。较直立，阳面红褐色，背面灰褐色，光滑无毛。春季嫩梢红色。叶片圆形，基部短截形，叶尖渐尖，叶色浓绿，叶片厚，有光泽，叶缘两侧向上反卷，单锯齿。花5瓣，白色，雌蕊1枚，雄蕊29～30枚，花药黄色，雌蕊高于雄蕊的花占 34.0 %，雌蕊与雄蕊等高的花占 29.0%，雌蕊低于雄蕊的花占 25.0%，雌蕊退化花占 12.0%。在河北蔚县原产地调查，4 月初花芽萌动，4 月下旬盛花，4 月下旬叶芽萌动。在辽宁熊岳地区，3 月下旬花芽萌动，4 月中下旬盛花，7 月中下旬果实成熟，果实发育期 84d，4 月中下旬叶芽萌动，11 月上旬落叶，树体营养生长期 200d 左右。坐果率 8.0%。萌芽率 42.0%，成枝力 19.0%。3 年生开始结果，成龄大树株产约 200.0kg。以短果柱和花束状果枝结果为主。

综合评价　不染杏疔病，丰产。果较大，肉厚，品质中上，是优良的晚熟鲜食、加工兼用品种。

149 早橙杏

Zaochengxing

产地及分布　原产山东省崂山，在河北、北京、辽宁、山西和山东等地有栽培。已保存于河北省农林科学院石家庄果树研究所杏种质资源圃内。

经济学性状　果实近圆形，平均单果重 71.98g，最大单果重 80.5g。果顶微凹，缝合线显著，浅而广，片肉对称，梗洼深而广。果实底色橙黄，阳面 2/4 ~ 3/4 着红色，果皮茸毛少。果肉橙黄色，肉质松脆，纤维少，汁中多，酸甜味浓。可溶性固形物 13.3%，总糖 5.7%，总酸 1.5%，Vc 含量 9.0mg/100g。离核，仁苦。

植物学性状　树冠自然半圆形，树姿半开张。主干粗糙。多年生枝紫褐色，1 年生枝红褐色，有光泽。叶片卵圆形，大，色淡，抱合，叶缘锯齿大而锐，单锯齿。花瓣白色，5 瓣。树势中庸。3 ~ 4 年生树平均株产果 10.0kg。以短果枝结果为主。在河北省石家庄市郊，2 月下旬花芽萌动，3 月下旬开花，花期 4 ~ 6d；6 月上旬果实成熟，果实发育期 62 ~ 67d。3 月下旬叶芽萌动，11 月上旬落叶，树体营养生长期约 220d。

图 5-265 ‘早橙杏’果形

综合评价　果实大，果面光滑，品质上等，耐贮放，丰产，抗寒性、抗病性和抗旱性均强，对土壤适应性广，是极优的早熟鲜食品种。适宜在华北温带杏区栽培。

图 5-263 ‘早橙杏’局部结果状

图 5-264 ‘早橙杏’整株结果状

150 早红蜜杏

Zaohongmixing

图 5-267 ‘早红蜜杏’整株结果状

产地及分布 该品种原产河南省安阳，主要分布于河南省及河北省南部地区。

经济学性状 果实近圆形，平均单果重 68.5g，最大单果重 125g，果皮黄白色，阳面红色，光亮，果顶平，缝合线较深，片肉对称，裂果不明显。果肉黄白色，肉厚质细，纤维极少，汁液多，香气浓，风味甜。半离核，核小，仁苦。可食率 97.3%，可溶性固形物含量 15.3%，常温下可贮藏 5 ~ 7d。

植物学性状 1 年生枝紫红色，枝条较粗壮，节间较短，嫩梢阳面紫红色，背面黄绿色，皮孔稀而少。叶片近圆形，深绿色，有光泽。花芽肥大、饱满，花瓣上部白色下部红色，花冠中大。生长强健，萌芽率高，成枝力弱。初结果树以中、长果枝结果，盛果期树短、中、长果枝均可结果，大小年不明显。在河南省安阳地区，3 月中下旬开花，花期 9 ~ 15d，5 月 13 日果实成熟，成熟期比‘金太阳’早 3 ~ 5d，成熟不一致，11 月中下旬落叶。

综合评价 抗旱、抗寒、抗晚霜。对蚜虫、桃细菌性穿孔病均有较强的抗性。自花结实率低，须选用‘金太阳’做授粉树。

图 5-266 ‘早红蜜杏’果形

图 5-268 ‘早红蜜杏’局部结果状

151 早红杏

Zaohongxing

产地及分布 原产河北省沧州，在河北省石家庄、衡水，山东省滨州，天津市静海等地广泛栽培。2005年12月经河北省林木品种审定委员会审定并命名。

经济学性状 果实圆形，果实平均单果重60.0g，果顶平或微凹，缝合线明显，片面对称。果皮底色橙黄，果顶、缝合线、向阳面均可着鲜红色晕，着色面积可达70.0%以上，果面光洁无斑点，外观美丽；果皮中厚，不易剥离。果肉橙黄色，肉质松软，汁液多，纤维中等，风味甜酸，无涩味。成熟度均匀一致，含可溶性固形物13.6%，总糖7.5%，总酸为2.0%，Vc含量6.0mg/100g。果肉厚，可食率高达96.9%，品质上。核长圆，粘核，甜仁。常温下可贮藏5～7d。

植物学性状 树冠自然圆头形，树姿半开张。1年生枝红褐色，斜生，有光泽；多年生枝暗褐色。叶片中大，卵圆形，顶端突尖，叶基圆形，叶缘钝齿，叶厚，深绿色，有光泽，叶片抱合向上。花冠白色，5瓣，雌蕊1枚，雄蕊28～31枚。树势中庸。在沧州地区，3月上旬花芽萌动，3月底至4月初开花，果实5月25日左右成熟，果实生长期50～55d。10月下旬落叶，营养生长期210d左右。萌芽率高，成枝力中等，以短果枝和花束状果枝结果为主。栽后二三年即可见果，生理落果轻。

综合评价 适应性强，抗寒，抗旱，耐瘠薄，在干旱、瘠薄、管理粗放的沙壤土中生长结果正常。果个大、色泽好、成熟早、丰产、优质极早熟品种。

图5-270 ‘早红杏’整株结果状

图5-269 ‘早红杏’局部结果状

图5-271 ‘早红杏’果形

152 早黄杏

Zaohuangxing

产地及分布　别名为‘早大黄’。原产黑龙江省，系地方品种。分布于黑龙江和辽宁省。1983年引入国家果树种质熊岳李杏资源圃内。

经济学性状　果实长圆形，平均单果重15.3g，最大果重19.8g，果实纵径3.1cm，横径2.9cm，侧径2.6cm。果顶突尖，缝合线浅，片肉较不对称。果皮黄色，斑点小，紫色，有茸毛。果肉淡黄色，肉质粗、松，纤维多，汁少，味酸、涩，有余苦。可溶性固形物12.5%，pH值4.3。粘核。品质下。

图5-273　‘早黄杏’局部结果状

图5-272　‘早黄杏’果形

植物学性状　在辽宁熊岳地区调查，4月初花芽萌动，4月中旬开花，4月中旬盛花，花期5d，6月末果实成熟，果实发育期约70d。4月中旬叶芽萌动，10月末落叶，树体营养生长期约190d。花5瓣，稀6瓣，雄蕊34枚，花白色。雌蕊高于雄蕊的花占82.0%，雌蕊与雄蕊等高的花占6.0%，雌蕊低于雄蕊的花占2.0%，雌蕊退出的花占10.0%。萌芽率60.7%，成枝力53.6%。

综合评价　抗寒性极强，果实极小，品质差，可作为资源保存。

153 早甜杏

Zaotianxing

产地及分布　‘早甜杏’母株是河北省沧州市农林科学院1986年在沧州地区杏树资源调查中，于献县孝举村赵东雨家杏园中发现的农家品种早熟杏的优良单株，2005年12月通过河北省林木品种审定委员会审定，在沧州、石家庄、保定、衡水等地有栽培。

经济学性状　果实圆形，果实较大，平均单果重46.9g，最大单果重71.8g；果皮中厚，不易剥离，果实底色黄白色，向阳面着朱砂红晕。果肉松软，汁液多，甜酸，无涩味，微香，可溶性固形物15.5%，总糖含量7.5%，总酸含量2.0%。离核，果肉厚，可食率高达95.0%，常温下可贮藏5～7d。

植物学性状　树冠自然圆头形，树姿半开张，多年生枝暗褐色，1年生枝红褐色，斜生，有光泽。叶片卵圆形，深绿色，中大，有光泽，叶厚，顶端突尖，叶基圆形，叶缘钝齿。花白色，5瓣。树势中庸，萌芽率30.4%，成枝力中等，以短果枝和花束状果枝结果为主，结果早，栽后第三年即可见果，第四年有经济产量。在河北沧州，3月上旬花芽萌动，3月底到4月初开花，果实5月23日左右成熟，果实发育期48～50d。10月下旬落叶，年营养生长期210d左右。

综合评价　该品种抗逆性强，花期抗－5～－3℃低温，病虫害较轻，抗旱。早期丰产性能好，是很有发展前途的极早熟杏优良品种。

154 张公园杏

Zhanggongyuanxing

产地及分布　原产陕西三原。分布于陕西、山西、新疆、河北、辽宁和吉林等地。现已在国家果树种质熊岳李杏资源圃内保存。

经济学性状　果实偏卵圆形，平均单果重80.0g，最大果重150.0g。果顶平，微凹，果实缝合线浅、广，片肉不对称，梗洼深、广，圆形。果皮橙黄色，阳面着鲜红色，果皮中厚，难剥离。果肉橙黄色，肉质硬脆，纤维细、少，汁中多，味甜酸。可溶性固形物 9.8%，pH 值 3.7，Vc 含量 6.6mg/100g，总糖 6.6%，总酸 1.4%。半离核，仁甜。

植物学性状 树冠圆锥形，树姿半开张。叶片卵圆形，叶基楔形，叶尖长尾尖，叶缘钝齿。叶面波状，蜜腺圆形。花白色，5 瓣，雌蕊高于雄蕊的花占 82.0%，雌蕊与雄蕊等高的花占 3.0%，雌蕊低于雄蕊的花占 1.0%，雌蕊退化的花占 14.0%。3 年生开始结果，丰产且稳产，以短果枝和花束状果枝结果为主。萌芽率 48.0%，成枝力 35.0%。在国家果树种质熊岳李杏资源圃调查，3 月下旬花芽萌动，4 月中下旬盛花期，花期 6d，7 月上中旬果实成熟，果实发育期约 76d。4 月中下旬叶芽萌动，11 月中旬落叶，树体营养生长期约 200d。

综合评价 抗寒、抗旱，适应性强，极丰产且稳产，耐贮运，品质上。果实可制成罐头，是鲜食与加工兼用的中熟品种。适宜在华北温带杏区栽培。

155 朱家杏

Zhujiaxing

产地及分布 原产四川泸定，系地方品种。1985 年引入国家果树种质熊岳李杏资源圃内。

经济学性状 果实圆形，平均单果重 39.4g，最大果重 55.5g，果实纵径 3.9cm，横径 4.2cm，侧径 4.2cm。果顶圆平，缝合线浅、广，片肉对称，梗洼浅圆。果皮淡黄色，着少量粉红色，果面紫，果点小、多。果肉白色，肉质松软，纤维细，汁多，味酸甜。可溶性固形物 11.4%，pH 值 4.4，总糖 8.4%，总酸 1.6%，Vc 含量 8.7mg/100g。离核，核近圆形，仁苦。常温下果实可贮放 3d 左右。

植物学性状 树冠自然半圆形，树姿开张。主干灰褐色，纵裂。多年生枝灰褐色。1 年生枝红褐色。春季嫩梢绿色。夏季叶片平展。花 5 瓣，白色。在辽宁熊岳，3 月末花芽萌动，4 月中旬盛花，花期 4d，7 月中旬果实成熟，果实发育期约 79d。4 月中旬叶芽萌动，11 月上旬落叶，树体营养生长期约 200d。萌芽率 75.0%，成枝力 41.0%。3 年生开始结果，10 年生进入盛果期，以短果枝和花束状果枝结果为主。

综合评价 丰产，但果个较小。鲜食品质中上品质中等，不耐贮运。

图 5-274 ‘张公园杏’局部结果状

图 5-276 ‘朱家杏’局部结果状

图 5-275 ‘张公园杏’果形

图 5-277 ‘朱家杏’果形

156 子荷杏
Zihexing

产地及分布 原产河北省新河县西疃村，是极早熟鲜食杏地方良种。2005年通过河北省林木品种审定委员会审定。现保存于河北省农林科学院石家庄果树研究所杏种质资源圃内。

图 5-278 ‘子荷杏’局部结果状

图 5-279 ‘子荷杏’树形

植物学性状 树冠圆形，树姿开张。主干粗糙，树皮纵裂，灰褐色。1年生枝阳面棕红色，斜生，节间短。叶片圆形，先端急尖，基部圆形，叶片深绿色，厚，有光泽；叶柄黄褐色。主脉浅绿色，叶缘整齐，锯齿单或钝。花蕾粉白色，花冠白色，5瓣。树势中庸。定植后第三年开始结果，第四至第五年进入初果期，第六年后进入盛果期，丰产。以短果枝和花束状果枝结果为主。萌芽率53.0%，成枝力3.0%。在河北省石家庄市郊，2月下旬花芽萌动，3月下旬开花，花期4～6d，5月下旬果实成熟，果实发育期56～60d。3月下旬叶芽萌动，11月上旬落叶，树体营养生长期约220d。

综合评价 成熟早，枝条节间短，树形紧凑，丰产，是鲜食杏品种。适宜在华北、西北杏树适生区栽培。

经济学性状 果实扁圆形，平均单果重37.5g，最大果重45.0g。果顶平，微凹，缝合线浅，显著，两侧果肉不对称，梗洼深、窄。果皮黄色，无斑点。果肉橙黄色，肉质略粗，纤维稍多，汁液中多，味甜，有香气。可溶性固形物13.1%，品质上。常温下果实可存放3～5d。离核，核小。可食率96.2%，种仁苦，饱满。

图 5-280 ‘子荷杏’果形

第二节 仁用杏种质资源

1 白玉扁仁用杏
Baiyubianrenyongxing

产地及分布 别名‘柏峪扁’、‘臭水扁’、‘大白扁’。原产北京市门头沟和河北省涿鹿、怀来一带。现保存于国家果树种质熊岳李杏资源圃内。分布于北京、河北、辽宁、黑龙江、山西、陕西、吉林等地。

经济学性状 7月上中旬果实成熟，果实发育期约90d，扁圆形，平均单果重20.5g。果顶圆；缝合线深，明显，片肉对称；梗洼窄、浅。果皮绿黄色，成熟时果肉自行开裂，种核脱落。果肉绿黄色，肉质硬，纤维多，

图 5-281 ‘白玉扁仁用杏’局部结果状

汁少，味酸涩。离核，核近圆形。干核平均重 2.6g，出核率 20.0%。仁甜，香；干仁平均重 0.8g，出仁率 30.0%。

植物学性状 树冠圆头形，树姿开张。主干灰褐色，多年生枝灰褐色，当年生枝阳面红褐色，背面淡褐色。叶片圆形，基部圆或平，叶尖短尾尖，叶缘锯齿细。叶色深绿，主脉黄绿色；叶柄紫红色。花白色，5 瓣，雌蕊高于雄蕊和雌蕊等高的花占 76.0%，雌蕊退化的花占 24.0%。

树势中庸。3 年生开始结果，10 年进入盛果期，以花束状果枝和短果枝结果为主。萌芽力强，成枝力弱。在国家果树种质熊岳李杏资源圃调查，4 月上旬花芽萌动，4 月中旬开花，7 月中旬果实成熟；4 月中旬叶芽萌动，10 月下旬落叶，树体营养生长期约 195d。

图 5-282 ‘白玉扁仁用杏’结果状

综合评价 适应性强，耐干旱、瘠薄，早产丰产，大小年现象不明显。杏仁可加工，果肉可加工杏脯、杏酱、杏酒等多种食品和饮料。

2 北山大扁仁用杏

Beishandabianrenyongxing

产地及分布 别名‘串铃扁’、‘一串铃’、‘荷包扁’、‘黄扁’。原产河北省丰宁县，系地方古老品种，河北省滦平、丰宁、赤诚、兴隆和北京市密云、怀柔、延庆等地有栽培。现保存于国家果树种质熊岳李杏资源圃内。

经济学性状 果实圆形，平均单果重 26.0g。果顶平，缝合线浅，明显，片肉对称；梗洼窄、深。果皮橙黄色，着红色；果面斑点紫红色。果肉橙黄色，肉质较细，汁少，味酸甜，微香。离核，核近圆形。干核平均重 2.8g，出核率 8.9%。仁甜，心脏形；干仁平均重 0.7g，出仁率 25.0%。

植物学性状 树冠圆头形，树姿半开张。主干灰褐色，多年生枝灰褐色，1 年生枝阳面红褐色，背面淡褐色。叶片圆形，基部圆或平，叶尖短尾尖，叶缘锯齿粗、钝。叶色深绿，主脉黄绿色。花白色，5 瓣；雌蕊 1 枚，雄蕊 29 ~ 30 枚。树势中庸。3 年生开始结果，10 年进入盛果期，以花束状果枝和短果枝结果为主。萌芽力强，成枝力弱。在河北丰宁地区调查，3 月下旬花芽萌动，4 月中旬开花，花期 5 ~ 7d，7 月中下旬果实成熟，果实发育期约 90d；4 月中旬叶芽萌动，10 月末落叶，树体营养生长期约 190d。

综合评价 适应性较强，抗旱，丰产性较差。杏仁品质中等，果肉还可加工罐头、杏脯和杏酱等，是仁、肉兼用品种。现分布于北京、河北、辽宁等地。

3 长城1号仁用杏

Changcheng 1 haorenyongxing

产地及分布 从河北省怀来县龙王帽优系中选出的新品种，现主要分布于张家口、承德等仁用杏主产区。

经济学性状 果实扁圆形，平均单果重24.7g，最大单果重29.4g。果皮黄色，略带红霞。果柄极短，长0.3～0.5cm，容易从果实上脱落。缝合线明显，果实两半部不对称，果顶平。果肉薄、黄色，成熟后自然从缝合线处开裂，离核。杏果出核率11.8%，干核中扁略鼓，平均重2.4g，仁饱满，平均干仁重0.9g，出仁率36.9%。仁扁肥大，基部平整，仁皮暗褐色，仁肉饱满、乳白色，味香而脆。

植物学性状 树势中庸，干性弱，树形自然开张。多年生枝灰褐色，1年生枝红褐色。叶片近圆形，深绿色，叶缘锯齿状。萌芽率高，成枝力较弱。自花不实，异花授粉坐果率9.7%，以中短果枝结果为主。在石城镇二平台村，3月20～25日萌芽，4月2～10日开花，7月3～10日果实自然成熟开裂。果实发育期约90d。10月25日至11月5日开始落叶。全年生育期200d左右。

综合评价 适应性强，抗寒，耐旱，早果丰产性好。

4 超仁仁用杏

Chaorenrenyongxing

产地及分布 原产河北省涿鹿县，是'龙王帽'的株选优系，原代号79A07。1983年引入国家果树种质熊岳李杏圃。在河北、辽宁、山东、山西、陕西、甘肃、新疆等地均有栽培。

经济学性状 7月中旬果实成熟，果实发育期约90d，果实扁卵圆形，平均单果重16.7g；果顶圆，凸；缝合线深，明显，片肉对称；梗洼中深。果皮较厚，难与果肉剥离。果肉橙黄色；肉薄，肉质粗，汁极少，味酸涩，成熟时果肉自然开裂。离核；核卵圆形，壳薄，出核率18.5%。仁甜，饱满，干仁平均重1.0g，仁蛋白质含量26.0%，脂肪57.7%，出仁率41.1%。

植物学性状 树冠自然圆头形，树姿半开张。主干粗糙，灰褐色。1

图5-284 '超仁仁用杏'局部结果状

图5-283 '长城1号仁用杏'局部结果状

图5-285 '超仁仁用杏'果形

图 5-286 ‘超仁仁用杏’整株结果状

年生枝红褐色，有光泽。花 5 ~ 6 瓣、雌蕊 1 枚，雌蕊高于雄蕊的花占 61.0%，雌蕊低于雄蕊的花占 39.0%。自花结实率 4.0%。叶片圆形，基部楔形，叶尖短突尖；叶色绿，叶缘整齐，锯齿密，锐，为单锯齿。树势中庸。在河北原产地，4 月中旬盛花，7 月中下旬果实成熟。4 月中下旬叶芽萌动，10 月下旬落叶，树体营养生长期 180 ~ 190d。萌芽率 55.0%，成枝力 20.0%，以花束状枝和短果枝结果为主。

综合评价 该品种抗旱、耐寒，抗风，适应性强。丰产，仁大，味甜，质优。可在西北、华北、辽宁等地栽培。

5 串铃扁仁用杏

Chuanlingbianrenyongxing

产地及分布 别名‘小火扁’、‘小核扁’。原产河北赤城、丰宁、兴隆等地，现在北京的延庆、怀柔及辽宁等地也有栽培。现保存于国家果树种质熊岳李杏资源圃内。

经济学性状 果实发育期约 85d，果实椭圆形，平均单果重 22.0g。果顶圆平；缝合线浅而窄，片肉对称；梗洼窄、浅。果皮黄色，阳面稍有红晕。成熟时果顶裂，果肉浅黄色，肉质软，纤维多，汁中少，味甜酸，淡。离核，核圆形。干核平均重 1.8g，出核率 14.3%。仁香甜，扁平，似心脏形，饱满；干仁平均重 0.59g，出仁率 30%。

植物学性状 树冠自然半圆形，树姿半开张。主干灰褐色，1 年生枝条紫褐色，新梢暗红色，春季嫩梢绿色。叶片近圆形，先端锐急尖，叶缘锯齿细、锐。叶面平展，叶柄较粗。花 5 瓣，白色；雌蕊高于雄蕊的花占 73.0%，雌蕊与雄蕊等高的花占 19.0%，雌蕊退化的花占 8.0%。树势中庸，3 年生开始结果，10 年进入盛果期，以花束状果枝和短果枝结果为主。萌芽率 58.0%，成枝力 22.0%。在河北赤城地区调查，3 月末至 4 月初花芽萌动，4 月中下旬盛花，7 月上中旬果实成熟，果实发育期约 85d，4 月中旬叶芽萌动，11 月上旬落叶，树体营养生长期约 200d。

综合评价 杏仁较小，着果力强，较丰产，具较强抗旱、耐瘠薄能力，可在土壤条件较差的地方栽植。

图 5-287 ‘串铃扁仁用杏’局部结果状

6 丰仁仁用杏

Fengrenrenyongxing

产地及分布 原产河北省涿鹿县，是'一窝蜂'的优选株系，原代号80E05。1983年引入国家果树种质熊岳李杏资源圃，2000年通过辽宁省农作物品种审定委员会审定。河北、辽宁、吉林、山东、山西、陕西、甘肃、新疆等地均有栽培。

经济学性状 7月中下旬果实成熟，果实发育期约90d，果实扁卵圆形，平均单果重13.2g。果顶圆；缝合线浅、窄，显著，片肉对称；梗洼圆、窄、浅。果皮橙黄色，难与果肉剥离。果肉橙黄色，肉质软，纤维少，汁少，味淡，微酸，成熟时果肉自行开裂。离核，核卵圆形，干核平均重2.2g，仁甜，香，饱满，干仁平均重0.9g；杏仁蛋白质28.2%，脂肪56.2%。

植物学性状 树冠自然圆头形，树姿半开张。主干粗糙，灰褐色。1年生枝粗壮，红褐色，有光泽。花5～6瓣，白色自花结实率2.0%，自然结实率39.0%。叶片阔卵圆形至圆形，基部圆形，叶尖短突尖，叶缘整齐，锯齿锐，小、密，为单锯齿。树势弱。在河北原产地调查，4月中旬盛花，花期6d，7月中下旬果实成熟；4月下旬叶芽萌动，10月末落叶，树体营养生长期约190d。萌芽率73.0%，成枝力43.0%。以花束状果枝和短果枝结果为主。

综合评价 抗寒，抗旱，丰产，仁大，甜香。是晚熟优良仁用兼加工品种，可药用，可在西北、华北地区及辽宁等地栽培。

图5-288 '丰仁仁用杏'局部结果状

图5-290 '丰仁仁用杏'整株结果状

图5-289 '丰仁仁用杏'果形

图5-291 '丰仁仁用杏'核

7 干颗仁用杏
Gankerenyongxing

产地及分布 别名‘念念转’。原产河北省涿鹿县，零星分布于涿鹿、蔚县、怀来等地。现保存于国家果树种质熊岳李杏资源圃内。

经济学性状 7月上中旬果实成熟，果实发育期约90d，果实圆形，平均单果重12.1g，果顶平，微凹；缝合线浅，明显，片肉对称；梗洼窄浅。果皮橙黄色；阳面有稀疏的小斑点。果肉质较硬，纤维较多，汁较少，味甜酸。离核，干核平均重1.7g，出核率13.4%。仁甜，干仁平均重0.6g，出仁率33.7%。

植物学性状 树冠圆头形，树姿半开张。主干灰褐色，纵裂。多年生枝灰褐色。1年生枝阳面红褐色，背面淡褐色。叶片阔卵圆形，基部平，叶尖短尾尖，叶柄紫红色，叶色深绿，叶缘锯齿钝，主脉黄绿色。花白色，5瓣，雌蕊1枚，雄蕊30枚，雌蕊高于雄蕊和雌雄蕊等高的花占78.0%，雌蕊退化的花占22.0%。树势强。在原产地，4月中下旬开花，花期5～7d，7月上中旬果实成熟；4月上中旬叶芽萌动，11月上旬落叶，树体营养生长期约190d。萌芽力强，成枝力较强。3年生开始结果，10年生进入盛果期。以花束状果枝和短果枝结果为主。

综合评价 抗旱、抗寒，适应性强，仁肉兼用品种。

8 国仁仁用杏
Guorenrenyongxing

产地及分布 原产河北省涿鹿县，是‘一窝蜂’的株选优系，代号80A01。1983年引入国家果树种质熊岳李杏资源圃内，2000年通过辽宁省农作物品种审定委员会审定。河北、辽宁、吉林、山东、山西、陕西、甘肃、新疆等地均有栽培。

经济学性状 7月中旬果实成熟，果实发育期约90d，果实扁卵圆形，平均单果重14.1g。果顶圆，片肉对称；梗洼浅、窄。果皮橙黄色，难剥离。果肉橙黄色，肉质松软，纤维多，汁少，味酸涩，成熟时果肉自行开裂；离核，核卵圆形。干核平均重2.4g，仁甜，饱满，干仁平均重0.9g，仁蛋白质27.5%，脂肪56.2%。

植物学性状 树冠自然圆头形，树姿半开张。主干粗糙，灰褐色。1年生枝红褐色，有光泽。叶片卵圆形，基部宽楔形，叶尖短突尖，叶色绿，叶缘整齐，锯齿宽、锐、基部密，为单锯齿。花5～6瓣，白色，自花不结实，自然结实率30.0%。树势中庸。在原产地，4月中旬盛花，花期8d，7月中旬果实成熟；4月中旬叶芽萌动，10月末落叶，树体营养生长期约190d。萌芽率55.0%，成枝力50.0%。以花束状果枝和短果枝结果为主。

综合评价 抗寒、抗旱、抗病虫能力较强，丰产，品质差，果实Vc含量高，可作药用，是优良的仁用兼加工品种。

图5-292 ‘国仁仁用杏’整株

图5-293 ‘国仁仁用杏’局部结果状

图5-294 ‘国仁仁用杏’核

9 龙王帽仁用杏

Longwangmaorenyongxing

产地及分布 别名'大扁'、大'龙王帽'、'西口王帽'。原产河北省涿鹿县。1993年通过全国农作物品种审定委员会认定，品种登记号为GS14010－1992，现保存于国家果树种质熊岳李杏资源圃内。已在我国华北、西北、东北干旱地区广泛栽培。

经济学性状 7月上中旬果实成熟，果实发育期约90d。果实卵圆形，平均单果重17.4g。果顶圆，缝合线浅、广，明显，片肉对称；果实底色橙黄色，果面有茸毛。成熟时果肉自行开裂，果肉橙黄色，肉质硬，纤维多、粗，汁极少，味酸涩。离核，棕黄色。干核平均重2.3g，出核率17.3%。仁皮黄褐色，仁肉乳白色，仁甜；干仁平均重0.8g，含粗脂肪57.8%，蛋白质26.6%，出仁率37.6%。

图5-295 '龙王帽仁用杏'整株结果状

图5-297 '龙王帽仁用杏'局部结果状

植物学性状 树冠自然圆头形，树姿半开张。老树干皮黑褐色，幼树树皮灰褐色，多年生枝紫黑色，1年生枝阳面红褐色。叶片圆形，基部圆形，先端短尾尖，叶缘锯齿粗而钝。叶片浓绿色，有光泽，叶脉黄绿色。花白色，5～6瓣，雌蕊高于雄蕊的花占43.0%，雌蕊与雄蕊等高的花占47.0%，雌蕊低于雄蕊的花占5.0%，雌蕊退化的花占5.0%。树势强，2～3年生开始结果，7～10年生进入盛果期，以短果枝和花束状果枝结果为主，大小年现象不明显。坐果率20.0%，萌芽率64.0%，成枝力26.0%。在原产地4月上旬开花，7月上中旬果实成熟，果实发育期约90d；4月中下旬叶芽萌动，10月下旬落叶，树体营养生长期约185d。

综合评价 抗旱、较抗寒，适应性强，耐瘠薄，较丰产，杏仁品质上，是珍贵的仁用杏优良品种。果肉可加工杏脯、杏酱、杏酒等多种食品和饮料。

10 三杆旗仁用杏

Sanganqirenyongxing

产地及分布 从河北蔚县北水泉镇杨庄村仁用杏园中选出。现在河北、辽宁等地仁用杏主要产区栽培。

经济学性状 7月下旬果实成熟，果实发育期约90d，果实圆形，平均单果重7.5g。果肉薄。离核，核壳稍厚。单核重1.5g，出核率20.0%。仁近圆形或略长圆，仁甜，饱满；干仁平均重0.7g，出仁率39.8%。

植物学性状 树冠自然开心形，树姿开张。主干灰褐色，多年生枝浅褐色。叶片近圆形，叶尖渐急尖，叶中大，叶缘锯齿单或复。树势中庸。5年生树产仁0.4kg，以花束状果枝和短果枝结

图5-296 '龙王帽仁用杏'果形及核

图5-298 '三杆旗仁用杏'局部结果状

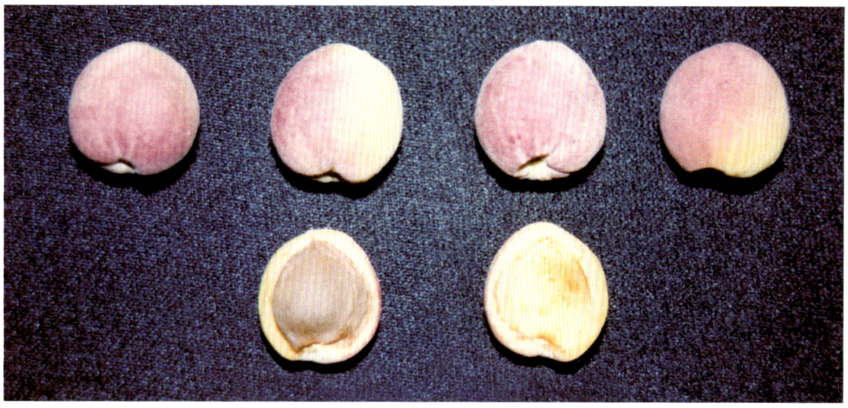

图 5-299 ‘三杆旗仁用杏’果形

果为主。在河北蔚县当地调查，4 月下旬盛花，7 月下旬果实成熟，果实发育期约 90d；4 月下旬叶芽萌动，11 月上旬落叶，树体营养生长期约 190d。

综合评价 抗旱，耐寒，丰产，早产，花期能抗−5.2℃的低温。出仁率高，杏仁端正，饱满，仁肉细密。可在我国仁用杏主要产区栽培。

11 围选 1 号仁用杏

Weixuan 1 haorenyongxing

产地及分布 是围场满族蒙古族自治县林业局果树技术服务站于 1989 年在杨家湾乡务本堂村果农田国玉的果园发现的仁用杏优株，主要分布于承德、张家口等地。2007 年底通过河北省品种审定委员会审定，定名为围选 1 号，2010 年通过国家林业局林木品种审定委员会审定，良种编号 S-SV-PA-018-2010。

经济学性状 果实扁圆形，平均单果重 13.6g，最大果重 28.4g。果皮橙黄色，缝合线明显，离核，果肉薄黄色，肉质绵，味酸，粗纤维多，适宜加工杏脯，制杏干，酿醋。平均杏核长宽比 7：5，平均单核重 2.6g，种仁饱满，单仁重 0.9g，出仁率 35.7%，为杏扁中仁粒较大的品种，仁皮棕黄色，仁肉乳白色，味香甜而脆，略有苦味。

植物学性状 树姿开张，树势强健，自然圆头形，萌芽力强。多年生树的树皮浅灰色，1 年生枝条红褐色，较直立。叶片为卵圆形，叶片中大，叶色较绿，叶缘锯齿较细，叶柄较长。初花呈浅粉白色，盛花期白色，花瓣单，近圆形。萌芽力强，成枝力弱。栽植第三年开花见果，7 ~ 8 年进入盛果期，以短果枝结果为主，腋花芽也能结果，自花结实。8 月上旬果实成熟。4 月下旬花芽膨大，5 月上中旬进入盛花期，花期约 5 ~ 6d，5 月下旬新梢开始生长，6 月下旬新梢基本停长，

综合评价 抗寒性强，花期−7.0℃低温正常结果，抗旱和抗杏疔病。适宜围场乃至晋北、华北、东北地区栽植。

图 5-302 ‘围选 1 号仁用杏’整株结果状

图 5-300 ‘围选 1 号仁用杏’局部结果状

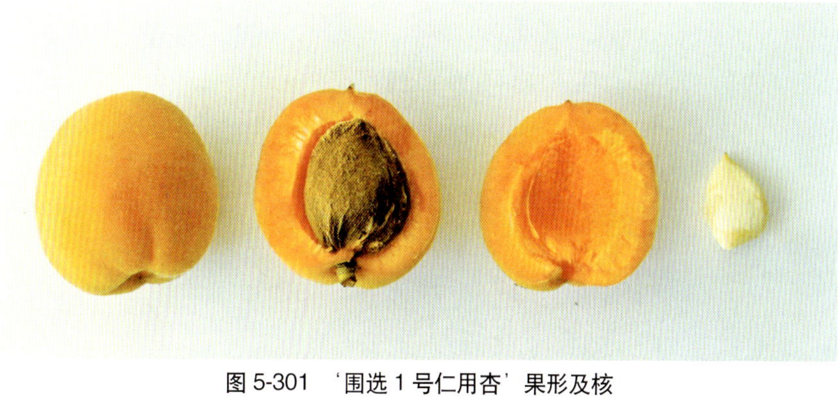

图 5-301 ‘围选 1 号仁用杏’果形及核

12 新 4 号仁用杏

Xin 4 haorenyongxing

产地及分布 该品种从河北蔚县常宁乡宋家庄杏扁园中选出。

经济学性状 7 月末果实成熟，果实发育期约 92d，果实近圆形。肉中厚。离核，核壳较薄或中厚。杏仁端正，黄白色，饱满，味香甜。干仁平均重 0.7g，出仁率 35.7%。

植物学性状 树冠自然开心形。主干紫灰色，多年生枝灰褐色，1 年生枝紫红色，多斜生，无茸毛，多斑点。叶片近圆形，中大或较大，叶缘锯齿钝。叶色浓绿。树势中庸。11 年生树产仁 2kg，以花束状果枝和短果枝结果为主，中长枝也能结果。萌芽力、成枝力均较强。

在河北蔚县当地调查，4 月下旬盛花，7 月末果实成熟；4 月末叶芽萌动，11 月 10 日落叶，树体营养生长期约 190d。

综合评价 丰产性强，花果抗冻能力强。抗病性强，很少染杏疔病及叶斑病等。

图 5-303 ‘一窝蜂仁用杏’果形及核

图 5-304 ‘一窝蜂仁用杏’局部结果状

13 一窝蜂仁用杏

Yiwofengrenyongxing

产地及分布 别名‘次扁’、‘小龙王帽’。原产河北省涿鹿、蔚县等地。1993 年通过全国农作物品种审定委员会认定，品种登记号为 GS140ll－1992。现保存于国家果树种质熊岳李杏资源圃内。可在我国华北、西北、东北干旱地区广泛栽培，现主要分布于河北、辽宁、北京、山西、陕西、内蒙古及吉林、黑龙江等地。

经济学性状 7 月中旬果实成熟，果实发育期约 90d。果实卵圆形，平均单果重 14.5g。果顶圆，缝合线明显，较深，片肉对称。梗洼圆形，狭、浅。果实底色橙黄色。果实成熟时沿缝合线自然裂开，果肉橙黄色，肉质硬，纤维多，汁少，味酸涩。离核，核壳深棕黄色，丰收年表面常出现白斑。干核重 1.8g，出核率 20.5%。核仁底端稍斜，呈长心脏形，味香甜；干仁平均重 0.6g，出仁率 36.0%，含粗脂肪 59.5%。

植物学性状 树冠自然圆头形，树姿半开张。主干褐紫色，多年生枝灰白色，新梢紫褐色。叶片心脏形，基部圆形，叶尖渐尖，叶缘锯齿小而浅。叶片深绿。花白色，5 瓣，雌蕊高于雄蕊的花占 26.0%，雌蕊与雄蕊等高的花占 33.0%，雌蕊低于雄蕊的花占 39.0%，雌蕊退化的花占 2.0%。树势中庸。3 年生开始结果，7 年生进入盛果期，以花束状果枝和短果枝结果为主。萌芽率 94.0%，成枝力 16.0%。在原产地调查，3 月下旬花芽萌动，4 月中旬盛花，7 月中旬果实成熟，果实发育期约 90d；4 月中旬叶芽萌动，10 月下旬落叶，树体营养生长期约 185d。

综合评价 杏仁品质上，果肉可加工杏脯、杏酱等。

14 油仁仁用杏

Yourenrenyongxing

产地及分布 原产河北涿鹿，代号 80801，是‘一窝蜂’的株选优系。1983 年引入国家果树种质熊岳李杏资源圃。在河北、辽宁、山东、山西、陕西、甘肃、新疆等地均有栽培。

经济学性状 7 月中旬果实成熟，果实发育期约 90d，果实扁卵圆形，平均单果重 13.7g，果顶圆凸；缝合线中深，显著，片肉对称。果皮橙黄色，果皮难剥离。果肉橙黄色，肉薄，汁极少，味酸涩，成熟时果肉自然开裂，离核；核卵圆形，核面光滑，干核平均重 2.1g。仁甜，饱满，干仁平均重 0.9g，仁蛋白质含量 23.2%，脂肪含量 55.5%。

植物学性状 树冠自然圆头形，树姿半开张。主干粗糙，灰褐色。1 年生枝粗壮，红褐色，有光泽。叶片阔卵圆形至圆形，基部楔形，叶尖短突尖；叶色绿；叶缘锯齿锐、密，为单锯齿。花5～6瓣，白色，自花不结实，自然结实率30.0%。树势中庸偏强。在原产地，4月中旬开花，7月中旬果实成熟；4月中旬叶芽萌动，10月末落叶，树体营养生长期约185d。萌芽率56.0%，成枝力41.0%。以花束状果枝和短果枝结果为主。

综合评价 抗寒、抗旱、抗病虫能力强。较丰产、杏仁脂肪含量高，是加工杏仁油的极好原料。可在内蒙古、辽宁、新疆、河北等地栽培。

图5-306 ‘优一仁用杏’果形

图5-305 ‘油仁仁用杏’局部结果状

15 优一仁用杏

Youyirenyongxing

产地及分布 原产河北省蔚县，是河北省张家口地区林科所从山甜杏的无性系中选出。广泛分布于仁用杏主产区。2008年通过国家林木品种委员会的审定。现保存于国家果树种质熊岳李杏资源圃内。

经济学性状 7月中旬果实成熟，果实发育期约90d，果实卵圆形，平均单果重9.6g。离核；核壳薄。单核平均重1.7g，出核率17.9%。仁甜，杏仁呈圆形；干仁平均重0.7g，出仁率43.8%。

图5-307 ‘优一仁用杏’局部结果状

图5-308 ‘优一仁用杏’整株结果状

植物学性状 树冠半圆形。主干多条状裂，多年生枝灰褐色，1年生枝紫红色。花粉红色。叶片长圆形，较光滑，叶缘锯齿细锐、浅，为单锯齿。叶绿色，叶柄紫红色。树势中强。盛果期树株产2.7kg，以中短枝、花束状果枝结果为主。成枝力强，但有隔年结果现象。在河北省蔚县调查，4月中旬盛花，7月中下旬果实成熟，果实发育期约90d；4月中下旬叶芽萌动，11月上旬落叶，树体营养生长期约190d。

综合评价 抗旱、极抗寒，花期可耐－6.0℃的低温，幼果可耐－2.5～－2.0℃的低温。喜肥、极丰产，壳薄，杏仁粒形较小，可加工开口杏仁。可在仁用杏适宜栽培区发展。

第三节 观赏杏种质资源

1 北绿萼山杏

Beilüeshanxing

产地及分布　系辽宁省干旱地区造林研究所和河北省昌黎农业技术师范学院分别在辽宁朝阳地区和河北省青龙山境内发现，是西伯利亚杏的类型。现保存在国家果树种质熊岳李杏资源圃内。

经济学性状　果实扁卵圆形，平均单果重4.9g，大果重5.5g。果顶圆，微凸；果实缝合线浅、广，片肉对称；梗洼浅、窄。果皮黄绿色；果面上有茸毛，有少量褐色小果点，不明显；果实成熟时沿缝合线裂开。果肉黄色，肉质沙面，纤维粗、多，汁极少，味酸，涩、苦。离核，仁苦。

植物学性状　树姿开张。多年生枝灰褐色，当年生枝青灰色，枝条细软。叶片卵圆形，叶基宽楔形，先端急渐尖，叶缘单锯齿。叶色绿，无光泽，叶柄绿色。花5瓣，有一定比例的6瓣花及对应的6个萼片，萼片黄绿色，花瓣白色如雪，花瓣脉无红色，花冠径2.1cm。树势弱。在国家果树种质熊岳李杏资源圃调查，3月下旬花芽萌动，4月中旬盛花，花期约15d，7月上中旬果实成熟，果实发育期约83d；4月中旬叶芽萌动，10月中旬落叶，树体营养生长期约180d。

综合评价　花期长，抗旱，抗寒，适应性强。可在吉林、辽宁等地作为早春绿化树种栽培。

图5-310 ‘北绿萼山杏’花蕾

图5-311 ‘北绿萼山杏’花

图5-312 ‘北绿萼山杏’局部结果状

图5-309 ‘北绿萼山杏’果形

2 重瓣山杏

Chongbanshanxing

产地及分布　系河北省昌黎农业技术师范学院在河北省青龙山区海拔380m处的山坡上发现的新变种。

经济学性状 果实生长过程中常侧裂，不易得到成熟果（胚败育导致落果）。

植物学性状 该变种花朵大，花冠径约3.3cm，花朵重瓣，每花15～25瓣，3～5层。外层花瓣较大，圆形，内层花瓣较小，狭长椭圆形，并常与雄蕊合生。雄蕊数少，花丝卷曲，花药多呈戟形，腹沟深而狭，表面具较多红斑点，花粉少，且多呈纺锤形或三角形，花粉不育。雌蕊上茸毛少，花柱上茸毛更少，柱头中部突出或较平，且有较多红斑点，有的甚至无柱头。双子房率高，子房相对较小。花期比西伯利亚杏长5～6d。

综合评价 抗寒、抗旱，适应性强。花期长，花朵大，开花早，很有观赏价值，可作为北方城市绿化树种直接开发利用，也可作为抗寒梅花的育种材料。

3 垂枝杏

Chuizhixing

产地及分布 因为树体枝条俯垂而得名。现保存在国家果树种质熊岳李杏资源圃内。

经济学性状 果实卵圆形，平均单果重3.2g。果顶圆平；果实缝合线浅、广，片肉对称；梗洼浅、窄，波状。果皮绿黄色，无晕，有茸毛；果实成熟时，果肉沿腹缝线自然开裂。果肉黄色，肉薄而干燥，纤维粗，汁少，味酸涩苦。离核，仁苦。

植物学性状 树冠圆头形，树姿下垂。主干灰白色，多年生枝紫褐色，1年生枝生长曲折，下垂，灰白色，有光泽，无茸毛。叶片椭圆形，叶基楔形，叶尖长尾尖，叶缘复锯齿。叶面粗糙，有茸毛，叶色浅绿；叶柄黄绿，微红，小蜜腺圆形。花芽单生，圆锥形，大于叶芽。

树势中庸。萌芽率76%，成枝力32%。在国家果树种质熊岳李杏资源圃调查，4月上旬花芽萌动，4月下旬开花，花期5d，7月中旬果实成熟，果实发育期70～80d；4月下旬叶芽萌动，11月上旬落叶，树体营养生长期约190d。

综合评价 抗寒、抗旱、抗病虫力均强，可以作抗寒、抗旱砧木。可作观花和观枝条的观赏植物资源。

图5-313 ‘垂枝杏’整株结果状

4 红花山杏

Honghuashanxing

产地及分布 西伯利亚杏的实生变异类型。现保存在国家果树种质熊岳李杏资源圃内。

经济学性状 果实扁圆形，平均单果重2.9g，大果重4.9g。果顶圆，微凹；缝合线浅广至果顶；梗洼波状，浅窄。果皮绿黄色；果面斑点小、少，褐色，有茸毛；易裂果。果肉黄色，肉质沙面，果汁极少，味酸，有涩、苦。

植物学性状 树冠自然圆头形，树姿半开张。主干褐色，树皮纵状裂，当年生枝黄褐色。花红色，5瓣。叶椭圆形，叶基楔形，叶尖长尾尖，叶缘钝齿。叶面平滑，叶色绿色；叶柄浅红色，蜜腺圆形。树势强。在国家果树种质熊岳李杏资源圃调查，3月下旬花芽萌动，4月上中旬开花，花期约10～15d，7月下旬果实成熟，果实发育期约85d；4月中旬叶芽萌动，11月上旬落叶，树体营养生长期约200d。

图5-314 ‘红花山杏’花

综合评价 花色鲜艳，花期长，抗旱，极抗寒，可耐-35.0℃的低温。可在吉林、辽宁等地作为早春绿化树种栽培。

5 辽梅杏

Liaomeixing

图 5-317 ‘辽梅杏’开花状

产地及分布 别名‘毛叶重瓣山杏’、‘辽梅山杏’。原产辽宁北票大黑山林场。1988 年 3 月经中国科学院北京植物所审定并命名。1989 年 1 月在北京全国首届梅展中获得好评，1989 年 10 月在中国第二届花卉博览会上荣获二等奖，1991 年 3 月在杭州举办的第二届全国梅花展中荣获金奖。现保存在国家果树种质熊岳李杏资源圃内。

经济学性状 果实扁圆形，平均单果重 6.9g。果顶较平，果实缝合线深、狭，片肉对称；梗洼浅。果皮黄绿色，果面斑点大，茸毛多。果肉黄色，肉质粗，密、硬，纤维多，汁极少，味酸，苦涩，果实品质下。离核，仁苦。

图 5-315 ‘辽梅杏’花蕾

图 5-316 ‘辽梅杏’整株开花状

植物学性状 树冠半圆形，树姿开张，小乔木。多年生枝红褐色，表皮光滑无毛，1 年生枝灰褐色。叶片卵圆形，基部宽楔形，叶尖长渐尖，叶缘不整齐，单锯齿。叶色绿，其正反两面多茸毛，无光泽。壮枝每芽多为双花，弱枝多为单花。花萼为红褐色，花蕾为鲜红色，开绽后转为粉红色；花瓣 30 余枚，平展，花冠直径 3.0cm 左右，有 17.0 ~ 50.0%的花内有双柱头；花丝白色，花药 20 ~ 30 枚，黄色。雌蕊高于雄蕊的花占 60.0%，雌蕊与雄蕊等高的花占 14.0%，雌蕊低于雄蕊的花占 14.0%，雌蕊退化的花占 12.0%。树势弱。在国家果树种质熊岳李杏资源圃调查，3 月下旬花芽萌动，4 月中旬开花，4 月中下旬盛花，花期比其他品种早 2d，花期 10 ~ 15d，7 月上旬果实成熟，果实发育期约 78d；4 月中旬叶芽萌动，5 月初展叶，10 月中下旬落叶，树体营养生长期约 180d。

综合评价 抗寒、抗旱，花朵繁多，花瓣 30 余枚，观赏期 10 ~ 15d，是切花和盆栽的良好资源。在黑龙江省绥棱地区可安全越冬。

6 美人梅杏

Meirenmeixing

产地及分布 法国园艺育种家采用我国的梅花传统品种‘宫粉梅’与‘红叶李’杂交培育而成，1987 年由美国加州引入我国，‘美人梅’花大而美，重瓣花，先叶开放，花具长梗而略下垂，故称“垂丝美人”。

植物学性状 枝直上或斜伸，生长势旺盛，小枝细长紫红色，叶似杏叶互生，广卵形全卵形，先端渐尖，基部广楔形，长 5.0 ~ 9.0cm，紫红色，叶缘有细锯齿，叶被生有短柔毛。花色浅紫，重瓣花，先叶开放，萼筒宽钟状，萼片 5 枚，近圆形至扁圆，花瓣 15 ~ 17 枚，雄蕊多数，自然花期自 3 月 18 日第一朵花开以后，逐次自上而下陆续开放至 4 月中旬。

图 5-318 ‘美人梅杏’花

图 5-320 ‘陕梅杏’盛开花

图 5-321 ‘陕梅杏’蕾期花

图 5-319 ‘美人梅杏’整株开花状

综合评价 长势强健，抗寒耐旱性极强。可布置庭院、开辟专园、作梅园、梅溪等大片栽植，又可作盆栽，特别适合在我国北方地区园林绿地栽植应用。

7 陕梅杏

Shanmeixing

产地及分布 别名‘光叶重瓣花杏’、‘重瓣花杏’。原产陕西关中地区，于1988年定名，经中国科学院北京植物研究所审定，1989年1月于北京全国梅花展览中受到好评，1991年3月在全国第二届梅花蜡梅展暨首届西湖梅花节上获金奖。现保存在国家果树种质熊岳李杏资源圃内。

经济学性状 果实圆形，平均单果重28.7g。果顶平；缝合线浅，片肉较对称；梗洼中深、中广。果皮绿黄色；果面茸毛多。果肉黄白色，肉质松、软，纤维中、汁多，味甜酸。粘核，仁苦。

植物学性状 树冠丛状形，树姿直立。多年生枝灰褐色，1年生枝粗壮，紫红色。花萼为紫红色，花蕾为深红色，花瓣开放后逐渐为粉红色，一朵花内平均有花瓣70余枚，最多达120枚，且多卷曲皱褶，为杏属资源中罕见。花冠直径4.5cm，最大6.0cm，是杏属植物中花冠最大的资源。雌蕊1～2个，个别5～6个，在花瓣露红时即伸出，是不同于其他杏观赏品种的特异性状。叶片圆形，基部宽楔形，先端急尖，叶缘单锯齿。叶色浓绿。树势强。自然坐果率极低，萌芽率75.0%，成枝力63.0%，自花不结实。在国家果树种质熊岳李杏资源圃调查，4月上旬花芽萌动，4月末至5月初盛花，观赏期约15d，7月中旬果实成熟，果实发育期约80d；4月中旬叶芽萌动，11月初落叶，树体营养生长期约200d。

综合评价 抗寒、抗旱，适应性强，可抗−28.3℃的低温，但很少结果。花朵大，重瓣，花期迟，花期长，是早春具有较高观赏价值的树种。可在吉林公主岭以南的地区栽培。

图 5-322 ‘陕梅杏’整株开花状

8 送春杏
Songchunxing

产地及分布　系梅与杏的杂交种。现保存在国家果树种质熊岳李杏圃内。

植物学性状　树姿自然圆头形，树冠开张，乔木。当年生枝红褐色，斜生。叶椭圆形，叶基圆形，叶尖行尾尖，叶缘钝齿。叶面平滑，无茸毛，叶色深绿；蜜腺圆形。花蕾为紫红色，花瓣开放后逐渐为深粉红色，复瓣，花瓣15枚，平展，花直径3.0～4.5cm；花萼带红褐色，萼筒钟形。易于形成花芽，当年生枝即着花繁密，花朵成串，花期较杏花略晚。在辽宁熊岳国家李杏资源圃调查，4月上旬花芽萌动，4月中旬开花，观赏期约12～15d；4月中旬叶芽萌动，10月末落叶，树体营养生长期约190d。

图5-323 ‘送春杏’花

综合评价　送春作为观赏品种，在早春的北方，较一般杏花花色鲜艳，花期长，花朵大，是绿化的优良品种。在辽宁熊岳以南地区可越冬。

图5-324 ‘送春杏’花蕾

第四节　特异杏种质资源

1 二转子杏
Erzhuanzixing

产地及分布　原产陕西礼泉。是目前在国家果树种质熊岳李杏资源圃内保存果实最大的品种资源。现分布于华北、西北和辽宁南部。

图5-325 ‘二转子杏’果形

经济学性状　果实长圆形，平均单果重133.0g，最大果重180.0g。果顶平或微凹，果实缝合线浅、平，片肉不对称，梗洼圆、深、广。果皮底色绿黄，阳面橙黄，有少量紫红色小斑点，果面较光滑，密被茸毛，皮不易剥离。果肉橙黄色，肉质致密、细软，纤维细多，汁多，酸甜味浓，有香气。可溶性固形物11.6%，pH值4.3，总糖6.8%，总酸0.9%。半离核，仁甜，饱满。

植物学性状　树体高大，主干灰黑色，多年生枝条褐色，当年生枝红褐色，有光泽。叶片近圆形，锯齿钝、尖，叶片浓绿色，较厚。花蕾粉红色，花瓣白色，5瓣，阔圆形，雌蕊高于雄蕊的花占3.9%，雌蕊与雄蕊等高的花占33. 6%，雌蕊低于雄蕊的花占12.5%，雌蕊退化的花占50.0%。树势较强。4年生树开始结果，6年生进入盛果期，以短果枝和花束状果枝为主。生理落果较轻，采前落果少。在国家果树种质熊岳李杏资源圃调查：3月末花芽萌动，4月中旬开花，花期7d左右，6月末7月初果实成熟，果实发育期约68d。4月中旬叶芽萌动，11月中旬落叶，树体营养生长期210d以上。

综合评价　果实极大，外观好，品质较佳，耐贮运，适应性强，对风、霜等灾害也有相当抵抗力。

2 裸仁杏

Luorenxing

产地及分布 又称‘软核杏’。原产辽宁凌源。由于核壳软，杏仁裸露，世界上极为罕见，深受消费者欢迎。1983年引入国家果树种质熊岳李杏圃内保存。

经济学性状 果实阔卵圆形，平均单果重48.2g，最大果重61.8g。果顶凸尖，果实缝合线浅广至果顶，片肉不对称;梗洼中深、广。果皮绿黄色，阳面有红晕，果面有紫色小点，不明显。果肉淡黄色，肉质松脆，纤维多，汁中，味酸甜。可溶性固形物10.9%，总糖6.5%，总酸1.2%，Vc含量7.5mg/100g，pH值4.1，硬度7.1kg/cm^2。粘核，仁甜，核软。

植物学性状 树冠半圆形，树姿半开张。主干紫灰色，多年生枝紫褐色，1年生枝红褐色，有光泽。叶片斜生，椭圆形，叶基圆形，叶尖渐尖，叶缘粗，复锯齿状，叶面平滑，浅绿。花粉白色，5瓣，雌蕊高于雄蕊的花占10.0%，雌蕊与雄蕊等高的花占38.0%，雌蕊低于雄蕊的花占14.0%，雌蕊退化的花占38.0%。树势中庸，主要以短果枝和花束果枝结果，萌芽率65.0%，成枝力21.0%，生理落果较轻。在辽宁熊岳国家李杏资源圃调查，4月上旬花芽萌动，4月下旬开花，7月中旬果实成熟，果实发育期约80d。4月下旬叶芽萌动，10月下旬落叶，树体营养生长期约180d。

综合评价 果实中大，品质上，抗寒、抗旱，耐瘠薄，杏仁裸露，是优异的鲜食品种，具有特殊性状的杏资源。

图5-326 ‘裸仁杏’局部结果状

图5-327 ‘裸仁杏’果形

参考文献 References

陈美霞 . 杏果实风味物质的组成及其遗传特性的研究 [D]. 山东农业大学博士论文，2005.

陈少坤 . 栽培措施对杏树抗寒性的影响研究 [D]. 河北农业大学硕士论文，2008.

陈学森，李宪利，高东升，张艳敏 . 新世纪和红丰杏设施栽培技术初报 [J]. 中国果树，2000，(3)：25-26.

陈学森，高东升，李宪利，张艳敏，张连忠 . 胚培早熟杏新品种——新世纪 [J]. 园艺学报，2001，28 (5)：475.

吴树敬，陈学森 . 杏品种的 RAPD 分析 [J]. 果树学报，2003, (2)：:107-111.

陈学森，李宪利，张艳敏，吴树敬 沈洪波 束怀瑞 . 杏种质资源评价及遗传育种研究进展 [J]. 果树学报，2001，18 (3) :178-181.

陈学森，高东升，李宪利，等 . 中国杏种质资源、遗传育种及生物技术研究进展 [C]. 中国园艺学会第五届青年学术讨论会论文集，2002.

何天明 . 中国普通杏 (*Prunus armeniaca*) 种质资源遗传多样性及紫杏 (*P. dasycarpa*) 起源研究 [D]. 山东农业大学博士论文，2006.

李彦慧，高连祥，任士福，等 . 耐寒仁用杏新品种'围选 1 号'[J]. 园艺学报，2010，37(1):155~156.

刘登民 . 杏新品种生物学特性及配套栽培技术研究 [D]. 山东农业大学硕士论文，2004.

刘焕芳，段成国，陈学森，冯宝春，杨红花 . 胚抢救技术在核果类果树育种上的应用 [J]. 生物技术通报,2003 (3)：12-16.

刘威生 . 杏无公害高效栽培 [M]. 北京：金盾出版社，2004.

刘威生 . 李树杏树良种引种指导 [M]. 北京：金盾出版社，2005.

刘威生 . 李无公害高效栽培 [M]. 北京：金盾出版社，2006.

刘威生 . 怎样提高李栽培效益 [M]. 北京：金盾出版社，2006.

刘威生 . 怎样提高杏栽培效益 [M]. 北京：金盾出版社，2008.

刘威生，谷继成 . 优质李无公害生产关键技术问答 [M]. 北京：中国林业出版社，2008.

吕增仁，潘哲伟，尹铁民，杨玉明，张天润，王秀瑞 . 若干杏品种的授粉生物学特性研究 [J]. 园艺学报，1992，19 (1)：7-10

吕增仁 . 我国杏研究进展 [J]. 河北果树，1996, (1)：1-4.

吕增仁 . 早熟杏新品系的选育 [J]. 中国果树，1994, (2)：12-14.

孟庆瑞 . 杏树抗寒生理特性研究 [D]. 河北农业大学博士论文，2009.

宁超 . 围选 1 号抗寒性研究 [D]. 河北农业大学硕士论文，2010.

沈向，郭卫东，吴燕民，李嘉瑞，郑学勤 . 杏 43 个品种资源的 RAPD 分析 [J]. 园艺学报，2000，27 (1) :55-56.

孙猛，刘威生，刘宁，张玉萍，郁香荷，徐铭，章秋平 . 国内外杏育种研究概述 [J]. 北方果树，2010 (1)：1-3.

孙升 . 李属资源若干数量性状评价标准探讨 . 园艺学报，1999，26 (1)：.

王善波 . 鲜食杏新品种生物学特性观察与配套栽培技术研究 [D]. 山东农业大学硕士论文，2006.

李金海 . 北方林果冻害及防范 [M]. 北京：科学出版社，2011.

王印肖，徐秀琴，韩宏伟 . 分子标记在品种鉴定中的应用及前景 [J]. 河北林业科技，2006：45-49.

王玉柱 . 北京市林果乡土专家培训系列口袋书——杏树篇 [M]. 北京：中国农业大学出版社，2010.

王玉柱 . 主要果树新品种 (新品系) 及新技术 [M]. 北京：中国农业大学出版社，2011.

王玉柱 . 图解杏良种良法 [M]. 北京：科学技术文献出版社，2013.

郗荣庭，曲宪忠 . 河北经济林 [M]. 北京：中国林业出版社，2001.

杨红花，冯宝春，陈学森 . 核果类果树 DNA 分子标记研究进展 [J]. 生物技术通报，2002 (5) :17-20.

杨建民 . 李杏优良品种及实用栽培技术 [M]. 北京：中国农业出版社，2000.

杨建民，黄万荣 . 经济林栽培学 [M]. 北京：中国林业出版社，2004.

杨建民，孟庆瑞 . 杏树抗寒生理特性研究 [M]. 北京：中国农业出版社，2012.

杨建民，孟庆瑞．李、杏树整形修剪图解 [M]. 北京：中国农业出版社，2012.
杨建民,周怀军,张加延．李杏资源研究与利用进展(四) [M]. 北京：中国农业出版社，2006.
郁香荷，刘威生．李种质资源描述规范和数据标准 [M]. 北京：中国农业出版社，2006.
郁香荷，孙猛，刘威生．李种质资源自花和自然坐果率及分级标准 [J]. 中国果树，2008，(3)：17-19.
张加延．中国李杏资源及开发利用研究 [M]. 北京：中国林业出版社，1999.
张加延．李杏种质资源收集保存和鉴定评价的进展 [J]. 中国果树，1998 (1)：50.
张加延．全国李杏种质资源研究与利用总结报告 • 李杏资源研究与利用进展 [M]. 北京：中国林业出版社，2000.
张加延 .2004 年全国优质李杏评选结果与述评 [J]. 西南园艺，2004 (6)：51-53.
张加延．李杏资源研究与利用进展（三）[M]. 北京：中国林业出版社，2004.
张加延．李杏资源研究与利用进展（五）[M]. 北京：中国林业出版社，2008.
张加延．我国李杏种质资源调查研究的突破性进展 [J]. 园艺和种苗，2011 (2) :7-10.
张加延．我国李杏种质资源利用和产业开发 [J]. 园艺和种苗，2011 (3) : 1-6.
张加延．杏李飘香——资源与产业发展的 40 年历程 [M]. 北京：中国林业出版社，2013.
张加延，李清泽，杜维春，方金豹．首次全国鲜食李、杏良种评选活动述评 [J]. 北方果树，2004 (2) :34-36.
张加延，吴相祝，张铁华，张静茹．杏属植物新种鉴定与开发利用的研究 [J]. 园艺学报，2009,36 (增刊)：1910.
张加延，张有林．李杏资源研究与利用进展（三）[M]. 北京：中国林业出版社，2004.
张加延，张钊．中国果树志 • 杏卷 [M]. 北京：中国林业出版社，2003.
张加延，张钊，王中英，等．杏种质资源描述符——记载项目及评价标准 [M]. 北京：中国林业出版社，2003.
张加延，周恩．中国果树志 • 李卷 [M]. 北京：中国林业出版社，1998.
张敬茹，陆致成．我国极抗寒李种质资源 [J]. 作物品种资源，1998 (1) :45-47.
赵锋，刘威生，刘宁等．我国杏种质资源及遗传育种研究新进展 [J]. 果树学报，2005,22 (6) :687-690.
赵锋，张加延．李杏资源研究与利用进展（二）[M]. 北京：中国农业科学技术出版社，2002.
郑洲．部分杏品种授粉生物学及新品系选育的研究 [D]. 山东农业大学硕士论文，2003.

中文名称索引

汉语拼音索引